国家自然科学基金资助项目（71373064、70903021）研究成果

电子废弃物回收系统演化机理及政策研究

余福茂　著

中国财经出版传媒集团

经济科学出版社
Economic Science Press

图书在版编目（CIP）数据

电子废弃物回收系统演化机理及政策研究/余福茂著 . —北京：
经济科学出版社，2020.6
ISBN 978 - 7 - 5141 - 5029 - 2

Ⅰ. ①电…　Ⅱ. ①余…　Ⅲ. ①电子产品 - 废物综合利用 -
研究　Ⅳ. ①X76

中国版本图书馆 CIP 数据核字（2020）第 092468 号

责任编辑：宋　涛
责任校对：刘　昕
责任印制：李　鹏　范　艳

电子废弃物回收系统演化机理及政策研究
余福茂　著
经济科学出版社出版、发行　新华书店经销
社址：北京市海淀区阜成路甲 28 号　邮编：100142
总编部电话：010 - 88191217　发行部电话：010 - 88191522
网址：www. esp. com. cn
电子邮箱：esp@ esp. com. cn
天猫网店：经济科学出版社旗舰店
网址：http：//jjkxcbs. tmall. com
北京季蜂印刷有限公司印装
787 × 1092　16 开　20.25 印张　380000 字
2020 年 8 月第 1 版　2020 年 8 月第 1 次印刷
ISBN 978 - 7 - 5141 - 5029 - 2　定价：78.00 元
（图书出现印装问题，本社负责调换。电话：010 - 88191510）
（版权所有　侵权必究　打击盗版　举报热线：010 - 88191661
QQ：2242791300　营销中心电话：010 - 88191537
电子邮箱：dbts@ esp. com. cn）

前　言

　　电子废弃物是被使用者所弃置的电器电子产品。电子废弃物中通常含有大量的有毒有害物质，若得不到妥善的回收处置，将对环境和健康安全产生严重后果；同时，电子废弃物中含有的可再生资源，也具有极大的潜在利用价值。全球每年产生的电子废弃物高达 4000 万吨以上，对电子废弃物随意处置不仅浪费资源，而且将造成严重的环境污染，危害公众健康，因此，规范电子废弃物回收利用具有现实的必要性和紧迫性。

　　为了促进和规范电子废弃物回收处理产业发展，我国近年来出台了一系列相关的法规政策。继《废弃电器电子产品回收处理管理条例》公布并正式实施之后，《废弃电器电子产品处理基金征收使用管理办法》《废弃电器电子产品综合利用行业准入条件》《旧电器电子产品流通管理办法》等也逐步实施。但是，总体而言我国与电子废弃物回收处理相关的法规政策尚不够系统，对电子废弃物回收处理各类参与主体的经营活动还难以形成有效的激励和约束。我国正规回收处理的货源有 80% 仍由个体小商贩提供，正规回收处理企业处于有近 1/3 勉强维持生存、1/3 停产、1/3 面临倒闭的发展困境。

　　回收效率低、资源浪费和环境污染严重是我国电子废弃物回收处理所面临问题的主要表现，许多发展中国家也都面临和我国类似的问题。剖析电子废弃物回收处理的渠道结构，可以发现资源浪费和环境污染问题的产生原因：居民是电子废弃物产生的主要源头，由于利益驱使、环境意识淡薄、正规渠道不便捷等因素，多数居民倾向于小商贩回收。由小商贩、小作坊等组成的非正规回收处理渠道以牟利为目标，对可继续使用的产品经维修或翻新后流入二手市场；对不可再用的产品则进行相对简单的拆解回收，通常产生严重的环境污染和可再用资源浪费。企业化经营的正规回收处理渠道在价格、物流、成本等方面不如非正规渠道具有竞争力，许多具有资质的回收处理企业由于收集不到废旧电器电子而经常面临设备闲置的尴尬境地。当大量的电子废弃物经由非正规渠道回收处理时，随之产生的环境污染和资源浪费问题就变得愈加严重。因此，如何促使我国的电子废弃物由非正规渠道为主转变正规渠道回收处理，是学界、企业家和政府部门所亟待解决的难题。

　　本书对我国电子废弃物回收处理系统的演化机理及政策进行研究，主要包括以下内容：

第一，从实证研究的视角，对主要利益相关主体的电子废弃物回收行为及其影响因素进行研究。基于对相关主体的问卷调查结果，使用结构方程模型、分层调节回归、Logistic 回归、方差分析等统计方法，对消费者、电器电子产品经销商、电子废弃物正规回收处理企业及电子废弃物回收小商贩等主体的回收行为、意向及其影响因素进行了全面系统的研究。

第二，从博弈分析的视角，对各类参与主体间的行为交互与竞争合作进行博弈分析与数值模拟。构建并讨论了正规回收处理主体与正规回收处理主体之间、非正规回收主体与政府之间以及正规回收主体与非正规回收主体之间的竞争博弈行为及其演化均衡。

第三，从系统演化的视角，对电子废弃物回收处理的复杂系统演化机理进行了多学科交叉研究。将电子废弃物回收处理抽象为多主体复杂系统，研究了回收处理系统演化的供应链协调原理、序参量原理、动力学原理、自适应原理等，并分别提出了相应政策建议。

本书内容为国家自然科学基金项目（71373064、70903021）的研究成果，研究生许益飞、张号南、冯小青、徐玉军、何柳琬、苏程浩、冯丛娜、王聪颖、易霄翔、王希鹃、曹建、黄卢杏、杨灵曦等参与了部分研究工作与书稿撰写，书中也引用了大量同行学者的研究成果，在此一并致以谢意。

限于作者学识有限，研究不足和错误在所难免，恳请读者批评指正。

目　录

第1篇

实证研究专题

第 1 章

消费者回收行为研究

电子废弃物在回收处理前主要存在于各类消费者（包括居民、企事业单位及其他机构）手中，消费者的回收意向和回收行为直接影响电子废弃物回收的源头和数量。因此，消费者回收行为分析是电子废弃物回收管理问题研究中较为重要的研究领域。在各类消费者中，由居民源头所产生的电子废弃物数量最多，存在的不规范回收现象尤为严重，本章重点针对居民电子废弃物回收行为及其影响因素进行了实证研究。

1.1 消费者电子废弃物回收行为的影响因素

在日益开放的社会和市场环境中，消费者的资源回收行为在不断发生变化。从 20 世纪 90 年代起，很多研究者开始关注这个问题。国外学者最早对消费者的资源回收行为展开了探索研究，并已取得了许多成果，霍尼克等（Hornik et al.）早在 1995 年就曾对该领域的研究成果做过详细综述，他们根据 67 篇文献上的实证研究结果把影响消费者资源回收行为的因素归纳为外在刺激、内在刺激、外部促进因素和内部推动因素四个类别。然而针对消费者电子废弃物回收行为及其影响因素的研究却并不多见。

1.1.1 生活垃圾回收行为及影响因素

影响消费者资源回收行为的因素有许多，根据国内外相关文献可以将消费者生活垃圾回收行为影响因素归为以下几类。

1. 认知与心理因素

许多国外学者的研究结果表明，消费者资源回收行为的态度与其资源回收行为有显著的影响且成正相关。甘巴和奥斯坎普（Gamba and Oskamp,

1994）发现由于关心环境对消费者回收行为的影响程度，要比社会压力或金钱动机更大。德杨（De Young，1986）则认为个人若觉得资源回收对社会或环境有益，就会去进行资源回收。而且对于资源回收持正面态度的人不仅能产生回收行为，更可以使回收行为持续下去（Hamad et al.，1980；Burn and Oskamp，1986）。消费者对资源回收行为可获得的利益，如获取经济利益、个人心理舒服感受、满足保护环境的成就感、保护自然与帮助社会的满足感等，也可以看做是消费者对待资源回收行为的态度。

大多数国外学者认为社会规范对消费者的资源行为是很重要的影响因素，社会大众普遍对资源回收的支持是影响民众做资源回收的重要因素。有研究指出，朋友或邻居的资源回收会影响其本身的回收行为（Oskamp et al.，1991；Burns，1991）。奥斯坎普等研究指出，社会影响力可刺激民众参与资源回收计划，其影响在计划刚起步时更为显著。进一步的理论研究也表明，人们通常会为自己的个人行为寻找社会上的支持，因此社会人际网络上普遍认定的社会规范会导致个人行为的发生，即使社会规范是与个人态度相冲突的（Ajzen and Fishbein，1980；Newhouse，1990）。

知识程度也是影响民众资源回收行为的重要因素。所谓知识程度，是指是否知道做什么及该如何做可有利环境。许多学者的研究表明，当消费者具备较多的环境问题相关知识，以及拥有知道如何针对问题采取行动的知识时，更加会从事资源回收行为。有些研究发现，民众对环境知识的多寡，可以预测其环境行为（Hines et al.，1987；Mainieri et al.，1997；Ostman and Parker，1987）。德杨（1989）、西蒙斯和威德玛（Simmons and Widmar，1990）的研究指出，消费者不做资源回收是因为没有获得相关的回收知识与信息，所以不知道如何做资源回收。德杨（1989）的研究也表明，回收者与不回收者对回收行为所持有的态度是相似的，但是不回收者在如何做资源回收方面的了解则比较缺乏。

2. 激励因素

居伊（Guy et al.，2005）的研究表明，如果缺乏直接的经济激励或者缺乏对不回收行为的经济处罚，则需要更多的教育和宣传来提高消费者对于回收活动的认知，此外，消费者的回收知识在回收行为中具有重要作用。

随着人们文化素质的提升和对环境问题的关注，许多人开始关注环境污染和资源回收问题。张弦和季建华（2004）将消费者的资源回收行为区分为主动参与回收和被动参与回收两类，他们认为对主动参与环保的消费者不需要对其进行额外的激励，消费者也会自觉地将产品返还给回收商，但是对于被动参与环保的消费者则需要进行适当的经济激励才会刺激其参与生活垃圾的回收，这种经济激励包括事前激励和事后激励。然而，环境心理学者杨

（Young，1993）更早的研究已经表明，类似的激励措施虽然都可以有效地促进人们参与回收，但是并不能产生持久的回收行为。

近年来，许多学者开始将注意力放在了人类个性的进化结构上，消费者日益进化的心理为激励长期的回收行为提供了希望。一般来讲，目前在发展中国家需要通过一定的激励使消费者在自身条件允许的情况下主动参与废旧品回收活动，而发达国家和地区的消费者则更加积极主动地参与资源回收活动（王芳，2008）。

3. 承诺因素

卡罗尔等（Carol et al.，1995）提出签署书面承诺的消费者比通过面对面、电话等渠道得到回收消息的消费者更可能参与回收，并认为一定期限内的承诺决定着消费者自身的回收行为，但一旦超过期限很容易起到反作用。但基斯勒（Kiesler，1971）的观点与之却完全相反，基斯勒认为只有承诺不会导致回收态度改变，相反承诺态度及相应的行为还会阻止其改变。

4. 人口统计变量

人口统计特征对于消费者资源回收行为的影响十分显著，而且，不同时期、不同变量的影响行为还并不一致。王建明（2007）对城市消费者的循环回收行为进行了实证分析，考察了不同统计特征消费者在资源回收行为上的差异性，王建明对武汉市市民的调查显示，在垃圾回收意识和循环行为状况方面，男性优于女性，已婚者优于未婚者，学生的垃圾意识较弱，消费者收入越高、社会地位和学历越高，越有可能进行回收。其他国外学者也认为消费者的收入、社会地位和学历越高，越有可能进行回收（Derksen and Gartrell，1993；Corral and Zaragoza，2000）。

消费者的居住空间大小，也可能影响消费者的资源回收意愿。奥斯坎普等发现一般集合住宅或公寓住户因回收较不方便，回收率较一般独栋住户低，而拥有自己的房子的住户较愿意配合资源回收工作。汉弗莱等（Humphrey et al.，1979）也曾指出居住公寓的消费者因为居住空间的限制，较一般独栋住户不愿意做资源回收。我国台湾学者赵宏邦（1999）则指出，住家形态对回收意图没有显著影响。

此外，还有学者认为回收行为受个体特征与社会制度的共同影响，丹尼尔（Daniel，2001）通过对欧盟 15 国的比较，分别从国家层面和个体层面分析了影响消费者资源回收行为的因素，认为环保行为在很大程度上受到国家生态动员（ecological mobilization）的影响。也有部分学者讨论了家庭人口、是否单亲家庭等因素对消费者资源回收行为的影响，但是得出的结论往往存在较大的争议。

1.1.2　电子废弃物回收行为及影响因素

关于消费者资源回收行为的研究更多的是针对生活垃圾的回收，针对消费者电子废弃物回收行为的研究文献并不多见。近年来，国外学者关于消费者电子废弃物回收行为的代表性研究主要有比斯瓦斯等（Biswas et al.，2000）、达比和奥巴拉（Darby and Obara，2005）、汉斯曼等（Hansmann et al.，2006）所作的实证研究。

国内学者关于消费者或消费者的电子废弃物回收行为也有许多研究成果，蓝英和朱庆华（2009）基于问卷调查，使用相关和回归分析方法对用户废旧家电处置行为意向的影响因素进行了研究，实证检验结果表明，用户的回收行为意向与行为态度、主观规范、经济动机、服务动机显著正向相关，与行为控制显著负向相关，而与环境知识无关；环境知识通过行为态度影响行为意向。

陆莹莹和赵旭（2009）以上海地区消费者为研究对象，以计划行为理论为理论框架，应用 Logistic 回归方法考察影响消费者回收行为的因素、回收行为的特征以及偏好。研究结果显示余效影响（过去的回收习惯）、行为控制认识因素（对回收设施和途径的认识）以及对待回收经济性的态度显著影响消费者的回收行为，而主观性规范（相关法律的认识）对回收行为则无显著影响。社区集中回收的模式最受消费者偏好，而销售商上门回收的模式也有相当的市场潜力。

1.2　消费者资源回收行为研究的理论基础

1.2.1　计划行为理论

1. 计划行为理论简介

计划行为理论是由伊塞克·阿杰森（Icek Ajzen，1988，1991）提出的，是阿杰森和菲什贝因（Ajzen and Fishbein，1975，1980）共同提出的理性行为理论（Theory of Reasoned Action，TRA）的继承。阿杰森研究发现，人的行为并不是百分百地出于自愿，而是处在控制之下，因此，他将 TRA 予以扩充，增加了一项对自我"知觉行为控制"（Perceived Behavior Control，也有人译成行为控制知觉）的新概念，从而发展成为新的行为理论研究模式——计划行为理论（Theory of Planned Behavior，TPB）。

计划行为理论认为"行为意向（Behavior Intention）"反映个人对从事某项行为（Behavior）的意愿，是预测行为最好的指标。行为意向由三个方面构成：（1）对该行为所持的态度（Attitude Toward the Behavior，AT）；（2）主观规范（Subjective Norm，SN）；（3）行为控制知觉（Perceived Behavioral Control，PBC）。TPB 假设若个人对该行为的态度越正面、所感受到周围的社会压力越大，以及对该行为认定的实际控制越多，则个人采取该行为的意向将愈强，当预测的行为不完全在意志的控制之下时，行为控制知觉亦可能直接对行为产生影响，也就是应考察认定的阻力与助力（perceived barriers and facilitating conditions）与认知行使行为确切性（perceived effectiveness）。

2. 计划行为理论的主要观点

计划行为理论有以下重要观点：

（1）非个人意志完全控制的行为不仅受行为意向的影响，还受执行行为的个人能力、机会以及资源等实际控制条件的制约，在实际控制条件充分的情况下，行为意向直接决定行为。

（2）准确的知觉行为控制反映了实际控制条件的状况，因此它可作为实际控制条件的替代测量指标，直接预测行为发生的可能性，预测的准确性依赖于知觉行为控制的真实程度。

（3）行为态度、主观规范和知觉行为控制是决定行为意向的 3 个主要变量，态度越积极、他人支持越大、知觉行为控制越强，行为意向就越大，反之就越小。

（4）个体拥有大量有关行为的信念，但在特定的时间和环境下只有相当少量的行为信念能被获取，这些可获取的信念也叫突显信念，它们是行为态度、主观规范和知觉行为控制的认知与情绪基础。

（5）个人以及社会文化等因素（如人格、智力、经验、年龄、性别、文化背景等）通过影响行为信念间接影响行为态度、主观规范和知觉行为控制，并最终影响行为意向和行为。

（6）行为态度、主观规范和知觉行为控制从概念上可完全区分开来，但有时它们可能拥有共同的信念基础，因此它们既彼此独立，又两两相关。

3. 计划行为理论的分析框架及测量模式

计划行为理论的结构模型如图 1.1 所示。

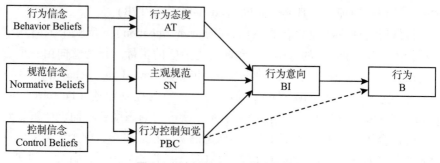

图 1.1　计划行为理论的结构模型

计划行为理论的主要考虑项目及其测量模式如下：

（1）行为意向。菲什贝因和阿杰森（Fishbein and Ajzen，1980）认为行为意向就是个人想要采取某一特定行为的行动倾向，也就是指行为选择的决定过程下，所引导而产生是否要采取此行为的某种程度表达，因此行为意向是任何行为表现的必需过程，为行为显现前的决定，彼得和奥尔森（Peter and Olson，1987）提出对行为意向的测量，可用来预测实际行为的产生，可应用于营销市场对消费者行为作预测。

（2）行为态度。态度是个人对特定对象所反应出来一种持续性的喜欢或不喜欢的预设立场，也可说是个人实行某特定行为的正向或负向的评价。对态度的衡量可从个人实行某特定行为结果的重要信念（salient beliefs）和对结果的评价（outcome evaluations）两个层面来解释。行为态度是行为信念和行为结果评价的乘积和，即

$$AT = \sum_{i=1}^{l} BB_i \times OE_i$$

其中，BB_i = 行为信念（behavior beliefs），对实施某行为后，所导致第 i 项结果的信念；OE_i = 结果评价（outcome evaluations），个人对第 i 项结果的评价；l = 显著信念的个数。

（3）主观规范。主观规范是个人在采取某一特定行为时所感受的社会压力的认知。主观规范是规范信念（normative belief）和依从此普遍性社会压力的依从动机（motivation to comply）的乘积和，即

$$SN = \sum_{j=1}^{m} NB_j \times MC_j$$

其中，NB_j = 规范信念，即个人觉得第 j 个参考对象认为他是否应该采取某项特定行为的信念；MC_j = 依从动机，即个人依从第 j 个参考对象的动机，m = 规范信念（参考对象）的个数。

（4）知觉行为控制。知觉行为控制是个人预期在采取某一特定的行为时自己所感受的可以控制（或掌握）的程度。知觉行为控制是控制信念

（即可能促进或阻碍行为表现的因素的个人能力评估，control belief）和便利性知觉（即对这些因素重要性考虑的便利性认知，perceived facilitation）的乘积和。即

$$PBC = \sum_{k=1}^{n} CB_k \times PF_k$$

其中，CB_k = 控制信念，即个人觉得其拥有第 k 个因素多寡的信念；PF_k = 便利性认知，即个人觉得第 k 个因素对其采取行为的重要性；n = 控制信念的个数。

4. 计划行为理论的应用

计划行为理论是社会行为研究中非常有影响力的理论模型之一。计划行为理论从信息加工的角度、以期望价值理论为出发点解释个体行为一般决策过程的理论，已被成功地应用于行为研究的多个领域，如求职行为、健康行为、运动行为及其他社会行为分析领域，并且绝大多数研究证实它能显著提高研究对行为的解释力与预测力。

为寻求进一步改善个体环境行为的途径和方法，国内外学者从不同学科领域对个体资源回收行为影响因素进行了研究。计划行为理论在环境行为领域的应用首推泰勒和托德（Taylor and Todd，1995）的研究。泰勒和托德应用计划行为理论提出了一个整合性环境行为模式，以此作为分析资源回收行为的理论工具，结果发现 TPB 可有效地解释该环境行为。斯特恩（Stern，2000）认为环境态度、社会规范、环境政策、生活习惯以及个人能力是个人环境行为的主要影响因素。陈（Chan，1998）认为环境态度和主观规范是预测个体行为意向的主要因素，而知觉行为控制在预测环境行为意向上没有统计学意义，此外，媒体宣传与主观规范对环境行为的作用程度等同。通莱特等（Tonglet et al.，2004）的研究则发现，态度、知觉行为控制、既往行为、对社区环境的关注对资源回收行为有显著影响，而主观规范、道德规范、情境因素对行为的影响不显著。巴尔（Barr，2004）认为环境价值、情境因素及心理变量（内部动机、主观规范、物流因素、利他主义等）对回收行为有显著影响。班贝格（Bamberg，2003）认为，通过内化为一定的行为态度、主观规范、知觉行为控制，环境意识间接作用于环境行为。戴维斯和摩根（Davis and Morgan，2008）的实证结果则指出行为态度、知觉行为控制是回收行为预测的重要解释变量。

综上所述，尽管最初引入资源回收行为研究领域时曾经被诸多质疑，但是，计划行为理论目前已经成为资源回收行为研究的基础理论框架，绝大多数研究都证实了 TPB 模型（或根据阿杰森后来建议而加入其他变量后的 TPB 模型）能较为充分地解释消费者的资源回收行为。TPB 在资源回收行为

领域的适用性已经不需辩驳。

借鉴 TPB 的研究框架，我国学者关于消费者的资源回收行为研究也取得了许多卓有成效的实证研究成果，如段显明（2008）关于一般固体废弃物资源回收行为以及蓝英和朱庆华（2009）、陆莹莹和赵旭（2009）关于废旧家电回收行为的研究。此外，我国台湾中山大学邱家范（2000）提出了高雄市家户资源回收行为整合模式。

1.2.2 自我表达行为理论

曼奈蒂等（Mannetti et al.，2004）以计划行为理论再加上个人认同理论发展出自我表达行为模型（self-expressive behavior model），希望能预测资源回收行为意向。其中认同理论（identity theory）指的是认定自己或他人归属某些类别的过程与结果，包含：（1）个人认同（personal identities），个人以自己的特质作为自我概念的基准；（2）角色认同（role identities），将自我表现为一种特定的社会角色；（3）社会认同（social identities），反映个人在社会团体或部门中的自我认同，三个部分会在人际关系或不同团体间交互发生作用进而影响行为。

曼奈蒂等（2004）在参考相关文献后假设，民众因为发觉表现"资源回收"典型化形象的人，接近于他们本身的个人认同，可能会发展出资源回收的行为意向，并研究在资源回收的个人认同与典型化形象间是否有差距，亦即认知类似度，以及认知类似度的范围为何？在调查中，会计算参与者对两个形象的差距，并得到一个认同类似度（identity similarity）的指标。

曼奈蒂（2004）的研究分为 TPB 及自我表达行为模型两部分，并将认同类似度与 TPB 的相关变量分开探讨，以了解资源回收行为意向与各项变量的关系。结果显示自我表达行为模型较 TPB 的相关变量的显著性更好，认同类似度为预测资源回收意图最强的因素。

曼奈蒂等（2004）建议将认同作为利环境行为（pro-environmental be-havior）的前提，将有助于行动或倡导，而且应更强调环境行为及提升社会认同的关联性，亦即认同资源回收是受尊敬的行为，同时认同不环保是落伍的行为。这种关联性已经被应用在商业广告中，如厂商在推销酒、肥皂等产品会宣称该产品的制造过程有益于环境。

1.3 消费者电子废弃物回收行为的实证研究

纵观本领域的相关研究，针对普通固体垃圾（如生活垃圾）回收行为意向的成果较多，而关于电子废弃物这一特殊废弃物资源回收行为的研究则相对较少；对消费者或消费者回收行为与特征的描述性统计较多，而实证研究相对较少。此外，研究方法上，许多学者对消费者回收行为（意向）影响因素解构以计划行为理论为基础，在实证分析时往往还引入个性化控制变量或中介变量，但是忽略了 TPB 理论中信念结构和依从动机的测量与识别。

本书中，关于消费者电子废弃物回收行为的研究同样是以计划行为理论为基础，而基于结构方程模型来构建理论研究框架，把对信念和依从动机的识别与测量纳入调查问卷，以及在控制变量中引入情境因素则是本书的主要特色。

1.3.1　研究假设

根据计划行为理论，电子废弃物回收行为的产生不仅受行为意向的直接影响，而且受回收行为主体的能力、机会以及资源等实际控制条件的制约；电子废弃物回收行为主体的态度、主观规范和知觉行为控制能力是决定行为意向的三个主要因素；行为主体的信念、社会文化因素、人口变量、情境因素等外生变量则对行为主体的态度、主观规范和知觉行为控制能力产生影响。

1. 基本研究假设

（1）电子废弃物回收行为意向与回收行为关系的研究假设。许多研究指出，在给定的状况之下，行为意向是预测个人行为的最好方法，并且行为意向与行为之间存在高度的相关性。据此可提出关于电子废弃物回收行为意向与回收行为关系的研究假设：

H_1：电子废弃物回收行为意向对回收行为显著相关，回收行为意向越强则越可能参与回收行为。

（2）行为意向与态度、主观规范和知觉行为控制能力关系的研究假设。根据计划行为理论，还可以提出如下关于电子废弃物回收行为意向与回收行为主体（本研究中特指消费者或消费者）消费者的态度、主观规范和知觉行为控制能力关系的研究假设：

H_2：行为主体的态度对其电子废弃物回收行为意向具有显著的正向影响。

H_3：行为主体的主观规范对其电子废弃物回收行为意向具有显著的正向影响。

H_4：行为主体的知觉行为控制对其电子废弃物回收行为意向具有显著的正向影响。

（3）知觉行为控制与回收行为关系的研究假设。与理性行为理论不同，计划行为理论在行为意向的预测上增加了"知觉行为控制"变量。知觉行为控制反映个人过去的经验和预期的阻碍。当个人认为自己所拥有的资源与机会越多、所预期的阻碍越少，对行为的知觉行为控制就越强，行为也就越可能诱发。因此，还提出以下研究假设：

H_5：行为主体的知觉行为控制对其电子废弃物回收行为具有显著的正向影响。

2. 关于态度、主观规范和知觉行为控制的拓展研究假设

泰勒和托德（1995）认为如果将影响态度、主观规范和知觉行为控制的信念解构成多个构面（多维）的形态，将有助于从实验所得的结果中了解有哪些特别的因素对行为意向产生较大的影响力。根据泰勒和托德的建议，本书对态度信念、规范信念和控制信念也进行了多维解构并提出相应的拓展研究假设。

（1）关于态度影响因素的拓展假设。"态度"是指个人对某一特定行为所持有的正面或负面的感觉。阿杰森（1991，2006）认为态度可以用个人对实行特定行为所可能导致某些结果的信念，以及对这些结果的评价的乘积和构成。当行为主体认为电子废弃物回收可以减少环境污染（或对自己有益等）并且减少环境污染（或对自己有益等）对他具有很高的评价，则表示其对电子废弃物回收有很正面的态度。据此，借鉴段显明等的研究，从个人相关利益和社会相关利益两个层面对行为主体的态度进行测量，提出以下拓展研究假设：

H_{2-1}：个人相关利益（如换取金钱、教育子女等）对行为主体的态度具有显著的正向影响。

H_{2-2}：社会相关利益（如减少污染、资源浪费等）对行为主体的态度具有显著的正向影响。

（2）关于主观规范影响因素的拓展假设。主观规范是指个人对于是否采取某项特定行为所感受到的社会压力。计划行为理论认为主观规范是个体的规范信念和依从此普遍性社会压力的依从动机的乘积和。在预测电子废弃物回收行为时，那些对个人行为决策具有影响力的个人（如家人、亲戚、朋友等）或团体对于个人是否采取回收行为可能具有重要的影响作用。因此，提出以下关于主观规范的拓展假设：

H_{3-1}：个人在电子废弃物回收行为决策时依从家人、亲戚、朋友、邻居等群体的规范信念。

H_{3-2}：个人在电子废弃物回收行为决策时依从政府部门、社区、单位等群体的规范信念。

（3）关于知觉行为控制影响因素的拓展假设。知觉行为控制由自我能力与便利状况两个因素所构成，自我能力是个人对参与特定行为所需能力的自我评估，而便利状况是个人所拥有采取某一行为所需要的资源或机会的多寡。个人对自我能力和便利状况评估越高，则越可能参与电子废弃物回收，因此，提出如下假设：

H_{4-1}：自我能力对电子废弃物回收行为具有显著的正向影响。

H_{4-2}：便利状况对电子废弃物回收行为具有显著的正向影响。

3. 关于情境因素的研究假设

情境因素是指个体在进行某一特定行为时所面对的客观环境。就电子废弃物回收而言，消费者关于电子废弃物的环境知识以及所处环境氛围（如媒体、报章、社区等关于废弃物回收的宣传力度）也可能对回收行为产生影响。因此，提出如下研究假设：

H_6：消费者关于电子废弃物回收的科学认知对回收行为具有显著影响。

H_7：消费者所处的宣传和环保氛围对消费者的电子废弃物回收行为有显著影响。

综合前述研究假设，本书的理论分析框架可以由图 1.2 所示的结构方程模型表示（这里未包括测量模型及外生变量）。

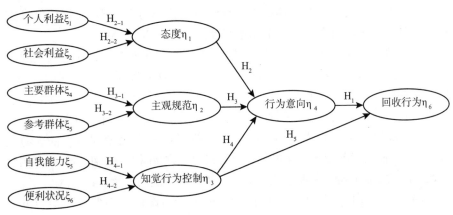

图 1.2　消费者回收行为影响因素分析的研究框架

1.3.2　研究方法

关于消费者电子废弃物回收行为影响因素的研究采用问卷调查方法进行。在进行正式研究前，先取少量被试（n=76）对量表进行信度和效度检验，检验合格后方可进行正式调研。统计分析方法上，主要使用探索性因子分析（EFA）、验证性因子分析（CFA）、相关分析及方差分析等。

问卷调查数据的计算工具主要使用 SPSS 16.0 和 AMOS 16.0。

1. 问卷设计

问卷设计经过了文献研究、专家访谈、开放式问卷调查等阶段，根据有关反馈意见，对问卷的内容、格式、易懂性以及准确性等方面进行了多次修改，形成了预试调查问卷。预试问卷设计遵循阿杰森（2006）的建议，信念结构的测量则主要参考了段显明等（2008）的观点。预试问卷的主要内容如下：

（1）行为态度及态度信念构面的测量。态度的测量问项设计为 3 个，从电子废弃物回收行为是否值得提倡、是否有价值等角度对消费者的主观态度进行评价，记为 $Y_1 \sim Y_3$。态度信念在本书中解构为个人利益和社会利益两个维度，其中，个人利益的测量问项有 3 个，分别从获取回收收益、有成就感、教育子女三个角度测量消费者关于回收行为的态度信念，记为 $X_1 \sim X_3$；社会利益的测量问项也包括 3 个，分别从减少环境污染、减少资源浪费、减少垃圾处理成本三个角度测量消费者态度信念，并记为 $X_4 \sim X_6$。

（2）主观规范及规范信念构面的测量。主观规范的测量问项设计为对消费者回收行为决策有影响并依从该影响的个人和社会团体两方面，记为 Y_4、Y_5。规范信念在本书中被解构为个人和群体两个维度，其中，个人维度包括家人、亲戚、朋友、邻居 4 个测量问项，记为 $X_7 \sim X_{10}$；群体维度则包括政府、社区、所在单位 3 个测量问项，并记为 $X_{11} \sim X_{13}$。

（3）知觉行为控制及控制信念构面的测量。知觉行为控制的测量问项设计为消费者对自己行为决策和行为控制能力的主观评价，分别记为 Y_6、Y_7。控制信念在本书中被解构为自我能力和便利状况两个维度，其中，自我能力维度设计了是否知道哪些废弃物应回收、是否知道哪些废旧家电可参与以旧换新以及是否知道废旧电器电子回收渠道三个测量问项，依次记为 $X_{14} \sim X_{16}$；便利状况的测量问项则设计为家中存放空间大小、距离回收点的距离远近、以旧换新程序繁杂程度、垃圾分类开展情况的评价，记为 $X_{17} \sim X_{20}$。

（4）行为意向与行为构面的测量。行为意向设计为消费者对参与电子废弃物回收、购买时支付回收费用（按占产品价格的百分比分级）的主观意愿，以及对今后半年时间内参与回收的可能性评价 3 个测量问项，记为 $Y_8 \sim Y_{10}$。关于电子废弃物回收行为的测量方法在现有文献中还极其鲜见，本书在预试问卷时设计了相对更多的测量题目以探索电子废弃物回收行为的测量方法，具体的测量问项为过去 1 年内参与回收的频率，电池、手机、充电器等小型废弃电器的回收行为，已参加或计划今后半年参与以旧换新以及废旧电视、冰箱等大型电器的回收行为等，依次记为 $Y_{11} \sim Y_{14}$。

（5）情境变量及人口统计变量。情境变量设计方面，关于电子废弃物回收的科学认知则参考了蓝英和朱庆华（2009）的测量方法，设计 5 个测量问项；关于电子废弃物回收氛围则设计为垃圾分类管理实施情况和对废旧家电回收舆论宣传力度的评价两个方面。人口统计变量主要包括性别、年龄、家庭收入、受教育程度、职业、地区等因素。

除定类变量外，问卷所有问项的记分方式都为 7 级记分，其中行为意向在 0 ~ 6 之间记分，其余变量则都在 -3 ~ 3 之间双极记分。此外，人口变量中的年龄、收入等也转换为定序变量。

2. 问卷调查组织与实施

本书预试问卷调查共回收 76 份有效问卷。正式调查依靠并结合在校大学生、研究生暑期社会实践而展开。正式调查共发放并回收 350 份调查问卷，其中有效问卷 286 份。

1.3.3　统计分析

1. 预试问卷的信度与效度检验

研究中，首先对样本容量为 76 的预试问卷调查结果进行信度与效度分析。以 Cronbach α 系数大于 0.6 作为问卷整体信度的评判标准，并以删除题项的信度系数大小作为是否剔除单一题项的依据。以 KMO 测度大于 0.7 和 Bartlett 球形度检验作为样本相关性检验评判标准，并以萃取的公因子是否符合设计预期作为问卷结构效度评价依据。鉴于目前关于态度、主观规范、知觉行为控制信念结构，以及关于消费者电子废弃物回收科学认知的问卷测量方法的文献不多见，以下重点给出本研究中相关分量表的信度与效度检验。

（1）态度信念分量表的检验。使用探索性因子分析和信度分析方法对影响消费者回收行为态度的变量 X_1 ~ X_7 进行统计分析，发现剔除 X_3（教育子女）后，KMO 测度为 0.815，Bartlett 球形度检验显著性水平小于 0.001，而且信度系数达到最大。由表 1.1 所示的公共因子载荷，把态度信念解构为个人利益（F_1）和社会利益（F_2）是基本可行的。

表 1.1　　　　　态度信念分量表信度分析及公因子萃取结果

代号	题项	F_1	F_2	α	剔除后 α
X_1	参与电子废弃物回收可以获取一定的收益	0.721		0.722	0.656

代号	题项	F_1	F_2	α	剔除后 α
X_2	参与电子废弃物回收可以有成就感	0.635			0.663
X_4	参与电子废弃物回收可以减少环境污染		0.662		0.716
X_5	参与电子废弃物回收可以减少资源浪费		0.534		0.691
X_6	参与电子废弃物回收可以减少垃圾处理成本		0.563		0.712

资料来源：笔者根据问卷调查数据的计算结果整理。

（2）规范信念分量表的检验。对规范信念分量表的预试样本数据进行探索性因子分析和信度检验。剔除 X_8 和 X_{11} 后，KMO 测度为 0.730，Bartlett 球形度检验显著性水平小于 0.001，而且信度系数达到最大。根据表 1.2 所示的因子载荷分布情况，可以进一步把规范信念的个人维度（F_1）解释为主要群体，而把群体维度（F_2）解释为参考群体。

表 1.2　　　　　　规范信念分量表信度分析及公因子萃取结果

代号	题项	F_1	F_2	α	剔除后 α
X_7	受家人的影响	0.621		0.652	0.646
X_9	受朋友的影响	0.763			0.564
X_{10}	受邻居的影响	0.647			0.551
X_{12}	受社区的影响		0.512		0.604
X_{13}	受所在单位的影响		0.530		0.632

资料来源：笔者根据问卷调查数据的计算结果整理。

（3）控制信念分量表的检验。不剔除任何变量，对控制信念分量表的预试样本数据进行探索性因子分析和信度检验，KMO 测度为 0.746，Bartlett 球形度检验显著性水平小于 0.001。根据表 1.3 所示的因子载荷分布情况，本研究把控制信念解构为自我能力维度（F_1）和便利状况维度（F_2）是可行的。

表 1.3　　　　　　规范信念分量表信度分析及公因子萃取结果

代号	题项	F_1	F_2	α	剔除后 α
X_{14}	知道哪些废弃物可以回收	0.714		0.744	0.626
X_{15}	知道哪些废旧家电可参与以旧换新	0.613			0.664
X_{16}	知道所生活地区的废旧电器电子回收渠道	0.698			0.614

续表

代号	题项	F₁	F₂	α	剔除后 α
X_{17}	家中可以放置废弃电器电子的空间很小		0.561		0.540
X_{18}	距离电子废弃物回收点较近		0.701		0.709
X_{19}	家电以旧换新活动的手续很简便		0.550		0.662
X_{20}	所生活小区的垃圾分类活动开展情况很好		0.680		0.732

资料来源：笔者根据问卷调查数据的计算结果整理。

（4）电子废弃物回收相关的环境知识分量表检验。对环境知识测量变量 $EK_1 \sim EK_5$ 进行探索性因子分析和信度分析，KMO 测度为 0.706，Bartlett 球形度检验显著性水平小于 0.001，因此，把 $EK_1 \sim EK_5$ 所提取的公共因子解释为电子废弃物回收的科学认知。

表 1.4　　　　　环境知识分量表信度分析及公因子萃取结果

代号	题项	F₁	α	剔除后 α
EK_1	随意丢弃废旧电器会对环境产生严重污染	0.644	0.643	0.561
EK_2	电子废弃物的拾荒者回收渠道可能产生环境污染	0.603		0.546
EK_3	废旧电器零部件的焚烧会通过烟灰、粉尘污染环境	0.582		0.611
EK_4	废旧家电是城市固体废弃物中重金属的主要来源	0.433		0.627
EK_5	废旧电器电子回收处理后的废液随意倾倒会污染地下	0.375		0.640

资料来源：笔者根据问卷调查数据的计算结果整理。

2. 基于正式问卷调查数据的结构方程模型验证

基于修正后问卷所调查获取的数据，使用 AMOS 16.0 对图 1.2 所示的结构方程模型（测量模型部分由问卷设计和表 1.1 ~ 表 1.3 不难写出）进行验证性因子分析，以验证有关研究假设的结构稳定性。

（1）模型拟合及参数估计。使用列删法（Listwise deletion）对回收问卷进行缺失数据处理，得到用于最终计算的有效问卷 296 份。

根据胡、本特勒和卡诺（Hu、Bentler and Kano，1992）的研究，对于结构方程模型估计，即使变量不满足正态分布，最大似然估计法仍然是稳健的。本研究样本的非正态性检验的临界值（critical ratio）为 8.56，并不严格服从正态分布，因此，采用最大似然估计方法对结构方程模型进行参数估计。

首先假定结构模型中的有关路径系数均显著，并对初始模型进行参数估计和拟合指数计算；其次，根据初始模型路径系数估计值、AMOS 输出的模型修正指数（MI），并结合理论假设对最初概念模型的路径进行适当调整（研究中删除了外因观察变量 X_{20} 和内因观察变量 Y_{14}）或释放部分参数（研究中外因潜变量 ξ_1 与 ξ_6、ξ_2 与 ξ_4 之间设置了共变路径）；最后筛选得出本研究所采用的最优拟合模型。最优拟合模型的主要参数估计值如表 1.5 所示。

表 1.5 　　　　　　　　　　　　最终接受模型的参数估计结果

参数	标准化估计值	估计的标准误	C.R.	参数	标准化估计值	估计的标准误	C.R.
$\lambda_{x1,1}$	0.883	—	—	$\lambda_{y6,3}$	0.773	—	—
$\lambda_{x2,1}$	0.621	0.127	5.67*	$\lambda_{y7,3}$	0.696	0.201	3.46*
$\lambda_{x4,2}$	0.725	—	—	$\lambda_{y8,4}$	0.765	—	—
$\lambda_{x5,2}$	0.726	0.208	3.49*	$\lambda_{y9,4}$	0.694	0.274	2.53*
$\lambda_{x6,2}$	0.674	0.093	7.25*	$\lambda_{y10,4}$	0.659	0.228	2.89*
$\lambda_{x7,3}$	0.657	—	—	$\lambda_{y11,5}$	0.802	—	—
$\lambda_{x9,3}$	0.835	0.055	15.2*	$\lambda_{y12,5}$	0.666	0.069	9.66*
$\lambda_{x10,3}$	0.676	0.106	6.35*	$\lambda_{y14,5}$	0.432	0.039	11.2*
$\lambda_{x12,4}$	0.704	—	—	$\gamma_{1,1}$	0.563	0.129	4.36*
$\lambda_{x13,4}$	0.873	0.434	2.01*	$\gamma_{1,2}$	0.389	0.055	7.13*
$\lambda_{x14,5}$	0.806	—	—	$\gamma_{2,3}$	0.590	0.160	3.68*
$\lambda_{x15,5}$	0.692	0.148	4.68*	$\gamma_{2,4}$	0.205	0.069	2.95*
$\lambda_{x16,5}$	0.758	0.105	7.21*	$\gamma_{3,5}$	0.652	0.126	5.17*
$\lambda_{x17,6}$	0.671	—	—	$\gamma_{3,6}$	0.502	0.170	2.96*
$\lambda_{x18,6}$	0.813	0.220	3.69*	$\beta_{4,1}$	0.324	0.048	6.77*
$\lambda_{x19,6}$	0.600	0.103	5.85*	$\beta_{4,2}$	0.607	0.171	3.54*
$\lambda_{y1,1}$	0.833	—	—	$\beta_{4,3}$	0.638	0.078	8.20*
$\lambda_{y2,1}$	0.694	0.083	8.36*	$\beta_{5,4}$	0.408	0.075	7.35*
$\lambda_{y3,1}$	0.677	0.108	6.25*	$\beta_{5,3}$	0.513	0.051	5.91*
$\lambda_{y4,2}$	0.901	—	—	$\varphi_{1,6}$	0.211	0.045	4.66*
$\lambda_{y5,2}$	0.620	0.199	3.11*	$\varphi_{2,4}$	0.432	0.066	6.52*

注：表中"估计的标准误"为非标准化估计值的标准误差，* 表示 0.05 水平下显著。
资料来源：笔者根据问卷调查数据的计算结果整理。

（2）结构方程模型拟合度评价。学界关于模型拟合程度评价方法有许多不同观点，巴戈齐和依（Bagozzi and Yi，1988）建议从基本拟合度、整体拟合度和内在结构拟合度三方面对结构方程模型评价，而海尔等（Hair et al.，2006）则主张使用绝对拟合度、相对拟合度、精简拟合度三类指标评价模型拟合效果。本研究关于模型拟合度的评价以巴戈齐和依的观点为基础，并参考其他学者的合理观点。

基本拟合度评价，也被称为违犯估计（offending estimates）检查。由表1.5可见，最终接受模型的参数估计中并无太大的标准误差存在，所有参数估计均达到显著（sig. = 0.05），测量模型的因子载荷分布较好（介于0.6~0.9），且并无过于接近于1的完全标准化估计。因此，模型的基本拟合度可以接受。

整体拟合度检验用于评价理论模型与观察资料的拟合程度，而模型好坏主要评价依据是各种拟合指数。根据 AMOS 输出的最终模型拟合指数：AGFI = 0.835，RMSEA = 0.074，RMR = 0.124 说明模型的绝对拟合效果可以接受；NFI = 0.881，RFI = 0.802，TLI（即 NNFI，ρ_2）= 0.905，CFI = 0.879，IFI = 0.907，说明模型的增值拟合效果较好；PNFI = 0.887，则说明模型的精简拟合指数也可以接受。

内在结构拟合度评价主要考察模型的内在品质。如表1.6所示，最终接受模型所有潜变量的成分信度（composite reliability）都大于0.7，潜变量的平均提取方差都大于0.5或非常接近于0.5，因此，可以认为模型的内在拟合效果基本可以接受。

表1.6　　　　　　　　　　潜变量的成分信度及平均方差萃取

潜变量	测量变量数	成分信度	平均萃取方差
个人相关利益（ξ_1）	2	0.730	0.583
社会相关利益（ξ_2）	3	0.752	0.502
主群体（ξ_3）	3	0.769	0.529
次群体（ξ_4）	2	0.770	0.629
自我能力（ξ_5）	3	0.797	0.568
便利情况（ξ_6）	3	0.740	0.490
态度（η_1）	3	0.780	0.545
主观规范（η_2）	2	0.742	0.598
知觉行为控制力（η_3）	2	0.702	0.541

续表

潜变量	测量变量数	成分信度	平均萃取方差
行为意向（η_4）	3	0.744	0.493
回收行为（η_5）	3	0.792	0.560

资料来源：笔者根据问卷调查数据的计算结果整理。

（3）结构方程模型的交叉验证及稳定性评价。结构方程模型的交叉验证（cross-validation），也称作复核效度，是指模型在许多不同群体样本下能够复制的效度。受样本容量限制，以预试调查数据、随机筛选容量为 150 的正式调查数据分别组成样本进行研究。在上述不同样本分布情况下，最终接受模型的复核效度如表 1.7 所示，总体上模型复核效度尚可接受。

表 1.7　　　　　　　　结构方程模型的复核效度

项目	样本容量	AIC	BCC	ECVI
正式调查数据	286	1202.3	1324.1	0.656
预试调查数据	76	1138.2	1193.6	0.624
随机筛选数据	150	1186.9	1254.7	0.587

资料来源：笔者根据问卷调查数据的计算结果整理。

3. 人口统计变量影响的显著性分析

使用方差分析方法对人口统计变量对电子废弃物回收行为意向和回收行为影响的显著性进行检验，主要计算结果如表 1.8 所示。就本次调查结果而言，不同性别的消费者在电子废弃物回收行为意向和回收行为上未发现显著性差异，年龄、受教育程度、家庭收入及职业等人口统计变量对消费者回收行为意向则具有显著性影响。此外，除年龄和收入因素外，其余人口统计变量对消费者的具体回收行为并无显著影响，进一步的 SNK 检验还可发现，60 岁以上和收入偏低的消费者的回收行为意向和回收行为显著高于其他群体。

表 1.8　　　　　　人口统计变量对行为意向和行为影响的方差分析

分类	电子废弃物回收行为意向（η_4）		电子废弃物回收行为（η_5）	
	F 统计量	Sig.	F 统计量	Sig.
性别	1.27	0.249	1.56	0.235

分类	电子废弃物回收行为意向（η_4）		电子废弃物回收行为（η_5）	
	F 统计量	Sig.	F 统计量	Sig.
年龄	4.98	0.043	13.05	0.000
受教育程度	10.53	0.000	1.03	0.534
家庭收入	18.56	0.000	11.40	0.000
职业	3.15	0.047	0.96	0.645

资料来源：笔者根据问卷调查数据的计算结果整理。

4. 情境因素的调节作用分析

（1）情境变量与回收行为、回收行为意向的相关分析。本书中，"环境知识"是指关于消费者关于电子废弃物回收的科学认知，由变量 $EK_1 \sim EK_5$ 的公共因子得分所表示；"舆论宣传"和"垃圾分类"是一种主观评价，即被调查者感知到的相关舆论宣传和对生活小区的垃圾分类管理执行效果的主观认识。环境知识、舆论宣传、垃圾分类等情境变量与电子废弃物回收行为意向、回收行为的简单相关系数如表 1.9 所示。易见，环境知识与回收行为和回收行为意向间有显著的线性相关关系（Sig. <0.5），但是其相关系数相对较小，说明环境知识对回收行为意向和回收行为的预测效力相对较小。此外，被调查者感知到的宣传力度越大则行为意向越强，但是回收行为却并不与之完全同步；而垃圾分类管理实施强度越大，则回收行为和行为意向也越强。

表 1.9　　　　　情境因素与回收行为、行为意向的相关分析

项目	电子废弃物回收行为意向（η_4）		电子废弃物回收行为（η_5）	
	Pearson 相关系数	Sig.	Pearson 相关系数	Sig.
环境知识	0.463	0.048	0.429	0.049
舆论宣传	0.610	0.034	0.312	0.107
垃圾分类	0.552	0.039	0.601	0.030

资料来源：笔者根据问卷调查数据的计算结果整理。

（2）情境变量对结构方程模型路径系数的影响。根据情境变量的数值高低，把"环境知识""舆论宣传"和"垃圾分类"转化为高分组和低分组两个类别，进一步分析情境变量对结构方程模型路径系数的影响作用。由表 1.10 的计算结果，全部路径系数的符号在不同组别对比时均未发生改变，这也进一步说明该结构方程模型具有一定的稳定性。在"垃圾分类"和"舆论宣传"的高得分情境和低得分情境拟合时,路径系数 $\beta_{4,3}$(知觉行为控制 $\xi_3 \to$ 行为意向 η_4)和 $\beta_{5,3}$($\xi_3 \to$ 行为 η_5)有相对明显而且方向较为一致的改变,说明这两个情境因素对于行为意向及行为加强有调节作用。

表 1.10   不同情境因素组别下的结构方程模型路径系数

	基准模型	环境知识		舆论宣传		垃圾分类	
		高分组	低分组	高分组	低分组	高分组	低分组
容量	286	137	149	104	153	107	145
$\gamma_{1,1}$	0.563	0.554	0.535	0.545	0.575	0.529	0.581
$\gamma_{1,2}$	0.389	0.336	0.395	0.401	0.355	0.42	0.378
$\gamma_{2,3}$	0.59	0.577	0.589	0.603	0.585	0.545	0.61
$\gamma_{2,4}$	0.205	0.212	0.254	0.202	0.223	0.195	0.231
$\gamma_{3,5}$	0.652	0.681	0.635	0.632	0.599	0.652	0.641
$\gamma_{3,6}$	0.502	0.541	0.498	0.5	0.481	0.522	0.499
$\beta_{4,1}$	0.324	0.335	0.317	0.327	0.321	0.318	0.346
$\beta_{4,2}$	0.607	0.633	0.589	0.621	0.577	0.596	0.615
$\beta_{4,3}$	0.638	0.644	0.631	0.671	0.535	0.724	0.431
$\beta_{5,4}$	0.408	0.412	0.397	0.414	0.393	0.423	0.399
$\beta_{5,3}$	0.513	0.514	0.506	0.592	0.465	0.642	0.451

资料来源:笔者根据问卷调查数据的计算结果整理。

1.3.4 结论与建议

1. 研究结论

本问卷调查及实证研究的主要目的是探索影响消费者电子废弃物回收行为的影响因素,并试图分析情境因素对于行为意向转化为具体行为的调节作用,根据调查数据的统计分析结果,主要研究结论如下:

(1)计划行为理论在诠释电子废弃物回收行为(意向)方面具有较好的效力,基本研究假设 $H_1 \sim H_5$ 均得到验证。尽管部分评价指标还不十分优秀、路径系数稳定性方面也还有一定欠缺,但基于计划行为理论所建立的结构方程模型总体上还可接受,并具有继续拓展研究的参考价值。

(2)基于计划行为理论的结构方程建模中,态度、主观规范和知觉行为控制应该进一步解构,以增强模型的实用价值,拓展研究假设 $H_{2-1} \sim$

H_{4-2} 基本得到验证。

（3）舆论宣传和垃圾分类等情境因素对电子废弃物回收行为和行为意向具有一定的调节作用，研究假设 H_7 基本得到验证，而关于环境知识与行为意向和行为的研究假设 H_6 则还需进一步的研究。

2. 对策建议

为了减少资源浪费和降低环境污染威胁，基于对消费者电子废弃物回收行为及其影响因素的实证研究结果，重点提出以下四条对策建议：

（1）赋予消费者责任，规范消费者电子废弃物回收处置行为。本书中，相对偏小的路径系数 $\beta_{5,4}$ 说明了我国消费者主观上并十分积极的回收意愿转化为现实性回收行为所面临的困难。此外，关键人口统计变量对回收行为和行为意向并未表现出应有的显著性影响，也侧面反映了我国消费者电子废弃物回收现状的总体不乐观形势。

为此，建议我国在推行生产者责任延伸制的同时，还应明确消费者在废弃物回收中的环境责任，建立完善的电子废弃物回收管理制度。

（2）完善回收渠道，设计更为便捷和人性化的回收模式。实证研究表明，知觉行为控制对于回收行为的影响非常明显，说明知觉行为控制对于潜在的行为意向转化为现实的回收行为具有重要促进作用。同样，受知觉行为控制的中介效应影响，便利的回收渠道对回收行为也会产生积极影响。

在完善电子废弃物回收管理制度的同时，还应建立便捷和人性化的电子废弃物交投渠道，建立符合消费者行为偏好的回收网络，从而实现更高的消费者回收参与率。为此，也需要赋予经销商、生产商乃至街道和社区相应的回收责任，建立完善的电子废弃物回收网络体系。

（3）加强教育与宣传，提高消费者环境责任意识和废弃物回收的知觉控制能力。本书关于结构方程模型的路径分析表明，消费者自我能力提高对于回收行为意向和回收行为都具有正向作用，而关于情境因素的分析则表明，舆论宣传对回收行为意向和回收行为的正向调节作用。

环保教育方面，建议在义务教育阶段增加相应的环保教育内容，向年轻一代普及环境保护知识，提高消费者的整体环境责任意识，促进良好社会规范的最终形成。舆论宣传方面，重视社区和基层组织的力量，建立良好的信息传播渠道。在回收政策宣传的同时，还注重对各类废弃物回收渠道、回收方式以及垃圾分类等环境知识的宣传介绍，以间接提高消费者的电子废弃物分类回收能力。

（4）逐步减少经济激励的使用范围，最终推行有偿废弃物回收。实证研究表明，消费者参与回收的动机是个人相关利益和社会相关利益两方面信念结构共同作用的结果。关于人口统计变量的方差分析则发现，低收入群体比高收入群体在一定范围之内有更强烈的回收意向和行为，说明经济刺激目前仍是我国消费者参与电子废弃物回收的主要动机。但从长远看，规范的电子废弃物回收体系应逐步取消经济刺激，而付费回收的最终推行则更是赋予消费者明确的环境保护责任。

3. 未来研究建议

鉴于本次问卷调查及实证研究所存在的局限和不足，建议未来至少从以下三方面继续展开更深入的研究。

（1）问卷设计方面，本节研究通过问卷调查方法进行，遵循阿杰森的建议、专家咨询并参考相关研究成果，尽管本研究经过了问卷预试、检验修正等环节，但是问卷设计仍然存在主观性，而且最终模型中有部分测量变量因不显著而被删除。因此，今后应继续深入研究更加适用于电子废弃物回收行为意向分析的问卷。

（2）分析方法方面，本节研究主要围绕验证性因子分析方法展开，对于结构方程模型分析是适当的，但是，关于情境因素的调节作用分析，并未使用更为专业的分层线性回归分析或其他方法。为了探讨有效的电子废弃物回收管理模式，应在分析更多情境因素的同时使用更加专业的情境变量分析方法。

（3）调查样本方面，本节研究的最终有效问卷数量为 286 份，在结构方程模型分析领域相对偏少，特别是在讨论模型复核效度及稳定性时，进一步的分析受到很大局限。此外，本研究的调查范围仅限于城市消费者，而城市消费者与农村消费者的电子废弃物回收行为意向和行为差异还有待今后继续研究。

1.4　情境因素对消费者回收行为的影响

如前面所述，目前针对普通固体废弃物（如生活垃圾）回收行为意向的成果较多，而关于废旧家电（或电子废弃物）回收行为的研究则相对较少；对消费者或消费者回收行为与特征的描述性统计较多，而实证研究依然较少；关于个人特性（如动机、态度等内部因素）和外部因素（如法规）对环境行为的影响已有许多研究，而关于情境因素对回收行为的影响则探究不多。在研究设计方面，多数学者对回收行为（或行为意向）影响因素的解构是以计划行为理论为基础，在具体实证分析时往往还引入个性化控制变量或中介变量。本节关于消费者回收行为影响因素的研究同样遵循该研究思路，但是，研究目的和重点则在于探索环境知识、回收渠道和公众宣传等情境因素对消费者回收行为意向和回收行为的调节效应及其作用路径。

1.4.1　研究假设

1. 基于计划行为理论的基本研究假设

根据计划行为理论，电子废弃物回收行为的产生不仅受行为意向（behavior intention）的直接影响，而且受回收行为主体的能力、机会以及资源等实际控制条件的制约。许多研究曾指出，在给定的状况之下，行为意向是预测个人行为的最好方法，并且行为意向与行为之间存在高度的相关性。根据计划行为理论，回收行为的产生不仅受消费者回收行为意向的影响，而且受行为主体感知的个人能力、机会以及资源等的制约。结合本书研究目标，提出以下假设：

H_1：行为意向对消费者的废旧家电回收行为具有显著的正向影响；

H_2：自我能力对消费者的废旧电器回收行为意向具有显著的正向影响；

H_3：自我能力对消费者的废旧电器回收行为具有显著的正向影响。

2. 关于情境因素对行为影响的研究假设

情境因素是指个体在进行某一特定行为时所面对的客观环境。巴尔（2004）、瓜尼亚诺（Guagnano，1995）、曲英和朱庆华（2009）曾经就情境因素对消费者资源回收、垃圾分类等环境行为的调节作用展开研究。戴维斯和摩根（2008）关于回收行为的实证研究发现，引入情境变量后TPB模型的解释效力显著增加。根据访谈及文献研究，消费者关于废旧家电回收处理的科学认知、回收渠道便利情况以及公众宣传氛围也可能对回收行为和回收行为意向产生影响。因此，提出如下研究假设：

H_{4-1}：环境知识将调节自我能力对消费者废旧家电回收行为的作用；

H_{4-2}：环境知识将调节自我能力对消费者废旧家电回收行为意向的作用；

H_{4-3}：环境知识将调节消费者废旧家电回收行为意向对回收行为的作用；

H_{5-1}：公众宣传将调节自我能力对消费者废旧家电回收行为的作用；

H_{5-2}：公众宣传将调节自我能力对消费者废旧家电回收行为意向的作用；

H_{5-3}：公众宣传将调节消费者废旧家电回收行为意向对回收行为的作用；

H_{6-1}：回收渠道将调节自我能力对消费者废旧家电回收行为的作用；

H_{6-2}：回收渠道将调节自我能力对消费者废旧家电回收行为意向的作用；

H_{6-3}：回收渠道将调节消费者废旧家电回收行为意向对回收行为的作用。

综合前述假设，关于情境因素对消费者电子废弃物回收行为影响研究的理论分析框架如图1.3所示。

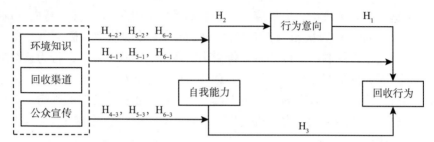

图1.3　情境因素对消费者电子废弃物回收行为影响分析的研究框架

1.4.2　研究方法

关于情境因素与消费者电子废弃物回收行为影响的研究，主要包括四个步骤：（1）问题描述，在文献研究的基础上提出研究假设；（2）问卷设计，具体包括文献研究、专家访谈、开放式问卷调查及问卷修正等阶段；（3）统计调查，通过问卷调查获取数据资料；（4）统计分析，基于分层线性回归方法探讨情境因素对废旧家电回收行为意向和行为的调节作用。

1. 问卷结构

关于情境因素对消费者回收行为调节作用的研究缘起于1.3节的研究结果，在该研究中发现回收渠道的便利程度以及公众环境意识等情境因素可能对消费者回收行为具有调节作用，但是限于问卷设计原因，难以展开进一步的分层调节回归分析。在1.3节调查问卷的基础上，本次问卷调查对情境因素的测量问项进行了重点设计，而关于回收行为和回收行为意向的测量问项则遵循阿杰森的建议，并参考了段显明等（2008）的观点。正式调查问卷的主要内容如下：

（1）行为意向构面。行为意向主要测量消费者参与废旧家电回收的主观意愿，包括5个测量问项，分别记为$Y_1 \sim Y_5$。

（2）回收行为构面。关于消费者废旧家电回收行为的问卷测量方法在现有文献中还较为少见，本研究在预试问卷时设计了相对更多的测量题目以探索电子废弃物回收行为的测量方法，5个测量问项分别记为$Y_6 \sim Y_{10}$。

（3）自我能力构面。自我能力的测量问项设计为消费者对自己废旧家电分类、回收渠道、分类回收的时间与空间资源等 6 个问题的主观评价，6 个测量问项分别记为 $X_1 \sim X_6$。

（4）情境因素。情境变量设计方面，关于环境知识的测量问项参考了蓝英和朱庆华的方法，设计 8 个测量问项，记为 $M_1 \sim M_8$；关于公众宣传的测量问项设计为对周围媒体宣传力度和公众宣传效果等 5 个问题，记为 $M_9 \sim M_{13}$；关于回收渠道的测量问项则设计为消费者对废旧家电回收渠道便利程度和生活垃圾分类管理实施情况的主观评价，记为 $M_{14} \sim M_{18}$。

上述所有测量问项的记分方式都为 Likert 5 级记分，除行为意向在 $0 \sim 4$ 记分外，其余变量则都在 $-2 \sim 2$ 双极记分，在正式计算前还进行了变量同趋化处理。

2. 问卷调查组织与实施

问卷调查对象仅限于城市消费者。正式调查共发放 350 份调查问卷，收回问卷 317 份，问卷回收率 90.6%，其中有效问卷 211 份，问卷有效回收率 60.3%。样本分布情况如表 1.11 所示。

表 1.11   **样本分布**

项目	取值	有效人数	百分比（%）
性别	男	120	56.9
	女	91	43.1
学历	高中以下	40	19.0
	高中/中专	41	19.4
	大学专科	32	15.2
	大学本科	93	44.1
	研究生及以上	5	2.4
职业	服务业	24	11.4
	农业	18	8.5
	工人	31	14.7
	个体	70	33.2
	公职人员	24	11.4
	学生	32	15.2
	退休	12	5.7

资料来源：笔者根据问卷调查数据的计算结果整理。

1.4.3 统计分析

1. 问卷信度与效度分析

本研究中，以 Cronbach α 系数大于 0.6 作为问卷信度的评判标准，并以删除问项后的整体信度系数大小改变作为是否剔除该测量问项的判定依据。以 KMO 测度大于 0.7 和 Bartlett 球形度检验作为样本相关性检验评判标准，并以萃取的公共因子载荷系数是否符合设计预期和公共因子累积方差贡献率大小作为问卷结构效度的评价依据。

表 1.12 的计算结果表明，本次调查问卷的信度和效度均已达到设计要求，特别是"环境知识"和"回收行为意向"具有较好的测量信度和效度。

表 1.12　　　　探索性因子分析与信度分析

变量	测量问项	因子载荷	累积方差贡献（%）	删除后的 α 系数	Cronbach α 系数
行为意向（BI）	Y1：今后愿意做好废旧电器的分类，并集中进行处理	0.589	70.51	0.784	0.801
	Y2：今后愿意收集废旧的手机，卖掉或送到指定的回收点	0.673		0.747	
	Y3：今后愿意将废旧电器交到指定回收点或参与以旧换新	0.828		0.702	
	Y4：今后参与电子废弃物回收的意愿会加强	0.736		0.744	
	Y5：愿意参与抵押返还的活动	0.609		0.788	
回收行为（B）	Y6：今后半年时间内参与废旧电器回收的可能性	0.556	64.25	0.737	0.769
	Y7：在过去一年内参与废旧电器回收的频率	0.729		0.665	
	Y8：已参加或计划今后半年参与废旧电器的以旧换新活动	0.758		0.640	
	Y9：家中目前还有废旧的电视等大型电器等待处置	0.418		0.785	
	Y10：家中目前还有一些废旧手机等待处理	0.590		0.735	

续表

变量	测量问项	因子载荷	累积方差贡献（%）	删除后的α系数	Cronbach α系数
自我能力（SA）	X1：知道哪些废旧电器可参与以旧换新活动	剔除	49.28		0.705
	X2：知道哪些固体废弃物可以回收利用	0.629		0.671	
	X3：知道日常垃圾应如何分类	0.482		0.641	
	X4：很了解所生活地区的废旧电器电子回收渠道	0.497		0.623	
	X5：家中可以放置废弃电器的空间很小	0.505		0.703	
	X6：废旧电器分类与回收占用您太多的时间和精力	0.725		0.694	
环境知识（EA）	M1：随意丢弃电池会对环境产生严重污染	0.780	68.30	0.745	0.807
	M2：随意丢弃废旧电器会对环境产生严重污染	0.768		0.762	
	M3：废旧电器零部件的焚烧会通过烟灰、粉尘污染环境	0.742		0.757	
	M4：随意倾倒电器回收处理后的废液会污染土壤或地下水	0.719		0.756	
	M5：通过街头拾荒者回收的废旧电器可能产生环境污染	0.673		0.807	
	M6：拾荒者只关心有价值的零部件而随意丢弃没有价值的	剔除			
	M7：废旧家电是我国城市固体废弃物中重金属的主要来源	0.569		0.789	
	M8：废旧电器中有许多宝贵资源可以回收再利用	0.478		0.773	
公众宣传（PP）	M9：周围的有关团体、组织关于垃圾分类的宣传力度很大	0.457	51.67	0.695	0.734
	M10：公众宣传使消费者更加关注废旧电器回收问题	0.736		0.441	
	M11：公众宣传可以帮助了解废旧电器如何分类与回收	0.856		0.611	
	M12：宣传时间越长则人们越关注废旧电器回收	0.630		0.567	
	M13：应加强关于废旧电器回收的宣传	0.684		0.665	

续表

变量	测量问项	因子载荷	累积方差贡献（%）	删除后的α系数	Cronbach α系数
回收渠道（RC）	M14：距离电子废弃物回收点较近	0.551		0.668	
	M15：认为家电以旧换新活动的手续简便	0.575		0.664	
	M16：能方便地找到大型废旧电器的合适回收渠道	0.753	54.22	0.619	0.779
	M17：能方便地找到小型废旧电器的合适回收渠道	0.804		0.575	
	M18：所生活小区的垃圾分类活动开展情况很好	0.722		0.622	

资料来源：笔者根据问卷调查数据的计算结果整理。

2. 自我能力、行为意向对回收行为的影响分析

由表 1.13 给出的回归分析结果，自我能力对废旧家电回收行为意向和回收行为具有显著的线性影响（模型 1 和模型 2），而且行为意向对回收行为也具有显著影响（模型 3）。比较模型 4 中的标准化回归系数大小，可以发现自我能力对消费者废旧家电回收行为的影响程度比行为意向的影响程度更大。对比 4 个回归模型中的 R^2 大小，发现引入自我能力后的 TPB 模型的解释力度有显著改善（这里 R^2 为 0.363，说明还有其他重要解释变量没有纳入模型）。

表 1.13 　　　　　　　　　　回归分析结果

模型	因变量	自变量	标准化系数	t 统计量	Sig.	修正 R^2
M1	行为意向（BI）	自我能力（SA）	0.204	2.962	0.003	0.042
M2	回收行为（B）	自我能力（SA）	0.497	7.230	0.000	0.247
M3	回收行为（B）	行为意向（BI）	0.455	6.556	0.019	0.060
M4	回收行为（B）	行为意向（BI）	0.348	5.324	0.000	0.362
		自我能力（SA）	0.415	6.344	0.000	

综合上述 4 个模型的回归分析结果，本研究所提出的研究假设 H_1、H_2 和 H_3 均得以验证。此外，由回收系数的显著性检验结果还可以发现，自我能力和行为意向不仅对回收行为具有直接的线性影响作用，而且自我能力还

通过行为意向对回收行为产生间接影响，行为意向的中介效应显著。

3. 情境因素对回收行为的影响分析

为了分析环境知识、公众宣传和回收渠道等情境因素的调节效应，使用调节回归分析（moderator regression analysis，MRA）方法识别并检验调节变量。

（1）环境知识的调节效应分析。分别以回收行为和行为意向为因变量，以自我能力、环境知识及其交互项为自变量进行分层调节回归分析，由表1.14可见，虽然环境知识与回收行为的相关性并不显著，但是自我能力和环境知识的交互项对回收行为具有显著影响，说明环境知识是"自我能力→回收行为"路径上的纯调节变量；而环境知识是行为意向的重要解释变量。以回收行为为因变量，以行为意向、环境知识及其交互项为自变量进行分层调节回归分析，由表1.14易见，环境知识对于"行为意向→回收行为"路径的调节效应不显著。因此，研究假设 H_{4-1} 得以验证，而研究假设 H_{4-2} 和 H_{4-3} 不成立。

表1.14　　　　环境知识的调节效应分析结果汇总

自变量	因变量：回收行为			因变量：行为意向			因变量：回收行为		
	模型1	模型2	模型3	模型1	模型2	模型3	模型1	模型2	模型3
自我能力	0.497**	0.497**	0.479**	0.204**	0.179**	0.173**			
环境知识		0.001	0.051		0.319**	0.331**		-0.100	-0.104
自我能力×环境知识			0.157*			-0.100			
行为意向							0.455**	0.490**	0.495**
行为意向×环境知识									0.019
R^2	0.247	0.247	0.269	0.042	0.143	0.153	0.207	0.215	0.216

注：** 表示在0.01水平下显著；* 表示在0.05水平下显著。
资料来源：笔者根据问卷调查数据的计算结果整理。

（2）公众宣传的调节效应分析。类似地，由表1.15的分层调节回归分析结果可以得出结论：公众宣传对"行为意向→回收行为"路径具有显著的调节效应，公众宣传也是行为意向的解释变量，而公众宣传对"自我能力→回收行为"路径的调节效应不显著。因此，研究假设 H_{5-3} 得到验证，而研究假设 H_{5-1} 和 H_{5-2} 不成立。

表 1. 15 公众宣传的调节效应分析结果汇总

自变量	因变量：回收行为			因变量：行为意向			因变量：回收行为		
	模型 1	模型 2	模型 3	模型 1	模型 2	模型 3	模型 1	模型 2	模型 3
自我能力	0.497**	0.503**	0.503**	0.224**	0.243**	0.243**			
公众宣传		−0.014	−0.014		0.396**	0.394**		−0.175*	−0.092
自我能力 × 公众宣传			0.001			−0.008			
行为意向							0.455**	0.507**	0.533**
行为意向 × 公众宣传									0.342**
R^2	0.252	0.252	0.252	0.050	0.207	0.207	0.207	0.221	0.328

注：** 表示在 0.01 水平下显著；* 表示在 0.05 水平下显著。
资料来源：笔者根据问卷调查数据的计算结果整理。

（3）回收渠道的调节效应分析。同样，由表 1. 16 的分层调节回归分析结果可以得出结论：回收渠道对"行为意向→回收行为"路径和"自我能力→回收行为"路径的调节效应均不显著，回收渠道与行为意向之间没有显著的相关关系，但是回收渠道是回收行为的重要预测变量。因此，研究假设 H_{6-1}、H_{6-2} 和 H_{6-3} 均不成立。

表 1. 16 回收渠道的调节效应分析结果汇总

自变量	因变量：回收行为			因变量：行为意向			因变量：回收行为		
	模型 1	模型 2	模型 3	模型 1	模型 2	模型 3	模型 1	模型 2	模型 3
自我能力	0.497**	0.427**	0.423**	0.200*	0.170*	0.198*			
回收渠道		0.328**	0.275**		0.130	0.085		0.336**	0.305**
自我能力 × 回收渠道			0.094			0.088			
行为意向							0.455**	0.454**	0.456**
行为意向 × 回收渠道									0.106
R^2	0.247	0.342	0.347	0.040	0.051	0.058	0.207	0.357	0.368

注：** 表示在 0.01 水平下显著；* 表示在 0.05 水平下显著。
资料来源：笔者根据问卷调查数据的计算结果整理。

1.4.4　结论与建议

1. 研究结论

（1）从理论研究的角度，本节基于计划行为理论讨论了自我能力、行为意向和回收行为三者间的路径关系，识别了行为意向在自我能力对回收行为影响路径上的中介效应，尽管模型的解释力度并不很高，但是对于简化 TPB 模型的分析框架从而更好地支持管理实践仍具有积极作用。此外，经实证检验的假设 H_{4-1} 和 H_{5-2} 说明某些情境因素对于消费者废旧回收行为意向、回收行为及其影响因素间关系确实具有重要的调节作用；而 H_{6-1}、H_{6-2}、H_{6-3} 等研究假设尽管不成立，然而研究也发现回收渠道是废旧家电回收行为的解释变量，这对于完善电子废弃物回收行为分析的理论模型也有一定价值。

（2）从实践应用的角度，分层调节回归分析的部分结论对于制定电子废弃物回收政策具有参考价值。就公众宣传而言，尽管公众宣传与废旧家电回收行为的相关性并不十分明显，但是公众宣传对于消费者废旧家电回收行为意向转化成为最终的回收行为却具有显著的正向作用，这也提醒在废旧电器回收管理领域应进一步加强针对消费者的舆论宣传工作。环境知识是"自我能力→回收行为"路径上的纯调节变量，消费者所掌握的环境知识越多，则越具有参与废旧家电回收的行为能力，该结论充分说明了广泛开展环境教育的重要意义。回收渠道并非本研究中的调节变量，而是回收行为的解释变量，这从另一角度恰好说明便捷的废旧电器回收体系对于提高电子废弃物回收率的重要促进作用。

2. 后续研究建议

（1）问卷设计方面。本节的实证研究基于问卷调查结果而展开，尽管问卷设计遵循阿杰森的建议并参考了有关学者的测量方法，问卷设计过程中也经过了专家建议、预试调查及信度和效度检验等工作环节，但是除了关于行为意向、环境知识的量表已经相对较为成熟外，其余量表则还需要在今后研究中继续深入并逐步完善。

（2）样本调查方面。作为针对普通消费者的问卷调查，本节实证研究的样本容量相对偏少，样本的代表性因而容易受到质疑。此外，对于当面作答的问卷调查而言，本节研究的有效问卷回收率也相对偏低。今后的类似研究，在加大样本容量和调查范围的同时，还建议进行适当的跟踪调查以克服静态统计调查的数据偏差。

1.5　本 章 小 结

目前，关于我国消费者电子废弃物回收行为的实证研究还较为少见，一些学者借鉴计划行为理论对回收行为意向的影响因素进行解构，但是常常忽略了信念结构和依从动机的测量与识别。在本章，基于结构方程模型来构建消费者电子废弃物回收行为影响因素分析的理论研究框架，把对信念和依从动机的识别与测量纳入调查问卷，并且在控制变量中引入情景因素，在研究设计上完善了该类问题的理论分析框架。本章还讨论了自我能力、行为意向和回收行为三者间的路径关系，识别了行为意向在自我能力对回收行为影响路径上的中介效应，对于简化 TPB 模型的分析框架从而更好地支持管理实践具有积极作用；讨论了情境因素的调节效应，对于完善电子废弃物回收行为分析的理论模型具有一定价值。

基于实证研究结果，我们在本章中还提出了完善我国电子废弃物回收管理制度的若干对策建议，如赋予消费者责任，规范消费者电子废弃物回收处置行为；完善回收渠道，设计便捷和人性化的回收模式；加强教育与宣传，提高消费者环境责任意识和废弃物回收的知觉控制能力；逐步减少经济激励的使用范围，最终推行有偿废弃物回收等。

第 2 章

正规企业回收行为研究

我国电子废弃物回收处理所面临问题的主要表现是回收率低和环境污染严重。剖析电子废弃物回收处理的渠道结构，可以发现回收效率低和环境污染问题的产生原因——我国的电子废弃物回收有正规回收渠道和非正规回收渠道两种类型，效率低下的非正规回收渠道的大量存在和环境监管缺失是电子废弃物环境污染问题产生的主要原因，当大量的电子废弃物经由非正规渠道回收处理时，电子废弃物回收处理所导致的资源环境问题就不可避免的发生了。

从源头看，消费者是电子废弃物（环境污染问题）产生的主要源头，由于利益驱使、环境意识淡薄、正规渠道不便捷等因素，多数消费者倾向于小商贩回收。由小商贩、小作坊等组成的非正规回收渠道以牟利为根本目标，他们对可继续使用的产品经维修或翻新后流入二手市场；对不可再用的产品则进行相对简单的拆解回收，通常会产生严重的环境污染和可再用资源浪费。而正规回收处理渠道在价格、物流、成本等方面往往不如非正规渠道具有竞争力，许多具有资质的回收处理企业由于回收不到废旧电器电子而经常面临设备闲置的尴尬境地。当大量的电子废弃物经由非正规渠道回收处理时，随之产生的环境污染和资源浪费问题就变得愈加严重（见图 2.1）。

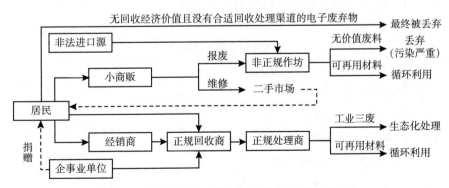

图 2.1 我国电子废弃物回收处理的主要渠道构成

如何促使我国的电子废弃物由非正规渠道回收为主转变为以正规渠道回收处理为主，以及如何促进电子废弃物回收处理的产业化、生态化发展，是学界、企业家和政府部门所亟待解决的难题。事实上，许多发展中国家也都面临着类似的问题（Manomaivibool and Vassanadumrongdee，2012）。为此，本章重点对电子废弃物回收处理企业的回收行为及其影响因素展开调查与分析，本章论述主要针对正规回收处理企业。

2.1 回收处理企业调查与分析

虽然国内外学者关于生产商和消费者的回收行为已经有较多的数学模型演绎和实证研究，但关于回收处理企业的行为研究则以思辨或定性方法为主。高东峰等（2012）建立了废弃产品回收处理企业环境绩效评价指标体系，其中包括技术先进性、管理指标、环境友好性等。秦颖、曹景山和武春友（2008）从规则因素、消费者因素、投资者因素和企业属性几个方面对企业环境行为的促进作用展开了研究，结果显示市场和消费者因素对企业积极环境行为的驱动作用比较显著。也有学者指出，目前制约国内回收处理企业进行环保处理的最大问题是经济效益。接下来基于问卷调查和实证检验对我国电子废弃物回收处理企业的环境行为、环境态度及其影响因素等进行研究。

2.1.1 针对回收处理企业的问卷调查

1. 问卷设计

调查问卷设计经过了文献研究、专家咨询、预试调查、信度和效度检验等工作环节，正式调查问卷结构如表2.1所示。

表2.1   回收处理企业调查问卷

代码	测量问项	备注
A01	被调查者的职务	
A02	被调查者的受教育程度	
A03	被调查企业员工数量	
A04	从事废旧电器回收处理的时间	
A05	企业所有制性质	

代码	测量问项	备注
A06	企业注册资金	
A07	是否具有废弃物处理资格	
A08	是否有以旧换新资质	
A09	企业所处的发展阶段	
A10	企业所在地区	
A11	再生资源回收网店数量	
A12	回收处理技术类别	
A13	电子废弃物回收处理能力	
A14	电子废弃物回收处理量	
A15	回收业务类型	多选，备选项 5 个
A16	回收渠道类型	多选，备选项 6 个
A17	经营成本主要投向	多选，备选项 4 个
A18	经营利润的主要来源	多选，备选项 5 个
A19	企业发展的制约因素	多选，备选项 5 个
AT1	管理者关注环境污染问题	
AT2	保护环境比企业利益更加重要	
AT3	即使利润小，企业还是会继续	
AT4	倡导生产商生产更加环保绿色产品	
AT5	做电子垃圾为了获取经济利益	
AT6	电子垃圾回收是为了防治污染	
AT7	进行环境管理可以提高竞争力	
BH1	具备完善的废气电器电子产品处理设施	
BH2	具有完善的污染物处理系统	
BH3	组织员工学习认知电子垃圾危害	
BH4	废液、废气排放前无污染化处理	
BH5	对没有利用价值的部件会填埋或焚烧	
BH6	在研发、购买配套上花了大量资金	
BH7	无环境污染是企业经营的重要内容	
CA1	消费者处理电子垃圾意愿很强	
CA2	消费者倾向于无环境污染企业	
CA3	消费者会明确要求回收企业进行无害化处理	

代码	测量问项	备注
PF1	在回收市场上占很大份额	
PF2	具有稳定企业顾客	
PF3	目前盈利状况很满意	
PF4	公司盈利很好	

2. 问卷调查与样本分布

正式调查共发放 200 份问卷，回收 173 份，问卷回收率 86.5%；其中有效问卷 154 份，问卷有效回收率 77.0%。

被调查对象的分布情况如表 2.2 所示。

表 2.2　　　　　　　　　　样本分布情况

标志	属性	人数	百分比（%）	累积百分比（%）
被调查者的职位	高管	10	6.5	6.5
	中层管理者	39	25.3	31.8
	基层管理者	53	34.4	66.2
	普通职员	52	33.8	100.0
被调查者的受教育程度	高中及以下	28	18.2	18.2
	大专	47	30.5	48.7
	本科	70	45.5	94.2
	研究生及以上	9	5.8	100.0
企业经营时间	2 年及以下	33	21.4	21.4
	2~5 年	68	44.2	65.6
	5~10 年	41	26.6	92.2
	10 年以上	12	7.8	100.0
企业员工规模	10 人以下	10	6.5	6.5
	10~49 人	51	33.1	39.6
	50~200 人	58	37.7	77.3
	200~500 人	18	11.7	89.0
	500 人以上	17	11.0	100.0

标志	属性	人数	百分比（%）	累积百分比（%）
企业所有制性质	个体经营	31	20.1	20.1
	民营企业	79	51.3	71.4
	集体企业	21	13.6	85.1
	国有企业	10	6.5	91.6
	合资企业	13	8.4	100.0
企业注册资金	50 万元以下	20	13.0	13.0
	50 万～100 万元	53	34.4	47.4
	100 万～500 万元	50	32.5	79.9
	500 万～100 万元	19	12.3	92.2
	1000 万元以上	12	7.8	100.0
电子废弃物处理资质	有	97	63.0	63.0
	没有	57	37.0	100.0
家电以旧换新资质	有	81	52.6	52.6
	没有	73	47.4	100.0
企业所处发展阶段	创业阶段	12	7.8	7.8
	发展阶段	112	72.7	80.5
	成熟阶段	30	19.5	100.0
	合计	154	100.0	100.0

资料来源：笔者根据问卷调查数据的计算结果整理。

3. 问卷信度与效度分析

本研究中，以 Cronbach α 系数大于 0.6 作为问卷信度的评判标准，并以删除问项后的整体信度系数大小改变作为是否剔除该测量问项的判定依据。以 KMO 测度大于 0.7 和 Bartlett 球形度检验作为样本相关性检验评判标准，并以萃取的公共因子载荷系数是否符合设计预期和公共因子累积方差贡献率大小作为问卷结构效度的评价依据。表 2.3 给出了调查问卷中主要量表的信度与效度检验结果。

表 2.3　　　　　　　　　　主要分量表的信度与效度检验

变量	测量问项	因子载荷系数	方差贡献（%）	KMO	删除后的 α 系数	Cronbach α 系数
消费者的回收意愿	CA1	0.604	52.78	0.686	0.527	0.652
	CA2	0.512			0.611	
	CA3	0.660			0.561	
环境态度	AT1	0.785	51.82	0.823	0.774	0.812
	AT2	0.762			0.791	
	AT3	0.755			0.797	
	AT4	0.681			0.767	
	AT5	剔除			0.812	
	AT6	0.665			0.771	
	AT7	0.660			0.796	
环境行为	BH1	0.727	46.73	0.765	0.731	0.770
	BH2	0.709			0.736	
	BH3	0.694			0.726	
	BH4	0.670			0.728	
	BH5	剔除			0.770	
	BH6	0.669			0.750	
	BH7	0.628			0.741	
经营绩效	PF1	0.789	50.15	0.714	0.649	0.662
	PF2	0.751			0.622	
	PF3	0.668			0.527	
	PF4	0.611			0.570	

资料来源：笔者根据问卷调查数据的计算结果整理。

2.1.2　回收处理企业调查结果的描述性统计分析

1. 被调查者对企业环境态度的主观评价

由表 2.4 的描述统计结果，被调查者所在回收处理企业的环境态度较为一般，环境态度并不十分积极（七个指标的均值在 3.1～3.7，均小于 4）。

表 2.4   被调查者对企业环境态度评价的描述统计

项目	均值	均值标准误	标准差
管理者关注环境污染问题	3.62	0.073	0.902
保护环境比企业利益更加重要	3.55	0.069	0.856
即使利润小还是会继续回收处理业务	3.27	0.074	0.924
倡导生产商生产更加环保绿色产品	3.69	0.073	0.904
做电子垃圾为了获取经济利益	3.16	0.077	0.957
电子垃圾回收是为了防治污染	3.31	0.070	0.875
环境管理可以提高企业竞争力	3.77	0.061	0.757

资料来源：笔者根据问卷调查数据的计算结果整理。

2. 被调查者对企业环境行为的主观评价

由表 2.5 的描述统计结果，被调查者所在回收处理企业的环境行为较为一般，环境行为并不十分主动（七个指标的均值在 3.2～3.8，均小于 4）。

表 2.5   被调查者对企业环境行为评价的描述统计

项目	均值	均值标准误	标准差
具备完善的废气电器电子产品处理设施	3.21	0.077	0.949
具有完善的污染物处理系统	3.35	0.072	0.892
经常组织员工学习认知电子垃圾危害	3.71	0.068	0.847
废液、废气排放前进行无污染化处理	3.53	0.070	0.872
对没有利用价值的部件会填埋或焚烧	3.27	0.078	0.972
在研发、购买处理设施上花了大量资金	3.42	0.071	0.883
无环境污染是企业经营的重要内容	3.79	0.060	0.749

资料来源：笔者根据问卷调查数据的计算结果整理。

3. 被调查者对企业自身经营绩效的主观评价

由表 2.6 的描述统计结果，被调查者对回收处理企业的经营绩效较为不满意（三个指标的均值在 2.6～3.5，其中有两个指标的均值小于 3）。

表 2.6 被调查者对企业经营绩效评价的描述统计

项目	均值	均值标准误	标准差
在回收市场上占很大份额	2.68	0.064	0.791
具有稳定的企业客户	3.44	0.069	0.857
对目前盈利状况很满意	2.97	0.070	0.874

资料来源：笔者根据问卷调查数据的计算结果整理。

4. 对多选问项的统计分析

本次关于回收处理企业的调查问卷中，设置了 5 个多选题，分别用于对企业回收物品类型、回收渠道、经营成本构成、利润来源以及企业对制约其发展的关键因素等的调查。

（1）影响回收处理企业发展的关键因素。共有 154 份有效问卷对该题目做了有效回答，多数企业认为盈利少和回收成本高是制约回收处理企业发展的主要因素，如表 2.7 所示。

表 2.7 制约电子废弃物回收处理企业发展的主要因素

项目	频数	百分比（%）
回收渠道不合理制约企业发展	20	9.5
企业盈利少制约企业发展	80	38.1
企业行为得不到公众的认可制约企业发展	19	9.0
回收成本高制约企业发展	67	31.9
政府立法不完善制约企业发展	24	11.4

资料来源：笔者根据问卷调查数据的计算结果整理。

（2）企业的主要回收物品类型。共有 154 份有效问卷对该题目做了有效回答，表 2.8 的统计结果表明，被调查企业的回收物品类型差异并不十分明显，说明表中所列废弃物均有相对应的企业从事回收处理业务。

表 2.8 回收处理企业的主要回收物品类型

项目	频数	百分比（%）
主要类型为各类废五金	78	31.3
主要类型为橡胶	36	14.5
主要类型为电子类	67	26.9

续表

项目	频数	百分比（%）
主要类型为稀有金属类	32	12.9
主要类型为其他	36	14.5

资料来源：笔者根据问卷调查数据的计算结果整理。

（3）企业所采用的主要回收渠道类型。共有 154 份有效问卷对该题目做了有效回答，表 2.9 的统计结果表明，目前尚未出现绝对占优的电子废弃物回收处理渠道，也从另一方面反映了我国目前的电子废弃物回收市场竞争的混乱状况。

表 2.9　　　　　　　回收处理企业的主要回收渠道类型

项目	频数	百分比（%）
来源于员工上门回收	39	14.6
来源于个体回收商	72	27.0
来源于家电经销商	44	16.5
来源于社区回收点	39	14.6
来源于固定的合作企业	51	19.1
来源于政府机关单位	22	8.2

资料来源：笔者根据问卷调查数据的计算结果整理。

（4）企业的经营成本构成。共有 154 份有效问卷对该题目做了有效回答，表 2.10 的统计结果表明，设备投入是我国电子废弃物回收处理企业经营发展的主要花费，也从侧面说明，电子废弃物回收处理企业还处于较低的发展阶段——业务拓展、经营管理等方面的投入较少。

表 2.10　　　　　　　回收处理企业的经营成本去向

项目	频数	百分比（%）
主要花费在废旧产品回收上	39	20.2
主要花费在处理设备的投入	95	49.2
主要花费在废气净化处理	23	11.9
主要花费在人力资本	36	18.7

资料来源：笔者根据问卷调查数据的计算结果整理。

（5）企业的经营成本构成。共有 154 份有效问卷对该题目做了有效回答，表 2.11 的统计结果表明，零部件销售是回收处理企业获取利润的主要途径，而政府补贴起到的激励效果仍然较不明显。

表 2.11 回收处理企业的主要利润来源

项目	频数	百分比（%）
来源于旧家电二次利用	28	12.6
来源于拆解零部件的销售利润	72	32.3
来源于政府补贴	18	8.1
来源于消费者、企业支付的处理费用	48	21.5
来源于回收物中提取有用资源的销售	57	25.6

资料来源：笔者根据问卷调查数据的计算结果整理。

2.1.3 回收处理企业环境行为、环境态度与经营绩效的关系

1. Pearson 相关分析

根据表 2.2 的公共因子得分可以测量电子废弃物回收处理企业的环境行为、环境态度、经营绩效等变量的数值大小，进一步用相关分析和回归分析来讨论环境行为、态度、绩效之间的相互关系。由表 2.12 的相关分析结果可见，电子废弃物回收处理企业的环境态度、环境行为和绩效之间具有线性相关关系，且三者与消费者意愿也具有一定的线性相关关系。

表 2.12 Pearson 相关分析

	消费者意愿	环境态度	环境行为	经营绩效
消费者意愿	1			
环境态度	0.393 **	1		
环境行为	0.147	0.708 **	1	
经营绩效	0.284 **	0.526 **	0.461 **	1

注：** 表示 0.01 水平下显著。
资料来源：笔者根据问卷调查数据的计算结果整理。

2. 线性回归分析

（1）环境态度、环境行为对经营绩效的影响。以电子废弃物回收处理

企业的环境态度为自变量，以企业经营绩效和环境行为因变量，回归分析计算结果如表 2.13（模型 1 和模型 3）所示；以企业经营绩效为因变量，以环境行为、环境态度为自变量，回归分析结果如表 2.13（模型 2 和模型 4）所示。

表 2.13　　回归分析——环境态度、环境行为对经营绩效的影响

自变量	环境行为		经营绩效	
	模型 1	模型 2	模型 3	模型 4
环境态度	0.708 **	0.526 **		0.396 **
环境行为			0.461 **	0.183
R^2	0.501	0.277	0.213	0.292

注：** 表示 0.01 水平下显著（表中为标准化回归系数）。
资料来源：笔者根据问卷调查数据的计算结果整理。

综合表 2.13 的回归分析结果可见，电子废弃物回收处理企业的环境态度显著影响其环境行为，而回收处理处理企业所采取的环境行为对其经营绩效的影响在统计学意义上并不显著。

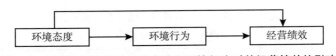

图 2.2　回收处理企业的环境态度和环境行为对其经营绩效的影响

（2）消费者意愿、企业环境态度对回收处理企业环境行为的影响。类似地，使用回归分析方法讨论消费者意愿、企业环境态度对企业环境行为的影响，回归分析结果如表 2.14 所示。

表 2.14　　回归分析——消费者意愿、企业环境态度对企业环境行为的影响

自变量	环境态度		环境行为	
	模型 1	模型 2	模型 3	模型 4
消费者意愿	0.393 **	0.147		− 0.147 *
环境态度			0.708 **	0.764 **
R^2	0.155	0.022	0.501	0.292

资料来源：笔者根据问卷调查数据的计算结果整理。

根据表 2.14 所示的回归分析结论，消费者回收意愿显著正向影响企业

的环境态度，但是，消费者意愿对企业环境行为的影响在统计学意义下不显著（见图2.3）。

图2.3 消费者意愿、企业环境态度对环境行为的影响

2.1.4 回收处理企业环境行为、态度与绩效的影响因素

1. 基于方差分析的影响因素识别

（1）环境行为的影响因素分析。以回收处理企业的环境行为为因变量，以企业规模、企业性质、企业经营资质等为控制变量进行方差分析（未考虑控制变量间交互影响），分析结果如表2.15所示。

由表2.15的方差分析结果可见，企业规模大小、经营时间长短和所处地区差异对企业环境行为没有显著影响，而企业所有制性质、是否具有废弃物回收资质和企业所处发展阶段差异则对企业的环境行为具有显著影响。

表2.15 企业规模、性质、经营资质、地区差异等因素对环境行为影响的方差分析

方差来源	Ⅲ型平方和	df	均方	F	Sig.
企业员工数量	2.729	4	0.682	0.928	0.450
从事废弃物回收处理时间	5.090	3	1.697	2.308	0.080
企业所有制性质	7.476	4	1.869	2.542	0.043 *
企业注册资金	5.616	4	1.404	1.910	0.113
是否具有废弃物回收资质	2.990	1	2.990	4.067	0.046 *
是否具有以旧换新资质	1.893	1	1.893	2.575	0.111
企业所处发展阶段	5.958	2	2.979	4.052	0.020 *
企业所在地区	10.005	11	0.910	1.237	0.270
误差	89.697	122	0.735		
总和	152	152			

注：＊表示0.05水平下显著。
资料来源：笔者根据问卷调查数据的计算结果整理。

进一步的 Homogeneous Subsets 分析则给出了上述因素对环境行为的影

响差异（见表 2.16、表 2.17）。由表 2.16 可见，国有企业和合资企业的环境行为显著优于个体企业的环境行为显著；由表 2.17 则可见，企业越成熟则环境行为越积极。

表 2.16　　企业性质对环境行为影响的 Homogeneous Subsets 分析

	企业性质	N	Subset	
			1	2
Student – Newman – Keuls	个体经营	31	− 0.462	
	集体企业	21	− 0.139	− 0.139
	民营企业	78	0.120	0.120
	合资企业	13		0.337
	国有企业	10		0.356
	Sig.		0.101	0.299

资料来源：笔者根据问卷调查数据的计算结果整理。

表 2.17　　企业发展阶段对环境行为影响的 Homogeneous Subsets 分析

	经营性质	N	Subset	
			1	2
Student – Newman – Keuls	创业阶段	12	− 0.660	
	发展阶段	111		− 0.042
	成熟阶段	30		0.419
	Sig.		1	0.065

资料来源：笔者根据问卷调查数据的计算结果整理。

（2）环境态度的影响因素分析。以回收处理企业的环境态度为因变量，以企业规模、企业性质、企业经营资质等为控制变量进行方差分析（未考虑控制变量间交互影响），方差分析结果如表 2.18 所示。

表 2.18　　企业规模、性质、经营资质、地区差异等因素对
企业环境态度影响的方差分析

方差来源	Ⅲ型平方和	df	均方	F	Sig.
企业员工数量	7.532	4	1.883	2.599	0.039 *
从事废弃物回收处理时间	7.002	3	2.334	3.222	0.025 *

方差来源	Ⅲ型平方和	df	均方	F	Sig.
企业所有制性质	6.488	4	1.622	2.239	0.069
企业注册资金	5.793	4	1.448	1.999	0.099
是否具有废弃物回收资质	2.286	1	2.286	3.155	0.078
是否具有以旧换新资质	0.580	1	0.580	0.801	0.373
企业所处发展阶段	1.606	2	0.803	1.109	0.333
企业所在地区	15.741	11	1.431	1.975	0.036*
误差	89.112	123	0.724		
总和	153	153			

注：*表示0.05水平下显著。
资料来源：笔者根据问卷调查数据的计算结果整理。

由表2.18可见，企业员工多少、经营时间长短和所处地区差异对企业环境态度有显著影响。进一步的Homogeneous Subsets分析表明，企业员工数量越多、经营时间越久则环境态度越主动。

（3）经营绩效的影响因素分析。以回收处理企业的经营绩效为因变量，以企业规模、企业性质、企业经营资质等为控制变量进行方差分析（未考虑控制变量间交互影响），方差分析结果如表2.19所示。由表2.19的方差分析结果可见，企业员工多少、经营时间长短和企业所处发展阶段差异对电子废弃物回收处理企业的经营绩效具有显著影响。

表2.19　　　　企业规模、性质、经营资质、地区差异等因素对
企业环境态度影响的方差分析

方差来源	Ⅲ型平方和	df	均方	F	Sig.
企业员工数量	12.202	4	3.051	4.109	0.004**
从事废弃物回收处理时间	7.233	3	2.411	3.248	0.024*
企业所有制性质	2.049	4	0.512	0.690	0.600
企业注册资金	5.239	4	1.310	1.764	0.140
是否具有废弃物回收资质	0.595	1	0.595	0.801	0.372
是否具有以旧换新资质	2.379	1	2.379	3.205	0.076
企业所处发展阶段	7.699	2	3.849	5.186	0.007**
企业所在地区	6.034	11	0.549	0.739	0.699

续表

方差来源	III型平方和	df	均方	F	Sig.
误差	90.566	122	0.742		
总和	152	153			

注：＊表示 0.05 水平下显著，＊＊表示 0.01 水平下显著。
资料来源：笔者根据问卷调查数据的计算结果整理。

进一步的 Homogeneous Subsets 分析表明，电子废弃物回收处理企业的员工数量越多、经营时间越久、发展阶段越成熟则经营绩效也越好。

2. 基于相关与回归分析的影响因素识别

（1）简单相关分析。计算回收处理企业环境行为、环境态度和经营绩效量化指标与电子废弃物回收处理企业网点数量、处理能力、回收数量和实际处理量之间的简单相关系数，计算结果如表 2.20 所示。

表 2.20　　　　环境行为、态度、绩效与网点数量、
处理能力等影响因素的相关系数

	回收网点数量	回收量	处理能力	实际处理量
环境态度	0.150	0.156	0.124	0.090
环境行为	0.308 ***	0.415 ***	0.248 **	0.284 ***
经营绩效	0.433 **	0.296 **	0.330 **	0.314 **

注：＊＊表示 0.01 水平下显著，＊＊＊表示 0.001 水平下显著。
资料来源：笔者根据问卷调查数据的计算结果整理。

由表 2.20 可见，电子废弃物回收处理的环境行为、经营绩效与企业回收网点数量、电子废弃物处理能力、回收量、实际处理量具有显著的正相关关系，而环境态度与上述指标无关。

（2）回归分析。进一步考察电子废弃物回收处理企业网点数量、处理能力、回收数量和实际处理量之间的简单相关系数，计算结果如表 2.21 所示。

表 2.21　　　　回收网点数量、处理能力、回收数量和
实际处理量之间的相关系数

	回收网点数量	回收量	处理能力	实际处理量
回收网点数量	1.000	0.529 ***	0.592 ***	0.562 ***

续表

	回收网点数量	回收量	处理能力	实际处理量
回收量	0.529 ***	1.000	0.555 ***	0.612 ***
处理能力	0.592 ***	0.555 ***	1.000	0.704 ***
实际处理量	0.562 ***	0.612 ***	0.704 ***	1.000

注：*** 表示 0.001 水平下显著。
资料来源：笔者根据问卷调查数据的计算结果整理。

由表 2.21 可见，网点数量、处理能力、回收数量和实际处理量之间具有较强的线性相关关系（也即具有多重共线性），因此，不对上述因素对电子废弃物回收处理企业环境行为与经营绩效的影响效果做进一步的线性回归分析。

2.1.5 回收处理企业环境行为影响因素的 Logistic 回归模型

1. 研究框架

基于国内外学者的研究结果，结合我国电子废弃物回收处理企业的实践情况，提出如图 2.4 所示的电子废弃物回收处理企业环境行为影响因素分析框架。其中，经济效益表示的是企业现有的资金水平及市场规模，包括企业目前的盈利状况、占有的市场份额等；企业态度所指的是企业管理者的环境保护态度，包括管理者对环境污染问题的态度，环境保护和企业效益的权衡等，本节研究试图揭示管理者的环境态度与企业处理行为的内在关联；社会效应表示消费者的环保意识，本研究假设消费者的环保意识会影响企业环保行为；企业能力指的是企业的回收处理能力，包括回收网点数量、实际处理能力等。

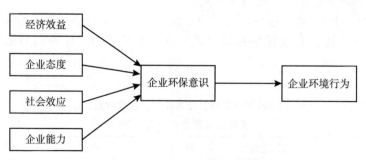

图 2.4 企业环境行为影响因素框架

2. Logistic 回归模型的建立

企业在进行电子垃圾回收处理的过程中，表现出显著的不连续特征，即环保处理和不环保处理，不存在二者之间的中间状态，呈现出 0 ~ 1 特性。且考虑到企业环保行为主要是取决于企业的环保意识，所以建立如下 Logistic 模型：

$$\text{logit}(R) = \frac{1}{1 + e^{-z}}, \quad z = \beta_0 + \sum_{i=1}^{n} \beta_i x_i + \varepsilon_i$$

其中 z 是表示企业环境行为的潜在连续变量，x_i 为对企业环保行为有影响的解释变量，β_i 为需要评估的参数，ε_i 为随机误差项。

模型中 R 表示的是企业环境行为，即企业在进行电子垃圾回收处理的过程中对环境所造成的污染较少甚至无污染。如果企业回收处理行为被定义为"积极环境行为"则取 1，如果企业回收处理行为被定义为"消极环境行为"则取 0。

对企业环境行为的测量现还没有一个固定的指标体系，通常情况下，研究者会根据自己所研究的领域选取相应的测量指标及测量方法。孙剑等（2012）为了探索企业环保导向与企业绩效之间的关系，将环保导向分为完全利己环保导向、互惠利他环保导向和完全利他环保导向 3 个指标 19 个题项来测量企业的环保行为导向。为了探索排污权交易政策对企业环保行为的影响，胡应得（2012）通过政策遵从行为、环保投资策略选择、新环保技术采纳行为等行为决策来分析测量企业的环保行为。张劲松（2008）采取量化的硬性指标来判断企业环境行为的好坏，如有害物质的排放、能源的消耗以及噪声和其他重要环境领域等方面的参数指标。为了简便起见，本书将各项总体平均得分大于 3 的企业定义为积极环境行为企业，小于等于 3 的定义为消极环境行为企业。

3. Logistic 回归结果

将企业环境行为作为被解释变量，企业能力、管理者环境态度、消费者环境意识和企业经济效益作为解释变量。SPSS16.0 得到的模型估计结果如表 2.22 所示。

表 2.22　　　　　　　　　Logistic 回归的估计结果

变量	B	S. E.	Wald	df	Sig.
企业能力	0.770	0.431	3.199	1	0.074 *
管理者环境态度	1.662	0.348	22.844	1	0.000 **

变量	B	S. E.	Wald	df	Sig.
消费者环境意识	0.350	0.317	1.216	1	0.270
企业经济效益	0.630	0.322	3.845	1	0.050*
Constant	2.904	0.473	37.688	1	0.000

注：** 表示在5%的显著性水平下显著；* 表示在10%的显著性水平下显著。
资料来源：笔者根据问卷调查数据的计算结果整理。

从表2.22中可以看出，在5%的显著性水平下，管理者环境态度（Sig. = 0.000 < 0.05）这个变量通过了Wald统计量的显著性检验。这表明企业管理者环境意识对一个企业的回收处理行为是否环保具有显著影响，其系数为正，说明企业管理者环境意识越强，企业的回收处理行为越环保。

在10%的显著性水平下，有两个变量通过了Wald统计量的显著性检验，分别为企业能力（Sig. = 0.074 < 0.1）和企业经济效益（Sig. = 0.050 < 0.1），消费者环境意识对企业环保行为影响不显著。这表明，企业能力和经济效益对企业环保行为的影响作用也非常显著，其系数都为正，说明企业能力越强，企业在环保处理废弃物的可能性越大。同时，企业对废弃物是否采取环保处理在一定程度上取决于企业的经济效益。

4. 模型拟合预测检验

为了全面了解模型的预测能力，本章首先对该模型进行整体统计检验，然后再对模型的拟合情况进行检验。

由表2.23可知，对模型进行全局性检验，得到回归模型的卡方检验值为40.826，相应的P = 0.000 < 0.05，说明模型的全局性具有统计学意义。在此基础上，Hosmer和Lemeshow检验得到P = 0.28 > 0.05，说明拟合优度统计检验不显著，因此不能拒绝零假设，表明方程对数据拟合良好，从而说明模型的解释能力是很强的。此外，根据调查结果，有130家企业在进行电子废弃物处理时表现为环保处理。有20家企业表现为对不环保处理。从表2.24中可以看出，模型预测的总正确率达到88%，有130家企业为环保企业，而模型预测正确的有125家，正确率为96.15%。对与不环保企业，模型的预测正确率比较低，只有35%。这表明，模型中的变量能够很好地解释企业环保行为特征。

表 2.23   模型的全局性检验及 Hosmer 和 Lemeshow 检验结果

变量	Score	df	Chi-square	Sig.
企业能力	0.760	1	—	0.383
管理者环境态度	36.833	1	—	0.000
消费者环保意识	0.790	1	—	0.374
企业经济效益	2.511	1	—	0.113
Overall Statistics	40.826	4	—	0.000
Hosmer and Lemeshow Test	—	8	9.795	0.280

资料来源：笔者根据问卷调查数据的计算结果整理。

表 2.24   Logistic 模型拟合预测结果

变量		预测企业环境行为		
		积极	消极	准确率（%）
		0	1	
积极	0	7	13	35
消极	1	5	125	96.15
总准确率				88

资料来源：笔者根据统计数据整理。

5. 研究结论

基于上述 Logistic 回归分析，可得以下结论：

（1）企业管理者环境态度对企业行为是否环保具有最重要的影响。企业管理者影响着企业的发展方向，企业的高层领导者是企业精神的代表，也是企业文化建设的带头人。在这一程度上说，企业领导者的素质决定着企业的素质。所以，对于一个电子废弃物回收处理企业而言，若管理者的环境意识强则企业进行环保回收处理的可能性就大，若管理者缺乏环境意识就会设法逃避回收的责任。这进一步提示我们，加大对企业管理者的环保宣传对于促进企业自觉承担环境责任具有深远的现实意义。

（2）企业经济效益对企业环保行为具有显著的正向作用。企业效益包含显性和隐性的效益，显现的效益就是企业的经济效益，而隐性的有社会效益等。对于回收处理企业而言，废弃物的环保处理在一定程度上会消耗企业的经济效益，提升企业的社会效益。而对于那些资金雄厚的企业而言，进行环保处理，提升的社会效益远比减少的经济效益多。因此，企业经济效益越好，在进行废弃物处理的过程中越注重环保。

（3）企业自身能力对企业环保行为具有一定程度的影响。本研究所指的企业能力包括处理能力、电子垃圾回收量、再生资源回收网点数量等，企业能力强可以从侧面说明企业的规模大，经济效益好，所以企业在进行电子废弃物处理时注重环保的可能性越大。

2.2　经销商回收行为调查与分析

在我国，经销商在电器电子产品的供应链网络中处于特别重要的地位，他们也是电子废弃物回收处理的重要利益相关主体。经销商（包括进口商）不仅在电器电子产品的流通过程中曾经获取利益，而且也对电器电子产品的潜在环境污染起到事实上的传播作用。因此，理论上，经销商显然应该承担一定的电子废弃物回收处理责任。而实践中，我国曾经推行的家电"以旧换新"活动，事实上已赋予了家电经销商以废旧家电回收处理责任。值得注意的是，在本章中，电子废弃物在多数情况下特指废弃家用电器产品。

2.2.1　问卷设计与检验

为了揭示电器电子产品经销商的废弃物回收行为、回收行为意向及其影响因素，我们使用问卷调查方式获取数据，并展开进一步的实证研究。

1. 问卷结构

经过文献研究、专家咨询、预试调查、信度和效度检验等工作环节，针对经销商的正式调查问卷结构如表 2.25 所示。

表 2.25　　　　　　　　　经销商调查问卷结构

代码	测量问项	备注
sn	序号	
addr	访问地点	定类变量
manag	职务	定序（类）变量
edu	受教育程度	定序（类）变量
sale	月销售额（万元）	定序（类）变量
members	员工规模	定序（类）变量
produ	主营业务	定类变量

代码	测量问项	备注
X01	知道电子废物污染防治法已实施	
X02	根据国家法规采取了相应措施	
X03	经常关注环境污染问题	
X04	组织员工学习相关知识	
X05	知道如何做垃圾分类和回收	
X06	参与回收是为了经济利益	
X07	参与回收是为了保护环境	
X08	参与回收是为了废品再利用	
X09	电子废弃物回收业务量很大	
X10	电子废弃物回收势头很好	
X11	影响参与回收的主要因素	定类变量
X12	存放空间是参与回收的关键要素	
X13	面向消费者的回收渠道很方便	
X14	后续回收渠道很方便	
X15	参与回收不利于主营业务	
X16	参与回收会占用经营资源	
X17	押金–返还可以促进回收	
X18	收取押金会减少销售量	
X19	顾客退回废弃物拿回押金的比例高	
X20	制约电子废弃物回收的主要因素	定类变量
X21	消费者会优先选择绿色产品	
X22	拾荒者比商店回收有经济价值废弃物更有优势	
X23	政府可通过政策施加影响	
X24	愿意自己回收	
X25	若不赚钱则不愿参与回收	
X26	倾向于外包给专业回收商	
X27	即使消费者不配合仍愿参与回收	
X28	愿意加大以旧换新力度	
X29	政府部门应负责回收体系运作与管理	
X30	回收、处置费用的应承担主体	定类变量
Y01	若消费者有要求则会参与回收	

续表

代码	测量问项	备注
Y02	向顾客推荐更环保产品	
Y03	若条件具备则愿意参与回收	
Y04	愿意按比例分担经济责任	
Y05	愿意收取押金并承担回收责任	

资料来源：笔者整理。

2. 问卷调查与样本分布

正式调查共发放 250 份调查问卷，回收 226 份问卷，问卷回收率 90.4%；其中有效问卷 210 份，问卷有效回收率 84.0%。

有效调查问卷的被调查对象分布情况如表 2.26 所示。

表 2.26　　　　　　　　经销商调查的样本分布情况

标志	属性	人数	百分比（%）	累积百分比（%）
被调查者职位	高管	12	5.8	5.8
	中层管理者	41	19.7	25.5
	基层管理者	62	29.8	55.3
	普通职员	93	44.7	100.0
受教育程度	高中及以下	50	23.8	23.8
	大专	82	39.0	62.9
	本科	69	32.9	95.7
	研究生及以上	9	4.3	100.0
月销售额	10 万元以下	85	40.7	40.7
	10 万~50 万元	87	41.6	82.3
	50 万~100 万元	28	13.4	95.7
	10 万元以上	9	4.3	100.0
员工规模	5 人以下	63	30.0	30.0
	6~10 人	68	32.4	62.4
	11~50 人	53	25.2	87.6
	51~100 人	19	9.0	96.7
	100 人以上	7	3.3	100.0

续表

标志	属性	人数	百分比（%）	累积百分比（%）
	家电	50	25.1	25.1
	通信产品	35	17.6	42.7
主营业务	个人电脑	59	29.6	72.4
	电动车	16	8.0	80.4
	其他电子消费品	39	19.6	100.0
	合计	210	100.0	

资料来源：笔者根据问卷调查数据的计算结果整理。

3. 问卷信度与效度分析

本研究中，以 Cronbach α 系数大于 0.6 作为问卷信度的评判标准，并以删除问项后的整体信度系数大小改变作为是否剔除该测量问项的判定依据。以 KMO 测度大于 0.7 和 Bartlett 球形度检验作为样本相关性检验评判标准，并以萃取的公共因子载荷系数是否符合设计预期和公共因子累积方差贡献率大小作为问卷结构效度的评价依据。表 2.27 给出了调查问卷中主要分量表的信度与效度检验结果。

表 2.27　　　　　　　　　主要分量表的信度与效度检验

变量	测量问项	因子载荷系数	方差贡献（%）	KMO	删除后的 α 系数	Cronbach α 系数
	X01	0.677			0.748	
	X02	0.752			0.711	
环境意识	X03	0.750	52.50	0.794	0.716	0.768
	X04	0.750			0.717	
	X05	0.689			0.737	
	X06	0.351			0.579	
	X07	0.641			0.502	
态度	X08	0.588	36.77	0.605	0.459	0.645
	X09	0.711			0.445	
	X10	0.674			0.454	

变量	测量问项	因子载荷系数	方差贡献（%）	KMO	删除后的α系数	Cronbach α系数
回收能力	X12	0.592	70.10	0.752	0.402	0.688
	X13	0.653			0.389	
	X14	0.618			0.419	
	X15	0.531			0.429	
	X16	0.399			0.508	
回收意愿	X24	0.607	60.40	0.732	0.630	0.662
	X26	0.535			0.657	
	X27	0.684			0.599	
	X28	0.707			0.581	
	X29	0.724			0.578	
回收行为	Y01	0.741	67.23	0.716	0.632	0.705
	Y02	0.663			0.663	
	Y03	0.662			0.667	
	Y04	0.722			0.632	
	Y05	0.596			0.686	

资料来源：笔者根据问卷调查数据的计算结果整理。

2.2.2 经销商电子废弃物回收行为意向的结构方程模型分析

1. 结构方程模型的建立

基于计划行为理论，建立如图2.5所示的结构方程模型。显然，该递归模型是可以识别的。

2. 最优模型拟合及参数估计

基于修正后问卷所调查获取的数据，使用 AMOS 16.0 如图2.5所示的结构方程模型进行验证性因子分析。

（1）参数估计方法。根据胡、本特勒和卡诺（1992）的研究，对于结构方程模型估计，即使变量不满足正态分布，最大似然估计法仍然是稳健的。因此，本研究采用最大似然估计方法对结构方程模型进行参数估计。

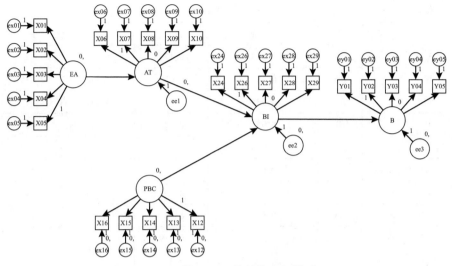

图 2.5　基于 TPB 的结构方程模型

（2）参数估计结果。首先假定结构模型中的有关路径系数均显著，并对初始模型进行参数估计和拟合指数计算；然后，根据初始模型路径系数估计值、AMOS 输出的模型修正指数（MI），并结合理论假设对最初概念模型的路径进行适当调整（本研究中删除了解释变量 X6、X13 和 X14，并且把PBC 重新解释为电子废弃物回收行为能力 BA）；最后筛选得出本研究所采用的最优拟合模型。最优拟合模型的主要参数估计值如图 2.6 和表 2.28所示。

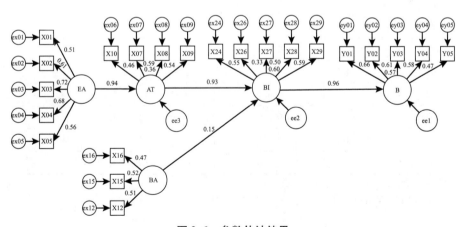

图 2.6　参数估计结果

表 2.28　　　　　　　　参数估计结果

路径系数			标准化估计	S. E.	C. R.	P
AT	<---	EA	0.938	0.134	5.262	***
BI	<---	BA	0.145	0.069	1.778	0.075
BI	<---	AT	0.934	0.221	5.281	***
B	<---	BI	0.961	0.192	6.780	***
X05	<---	EA	0.560	—	—	—
X04	<---	EA	0.676	0.217	7.100	***
X03	<---	EA	0.715	0.197	7.329	***
X02	<---	EA	0.614	0.183	6.680	***
X01	<---	EA	0.507	0.219	5.828	***
X09	<---	AT	0.538	0.267	5.330	***
X10	<---	AT	0.464	—	—	—
X07	<---	AT	0.592	0.263	5.601	***
X08	<---	AT	0.361	0.222	4.112	***
X12	<---	BA	0.513	—	—	—
X16	<---	BA	0.470	0.251	3.085	0.002
X15	<---	BA	0.520	0.285	3.032	0.002
X24	<---	BI	0.555	—	—	—
X26	<---	BI	0.334	0.165	4.171	***
X27	<---	BI	0.502	0.177	5.781	***
X28	<---	BI	0.603	0.178	6.592	***
X29	<---	BI	0.585	0.171	6.469	***
Y01	<---	B	0.656	—	—	—
Y02	<---	B	0.607	0.122	7.506	***
Y03	<---	B	0.569	0.106	7.093	***
Y04	<---	B	0.578	0.120	7.193	***
Y05	<---	B	0.466	0.116	5.923	***

注：*** 表示在 0.001 水平下显著。
资料来源：笔者根据问卷调查数据的计算结果整理。

3. 结构方程模型拟合度评价

学界关于模型拟合程度评价方法有许多不同观点，巴戈齐和依（1988）

建议从基本拟合度、整体拟合度和内在结构拟合度三方面对结构方程模型评价，而海尔等（Hair et al.，2006）则主张使用绝对拟合度、相对拟合度、精简拟合度三类指标评价模型拟合效果。本研究关于结构方程模型拟合度的评价以巴戈齐和依（1988）的观点为基础，并参考其他学者的合理观点。

（1）基本拟合度评价。基本拟合度评价，也被称为违犯估计（offending estimates）检查。接受模型的参数估计中并无太大的标准误差存在，所有参数估计均达到显著（P = 0.05），测量模型的因子载荷分布较好（介于 0.6 ~ 0.9）且并无过于接近 1 的完全标准化估计。因此，模型的基本拟合度可以接受。

（2）整体拟合度评价。整体拟合度检验用于评价理论模型与观察资料的拟合程度，而模型好坏主要评价依据是各种拟合指数。

根据 AMOS 输出的最终模型拟合指数：

RMSEA = 0.051，说明模型的绝对拟合效果较好；

NFI = 0.824，RFI = 0.836，TLI（即 NNFI，或 ρ_2）= 0.874，CFI = 0.861，IFI = 0.823，说明模型的增值拟合效果可以接受；

PNFI = 0.873，说明模型的精简拟合指数也可以接受。

（3）内在结构拟合度评价。内在结构拟合度评价主要考察模型的内在品质。如表 2.29 所示，最终接受模型所有潜变量的成分信度（composite reliability）都大于 0.7，潜变量的平均提取方差都大于或接近于 0.5，因此，可以认为模型的内在拟合效果基本可以接受。

表 2.29　　　　　　　　潜变量的成分信度及平均方差萃取

潜变量	测量变量数	成分信度	平均萃取方差
环境意识（EA）	5	0.754	0.483
态度（AT）	4	0.717	0.540
回收行为能力（BA）	3	0.598	0.532
回收行为意向（BI）	5	0.647	0.426
回收行为（B）	5	0.713	0.518

资料来源：笔者根据问卷调查数据的计算结果整理。

4. 路径分析

根据所拟合的最优模型，表 2.30 ~ 表 2.32 给出了各构面因素对于经销商电子废弃物回收行为意向及回收行为的直接效应、间接效应和总效应大小。

表 2.30   潜变量之间的直接效应（标准化估计）

	EA	BA	AT	BI	B
AT	0.938	0.000	0.000	0.000	0.000
BI	0.000	0.145	0.934	0.000	0.000
B	0.000	0.000	0.000	0.961	0.000

资料来源：笔者根据问卷调查数据的计算结果整理。

表 2.31   潜变量之间的间接效应（标准化估计）

	EA	BA	AT	BI	B
AT	0.000	0.000	0.000	0.000	0.000
BI	0.876	0.000	0.000	0.000	0.000
B	0.841	0.140	0.897	0.000	0.000

资料来源：笔者根据问卷调查数据的计算结果整理。

表 2.32   潜变量之间的总效应（标准化估计）

	EA	BA	AT	BI	B
AT	0.938	0.000	0.000	0.000	0.000
BI	0.876	0.145	0.934	0.000	0.000
B	0.841	0.140	0.897	0.961	0.000

资料来源：笔者根据问卷调查数据的计算结果整理。

综合表 2.30 ~ 表 2.32 分析，经销商的电子废弃物回收行为（B）受行为意向的直接影响，而经销商电子废弃物回收行为意向（BI）则受其态度（AT）和回收行为能力（BA）的直接影响。这些结论均与 TPB 理论基本吻合，但是知觉行为控制能力（PBC）和行为能力（BA）对经销商的回收行为（B）并无直接关联。此外，经销商对电子废弃物回收的态度受其环境意识（EA）的直接正向影响。

2.2.3 经销商电子废弃物回收价值偏好的统计分析

1. 经销商关于其余利益相关主体的观点

（1）经销商对消费者的看法。关于经销商的调查问卷中设置了 2 个问题用来测量经销商对消费者电子废弃物回收行为意向的主观评价。表 2.33 ~

表 2.34 给出了调查结果的频数分布，容易发现：尽管回答"不确定"的经销商人数较多，但是，总体上经销商对消费者的购买行为持较为积极的评价，只有 13.8% 的经销商认为消费者不会选择购买绿色产品，而 60% 以上的经销商认为消费者会购买绿色产品；同时，多数经销商也认为消费者较愿意接受押金政策，一半以上的经销商认为来退回押金的消费者比例非常高，而 15.9% 的经销商认为消费者不会退回押金。

表 2.33　　经销商对消费者是否会优先选择绿色电子产品的主观判断

	频数	百分比（%）
完全不正确	4	1.9
不正确	12	5.7
有些不正确	13	6.2
不确定	59	28.1
有些正确	56	26.7
正确	44	21.0
完全正确	22	10.5

资料来源：笔者根据问卷调查数据的计算结果整理。

表 2.34　　经销商对消费者是否接受押金政策（退回押金的比例）的主观评价

	频数	百分比（%）
完全不正确	5	2.4
不正确	12	5.8
有些不正确	16	7.7
不确定	70	33.8
有些正确	46	22.2
正确	47	22.7
完全正确	11	5.3

资料来源：笔者根据问卷调查数据的计算结果整理。

（2）经销商对拾荒者的看法。根据表 2.35 的调查结果，43.9% 的经销商认为拾荒者回收有经济价值的电子废弃物比经销商更有优势，而只有 31.6% 的经销商持相反观点。这也从侧面证实了我国电子废弃物回收的现状——专业回收渠道不足，而拾荒者渠道占据重要地位。

表2.35 经销商对"拾荒者回收有经济价值电子废弃物比
商店更有优势"的主观评价

	频数	百分比（%）
完全不正确	9	4.3
不正确	27	12.9
有些不正确	30	14.4
不确定	53	25.4
有些正确	65	31.1
正确	19	9.1
完全正确	6	2.9

资料来源：笔者根据问卷调查数据的计算结果整理。

（3）经销商对有关管理部门的看法。如表2.36～表2.37所示的调查结果说明，将近80%的经销商认为政府部门可以对电子废弃物回收施加政策影响，而且，有近75%的经销商认为政府部门应负责电子废弃物回收体系的运作与管理。说明多数经销商对于政府部门加强电子废弃物回收管理充满期待。

表2.36 政府部门可通过相关政策对电子废弃物回收施加影响

	频数	百分比（%）
完全不正确	2	1.0
不正确	5	2.4
有些不正确	11	5.3
不确定	26	12.4
有些正确	39	18.7
正确	85	40.7
完全正确	41	19.6

资料来源：笔者根据问卷调查数据的计算结果整理。

表2.37 政府部门应负责回收体系运作与管理

	频数	百分比（%）
不正确	7	3.3
有些不正确	21	10.0

续表

	频数	百分比（%）
不确定	27	12.9
有些正确	70	33.5
正确	63	30.1
完全正确	21	10.0

资料来源：笔者根据问卷调查数据的计算结果整理。

（4）经销商认为影响自己参与回收的主要因素。有 192 个被调查者对该问题做了回答，表 2.38 所示的调查结果说明，对经销商参与电子废弃物回收的影响作用最大的利益相关者依次为政府政策、市场、回收商等。

表 2.38　　　　　　　影响经销商参与电子废弃物回收的因素

	频数	百分比（%）
市场	40	20.8
同行	18	9.4
电子废弃物回收商	32	16.7
政府政策	90	46.9
消费者	12	6.2

资料来源：笔者根据问卷调查数据的计算结果整理。

（5）经销商认为制约电子废弃物回收的主要因素。表 2.39 进一步给出了经销商所认为的制约电子废弃物回收的主要因素。根据表 2.39 所示的调查结果，经销商认为制约电子废弃物回收的主要因素在于回收渠道（缺乏经销商参与联合回收机制、回收商的回收渠道不合理）、生产商不承担责任、回收管理制度与执行。

表 2.39　　　　　　　制约电子废弃物回收的主要因素

	频数	百分比（%）
消费者不配合	6	5.6
生产商不承担责任	20	18.7
回收商回收渠道不合理	27	25.2
经销商回收成本太高，缺乏经销商参与的联合回收机制	44	41.1
立法不完备，执行不严格	10	9.3

资料来源：笔者根据问卷调查数据的计算结果整理。

（6）经销商认为回收处理费用的应承担主体。有178名被调查者对该问题进行了回答。根据表2.40的调查结果显示，经销商认为政府部门、回收商和生产商最应该承担电子废弃物的回收处理费用。

表2.40　　　　　　　电子废弃物回收处理费用的应承担主体

	频数	百分比（%）
生产商	20	11.2
经销商	6	3.4
消费者	7	3.9
回收商	24	13.5
拾荒者	7	3.9
政府部门	50	28.1
所有受益方	64	36.0

资料来源：笔者根据问卷调查数据的计算结果整理。

2. 经销商对押金政策的偏好分析

（1）描述统计分析。由表2.41的调查结果，近一半的经销商认为实施押金—返还政策可以促进电子废弃物回收，约27%的经销商则持相反观点，此外认为不确定的经销商占1/4。

表2.41　　　　经销商关于押金返还政策是否可以促进电子废弃物回收的看法

	频数	百分比（%）
完全不正确	9	4.3
不正确	20	9.5
有些不正确	27	12.9
不确定	53	25.2
有些正确	60	28.6
正确	33	15.7
完全正确	8	3.8

资料来源：笔者根据问卷调查数据的计算结果整理。

由表2.42的调查结果，约85%的经销商认为实施押金政策会减少电器销售量。尽管如此，根据表2.43的调查结果，有60%以上的经销商愿意实施押金返还政策并承担相应的回收责任，而只有15%的经销商明确表明不愿意实施押金返还政策。因此，根据本次调查结果，我们认为在我国试点或实施押金返还政策将基本上不会遇到来自经销商的阻力。

表 2.42　　　　　　经销商关于收取押金是否会减少销售量的看法

	频数	百分比（%）
完全不正确	3	1.4
不正确	9	4.3
有些不正确	14	6.7
不确定	33	15.7
有些正确	79	37.6
正确	56	26.7
完全正确	16	7.6

资料来源：笔者根据问卷调查数据的计算结果整理。

表 2.43　　　　　经销商是否愿意实施押金政策并承担相应回收责任

	频数	百分比（%）
完全不正确	4	1.9
不正确	11	5.3
有些不正确	16	7.7
不确定	52	25.0
有些正确	63	30.3
正确	52	25.0
完全正确	10	4.8

资料来源：笔者根据问卷调查数据的计算结果整理。

（2）探索性因子分析。问卷中经销商关于押金—返还政策的态度的 4 个测量问项彼此联系，表 2.44～表 2.45 给出了基于问卷调查结果的因子分析结论，显然我们可以把 4 个变量的公共因子解释为经销商对押金返还政策的偏好程度。

（3）押金政策偏好与环境意识的统计关系。基于因子分析结论，对经销商关于押金返还政策的偏好程度和环境意识进行相关分析。由表 2.46 的相关分析结果可以发现，经销商的环境意识越强则越容易接受押金返还政策。

表 2.44   **KMO 测度与 Bartlett 检验结果**

Kaiser – Meyer – Olkin Measure of Sampling Adequacy.		0.698
Bartlett's Test of Sphericity	Approx. Chi – Square	22.232
	df	6.000
	Sig.	0.001

资料来源：笔者根据问卷调查数据的计算结果整理。

表 2.45   **因子载荷矩阵**

	因子载荷
押金—返还政策可以促进回收	0.609
收取押金会减少销售量	0.431
顾客退回废弃物拿回押金的比例高	0.625
愿意收取押金并承担回收责任	0.684

资料来源：笔者根据问卷调查数据的计算结果整理。

表 2.46   **相关分析**

		对押金返还政策的偏好	环境意识
对押金返还政策的偏好	Pearson Correlation	1.000	0.490 **
	Sig. （2 – tailed）		0.000
	N	205.000	203
环境意识	Pearson Correlation	0.490 **	1.000
	Sig. （2 – tailed）	0.000	
	N	203	208.000

注：** 表示在 0.01 水平下显著。
资料来源：笔者根据问卷调查数据的计算结果整理。

    （4）押金政策偏好与经销商回收行为能力的统计关系。由表 2.47 的相关分析结果可以发现，经销商对押金返还政策的偏好与其电子废弃物回收行为能力大小显著正相关。

    由表 2.48 的回归分析结果，经销商对押金返还政策的偏好受经销商环境意识的影响更多，而受经销商回收行为能力的影响相对较少。

表 2.47　　相关分析

		对押金返还政策的偏好	回收行为能力
对押金返还政策的偏好	Pearson Correlation	1.000	0.350 **
	Sig.（2 - tailed）		0.000
	N	205.000	203
回收行为能力	Pearson Correlation	0.350 **	1.000
	Sig.（2 - tailed）	0.000	
	N	203	208.000

注：** 表示在 0.01 水平下显著。
资料来源：笔者根据问卷调查数据的计算结果整理。

表 2.48　　回归分析

自变量	Unstandardized Coefficients		Standardized Coefficients	t	Sig.
	B	Std. Error	Beta		
（Constant）	−0.019	0.060		−0.324	0.746
环境意识	0.437	0.064	0.435	6.870	0.000
回收行为能力	0.210	0.064	0.210	3.309	0.001

资料来源：笔者根据问卷调查数据的计算结果整理。

3. 控制变量的影响

（1）企业规模影响的显著性分析。分别以员工数量和销售额为控制变量，以行为、行为意向为因变量分别进行方差分析，结果如表 2.49～表 2.50 所示。

表 2.49　　经销商员工数量对其回收行为、行为意向影响的方差分析

方差来源	因变量	Ⅲ型平方和	df	均方	F	Sig.
员工数量	行为	2.851	4	0.713	0.792	0.532
	行为意向	4.011	4	1.003	1.068	0.374
误差	行为	145.855	162	0.900		
	行为意向	152.122	162	0.939		
校正的总计	行为	169.512	179			
	行为意向	179.248	179			

资料来源：笔者根据问卷调查数据的计算结果整理。

表 2.50　　经销商销售额对其环境意识、押金政策偏好等影响的方差分析

方差来源	因变量	Ⅲ型平方和	df	均方	F	Sig.
销售额	行为	6.281	3	2.094	2.325	0.077
	行为意向	6.087	3	2.029	2.161	0.095
误差	行为	145.855	162	0.900		
	行为意向	152.122	162	0.939		
校正的总计	行为	169.512	179			
	行为意向	179.248	179			

资料来源：笔者根据问卷调查数据的计算结果整理。

由表 2.49 ~ 表 2.50 可见，就本次调查而言经销商的规模大小与其电子废弃物回收行为意向和回收行为的统计关系不显著。

分别以员工数量和销售额为控制变量，以环境意识、态度、行为能力、押金政策偏好为因变量分别进行方差分析，结果如表 2.51 ~ 表 2.52 所示。

表 2.51　　经销商员工数量对其回收行为、行为意向影响的方差分析

方差来源	因变量	Ⅲ型平方和	df	均方	F	Sig.
员工数量	环境意识	4.437	4	1.109	1.203	0.312
	态度	5.147	4	1.287	1.337	0.258
	回收行为能力	1.746	4	0.437	0.445	0.776
	押金政策偏好	2.693	4	0.673	0.760	0.553
误差	环境意识	149.367	162	0.922		
	态度	155.871	162	0.962		
	回收行为能力	159.026	162	0.982		
	押金政策偏好	143.546	162	0.886		
校正的总计	环境意识	177.843	179			
	态度	179.114	179			
	回收行为能力	182.927	179			
	押金政策偏好	167.519	179			

资料来源：笔者根据问卷调查数据的计算结果整理。

表 **2.52**　　　**经销商销售额对其环境意识、押金政策偏好等影响的方差分析**

方差来源	因变量	Ⅲ型平方和	df	均方	F	Sig.
销售额	环境意识	1.485	3	0.495	0.537	0.658
	态度	6.588	3	2.196	2.282	0.081
	回收行为能力	2.715	3	0.905	0.922	0.432
	押金政策偏好	2.986	3	0.995	1.123	0.341
误差	环境意识	149.367	162	0.922		
	态度	155.871	162	0.962		
	回收行为能力	159.026	162	0.982		
	押金政策偏好	143.546	162	0.886		
校正的总计	环境意识	177.843	179			
	态度	179.114	179			
	回收行为能力	182.927	179			
	押金政策偏好	167.519	179			

资料来源：笔者根据问卷调查数据的计算结果整理。

由表 2.51 ~ 表 2.52 可见，就本次调查而言，经销商的规模大小与其环境意识、押金政策偏好、回收行为能力及态度的统计关系并不显著。

（2）被调查者个人因素的影响。分别以被调查者受教育程度和职位为控制变量，以行为、行为意向为因变量分别进行方差分析，结果如表 2.53 ~ 表 2.54 所示。

表 **2.53**　　　**被调查者受教育程度对期回收行为、行为意向影响的方差分析结果**

方差来源	因变量	Ⅲ型平方和	df	均方	F	Sig.
受教育程度	行为	0.172	3	0.057	0.064	0.979
	行为意向	2.412	3	0.804	0.856	0.465
误差	行为	145.855	162	0.900		
	行为意向	152.122	162	0.939		
校正的总计	行为	169.512	179			
	行为意向	179.248	179			

资料来源：笔者根据问卷调查数据的计算结果整理。

表 2.54　被调查者职位对其回收行为、行为意向影响的方差分析结果

方差来源	因变量	Ⅲ型平方和	df	均方	F	Sig.
职位	行为	5.544	3	1.848	2.053	0.109
	行为意向	0.757	3	0.252	0.269	0.848
误差	行为	145.855	162	0.900		
	行为意向	152.122	162	0.939		
校正的总计	行为	169.512	179			
	行为意向	179.248	179			

资料来源：笔者根据问卷调查数据的计算结果整理。

由表 2.53~表 2.54 可见，就本次调查而言被调查者（经销商）的受教育程度、职位高低与其电子废弃物回收行为意向和回收行为的统计关系不显著。

再分别以被调查者受教育程度和职位为控制变量，以环境意识、态度、行为能力、押金政策偏好为因变量分别进行方差分析，结果如表 2.55~表 2.56 所示。

表 2.55　被调查者受教育程度对其环境意识、押金政策偏好等影响的方差分析

方差来源	因变量	Ⅲ型平方和	df	均方	F	Sig.
受教育程度	环境意识	0.655	3	0.218	0.237	0.871
	态度	2.924	3	0.975	1.013	0.389
	回收行为能力	6.971	3	2.324	2.367	0.073
	押金政策偏好	3.860	3	1.287	1.452	0.230
误差	环境意识	149.367	162	0.922		
	态度	155.871	162	0.962		
	回收行为能力	159.026	162	0.982		
	押金政策偏好	143.546	162	0.886		
校正的总计	环境意识	177.843	179			
	态度	179.114	179			
	回收行为能力	182.927	179			
	押金政策偏好	167.519	179			

资料来源：笔者根据问卷调查数据的计算结果整理。

表 2.56　被调查者职位对其环境意识、押金政策偏好等影响的方差分析结果

方差来源	因变量	Ⅲ型平方和	df	均方	F	Sig.
职位	环境意识	6.267	3	2.089	2.266	0.083
	态度	3.262	3	1.087	1.130	0.339
	回收行为能力	1.517	3	0.506	0.515	0.672
	押金政策偏好	4.019	3	1.340	1.512	0.213
误差	环境意识	149.367	162	0.922		
	态度	155.871	162	0.962		
	回收行为能力	159.026	162	0.982		
	押金政策偏好	143.546	162	0.886		
校正的总计	环境意识	177.843	179			
	态度	179.114	179			
	回收行为能力	182.927	179			
	押金政策偏好	167.519	179			

资料来源：笔者根据问卷调查数据的计算结果整理。

由表 2.55～表 2.56 可见，就本次调查而言，被调查者（经销商）的职位高低与其环境意识、押金政策偏好、回收行为能力及态度的统计关系并不显著。

（3）经销商主营业务的影响。以经销商的主营业务为控制变量，以经销商电子废弃物回收行为、回收行为意向为因变量分别进行方差分析，结果如表 2.57 所示。

表 2.57　经销商主营业务对其回收行为、行为意向影响的方差分析

方差来源	因变量	Ⅲ型平方和	df	均方	F	Sig.
主营业务	行为	2.759	4	0.690	0.766	0.549
	行为意向	0.497	4	0.124	0.132	0.970
误差	行为	145.855	162	0.900		
	行为意向	152.122	162	0.939		
校正的总计	行为	169.512	179			
	行为意向	179.248	179			

资料来源：笔者根据问卷调查数据的计算结果整理。

由表 2.57 的方差分析结果可见，就本次调查而言，经销商的主营业务与其电子废弃物回收行为意向和回收行为的统计关系不显著。

再以经销商主营业务为控制变量，以环境意识、态度、行为能力、押金政策偏好为因变量分别进行方差分析，结果如表 2.58 所示。

表 2.58　　经销商主营业务对其环境意识、押金政策偏好等影响的方差分析

方差来源	因变量	Ⅲ型平方和	df	均方	F	Sig.
主营业务	环境意识	3.339	4	0.835	0.905	0.462
	态度	4.889	4	1.222	1.270	0.284
	回收行为能力	1.572	4	0.393	0.400	0.808
	押金政策偏好	0.252	4	0.063	0.071	0.991
误差	环境意识	149.367	162	0.922		
	态度	155.871	162	0.962		
	回收行为能力	159.026	162	0.982		
	押金政策偏好	143.546	162	0.886		
校正的总计	环境意识	177.843	179			
	态度	179.114	179			
	回收行为能力	182.927	179			
	押金政策偏好	167.519	179			

资料来源：笔者根据问卷调查数据的计算结果整理。

由表 2.58 可见，就本次调查而言，经销商的主营业务与其环境意识、押金政策偏好、回收行为能力及态度的统计关系并不显著。

2.3　本章小结

我国的电子废弃物回收处理企业仍然处于较为低级、原始的发展阶段，多数回收处理企业规模偏小，而且规范化回收处理企业的设计能力经常处于闲置状态；多数回收处理企业的回收工艺和回收技术还相当落后，电子废弃物回收行业监管法律法规亟待完善；多种回收渠道并存，规范化回收渠道缺乏政策扶持，一些示范企业远远未起到示范作用；面临非法或非正规回收渠道的激烈竞争与挤压，规范化回收处理企业的规模优势、技术优势以及管理优势均难以发挥；多数电子废弃物回收处理企业的经营绩效并不乐观，相当多的电子废弃物回收处理企业对自身经营状况和利润情况较为不满意。

实证研究表明，我国电子废弃物回收处理企业的环境态度和环境行为并不十分积极、主动，即便是正规的回收处理企业也更多的是从经济利益和政策法规约束方面考虑电子废弃物回收以及企业环境管理问题；电子废弃物回收处理企业较为主动的环境行为并未对其经营绩效改善起到促进作用，而且回收处理企业的所有制性质、具有经营资质与否对企业经营绩效也没有根本影响，反而员工数量多少、经营时间长短、发展阶段是否成熟等常规因素对企业经营绩效具有显著影响（这也反映了我国电子废弃物回收处理企业发展在总体上尚不成熟）；电子废弃物回收处理企业规模大小、经营时间长短和所处地区差异对企业的环境行为没有显著影响，而企业所有制性质、是否具有废弃物回收资质和企业所处发展阶段差异则对企业的环境行为具有显著影响。

目前关于经销商的电子废弃物回收行为（包括回收行为意向、回收行为和回收能力等）的研究尚较为少见，本章关于经销商回收行为的问卷调查和实证研究在该领域做了较为有益的积极尝试。虽然，关于某些控制变量显著性的实证研究结论是否科学还需要在今后继续深入讨论，但是，关于经销商电子废弃物回收行为分析的理论研究框架已经初步得到验证，该分析框架可为今后研究类似问题奠定基础。

限于专业处理企业的数量、地理分布和现实调查难度，本章实证研究的样本容量相对较小，此外，针对回收处理企业的调查问卷也需要今后继续完善。

第 3 章

非正规主体回收行为研究

非正规回收渠道的回收主体主要包括个体户、小商贩、非法拆解户、拾荒者等。电子废弃物回收小商贩泛指未经工商登记，无固定经营场所，游走于大街小巷从事废旧废弃物品回收的从业者，包括拾荒者和收旧客。他们中的绝大部分并非只从事某一类废品的回收，而是会参与收购各类尚且具有经济回收价值的工业物品，如废旧家电、废纸、塑料、铝等。不同于实行生产者责任延伸制度（EPR）的发达国家，生产企业几乎不参与国内电子废弃物的回收和处理，国内产生的电子废弃物约80%经由这些街头流动的小商贩回收，流入以处理集散地为主的非正规回收处理渠道（民间回收渠道）被拆解。这些民间回收处理体系多采用原始落后的拆解工艺，会释放大量重金属（如铜、铝、镉和铬等）到生态环境中，导致当地空气、灰尘、土壤、沉淀物和植物中含有超高浓度的重金属，并对暴露在这种电子废弃物金属环境下的人体健康造成严重的伤害。电子废弃物来源于消费者，消费者的回收行为控制着电子废弃物的源头和数量，而回收小商贩的回收行为则控制着电子废弃物的流动方向，是电子废弃物回收管理中的重要研究对象。

3.1 研究假设

3.1.1 基本研究假设

根据计划行为理论，行为主体对特定行为的态度越积极，感受到来自周边人群的支持越大，主观认为在执行特定行为的自我能力越强，那么行为意向越强，反之则越弱。对此本研究提出如下基本研究假设。

H1：回收小商贩参与回收电子废弃物的态度对行为意向具有正向影响。

H2：回收小商贩参与回收电子废弃物的主观规范对行为意向具有正向

影响。

H3：回收小商贩参与回收电子废弃物的行为知觉控制对行为意向具有正向影响。

H4：回收小商贩参与电子废弃物回收的行为意向对行为具有显著正向影响。

3.1.2 拓展研究假设

关于态度、主观规范和行为知觉控制的拓展假设是为了获得这些潜在变量背后的影响因素，这些因素是利用计划行为理论干预行为的着手点。此外，根据泰勒和托德的建议，本研究将计划行为理论中影响行为意向的三个主要潜变量的信念结构解构为多构面，以提高模型的解释力。

1. 态度信念的拓展假设

行为态度是行为主体对某一特定行为的总体评价。在期望理论的架构下，态度可以量化成行为信念和结果评价的函数，所以相乘后的积和可以视为对此行为态度的间接性测量。其中，行为信念在于测量个人对特定行为可能导致某些正面或负面结果的信念；而结果评价在于测量行为主体对特定行为可能导致正面或负面结果的评价。对于态度信念结构，一般将之解构为个人相关利益和社会相关利益两个层面。参考余福茂等的研究，提出以下拓展研究假设：

H1-1：个人相关利益对回收小商贩的态度有显著影响且为正相关。

H1-2：社会相关利益对回收小商贩的态度有显著影响且为正相关。

2. 主观规范信念的拓展假设

主观规范是行为主体在采取某一特定行为时对所感受到的社会压力的认知，通常表示为个人对于重要的他人或团体认为其应不应该采取特定行为的看法。在期望价值理论框架下，主观规范可以量化成个人对于重要的他人或团体认为他（或她）应不应该采取此行为的看法，即规范信念，以及依从此普遍性社会压力的依从动机的积和，所以规范信念与依从动机相乘之总和也可以视为对此规范信念的间接性测量。此外，小商贩作为一个特殊的社会群体，其尴尬的社会地位在于其承担部分社会功能的同时带来了负外部效应，得不到社会的完全接受，可能会受到社会大众观点看法的影响。因此，本研究将社会大众包含进次要群体中加以考虑。

H2-1：家人、亲戚、朋友等主要群体对回收小商贩的主观规范有显著影响且为正相关。

H2 - 2：同乡、社会大众、政府部门等次要群体对回收小商贩的主观规范有显著影响且为正相关。

3. 行为知觉控制信念拓展假设

行为控制信念，亦即个人在采取某一特定行为时自己所感受到的可以控制的程度，是控制信念的函数，而控制信念可以量化成可能促进或阻碍行为表现的因素的自我能力评估和这些因素重要性考虑的便利性认知的积和，所以这两个部分的乘积总和亦可以视为对此行为控制信念的间接性测量。本研究将行为知觉控制结构成自我能力和便利情况两个层面，并认为当个人认为对特定行为的能力感到足够时，就会表现出较高的行为意愿；当个人执行特定的行为所需要的外部条件不足，或约束较多时，就会降低个人对此行为的行为意愿。

H3 - 1：感知到的自我能力对回收小商贩的行为知觉控制有显著影响且正相关。

H3 - 2：感知到的便利状况对回收小商贩的行为知觉控制有显著影响且正相关。

综合研究假设，本研究提出的理论研究框架，如图 3.1 所示。

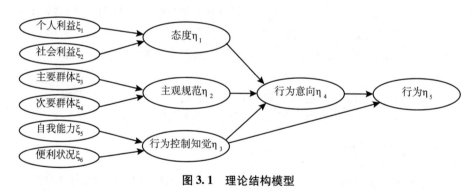

图 3.1　理论结构模型

3.2　研究设计

3.2.1　突显信念的获取

态度、主观规范和行为知觉控制信念的获取严格上需要选取有代表性的样本，通过三类问题：目标行为有哪些益处和害处、哪些个人或团体会影响目标行为的发生、哪些因素会促进或阻碍目标行为的发生，来分别获取。但是，利用三大问题，开展半开放式问卷调查，并不能获得有效的或者说是令人满意的回答。其原因有三，其一：实地调查发现回收小商贩对于访谈式调查具有一定的排斥；其二：回收小商贩群体很大，但较为分散，流动性很高，且较为匆忙，即使给予一定的金钱补偿，他们也并非在意，这主要是开放式问卷对受访者的配合度要求的比结构式问卷更多；其三：那些乐意受访的小商贩，似乎并不喜欢对问题进行过多的思考，回答的内容很少，难于提取足够的信念来支撑结构式问卷的设计。对此，在没有直接参考文献的情况下，本研究采用非结构式访谈的方式随机调查部分回收小商贩，辅助以有关回收小商贩（拾荒者）调查研究资料的大量阅读来定性分析，整理获得有关小商贩回收电子废弃物行为背后的突显信念。

3.2.2　问卷设计及调查实施

1. 半开放式调查问卷设计与实施

半开放式调查问卷是以访谈的形式，用以获取回收小商贩对于电子废弃物回收行为持有的信念，作为结构式调查问卷中有关信念结构的问项设计内容。

（1）半开放式调查问卷设计。参考菲什贝因和阿杰森有关信念获取的开放式问卷设计，并以文献研究整理出的个别突显信念作为引导，本研究设计的半开放式结构问卷核心部分包括三个题目，分别是：

①对您个人或者社会而言，您认为电子废弃物回收行为会带来哪些好处和坏处？

②您认为有哪些个人（比如配偶、子女等）或团体（比如：政府等）会影响您回收电子废弃物的行为？

③您认为有哪些因素会促进或阻碍电子废弃物回收行为的发生？

其中第一个问题用以获得回收小商贩对于电子废弃物回收的行为信念；第二个问题用以获得小商贩电子废弃物回收行为的规范信念；第三个问题用以获得小商贩电子废弃物回收行为的控制信念。

（2）半开放式问卷调查实施。本研究中半开放式调查问卷受访群体为走街串巷进行废品回收的小商贩，主要在浙江省杭州市江干区下沙白杨街道街头或废品回收站进行随机访谈，最终回收访谈式问卷 25 份。

（3）半开放式问卷调查结果分析整理。根据结果结合针对拾荒者群体的文献资料整理结果，确定语义单元，合并，重命名，分为三类，并在各类中按照出现的频率进行高低排序，在三类中分别选出频率较高的语义单元，分别作为行为信念、规范信念和控制信念的突显信念。分析整理后的各信念结构的主要内容如表 3.1 所示。

表 3.1　　　　　　　　　　　半开放式调查问卷分析整理结果

信念结构	问项内容
行为信念	可以获取金钱
	可以获取可以使用的二手家电等电子电器产品
	可以充实生活，获取生活的意义
	可以锻炼身体
	可能对身体有害
	可能影响城市形象
	可以减少资源浪费
	可以减少城市污染
	可以解决部分人的就业
	有利于城市卫生整洁
规范信念	伴侣（丈夫或妻子）
	子女
	亲戚朋友同乡
	政府部门
	社会大众
控制信念	知道哪些种类的废品可以回收
	知道如何处置回收的废品
	知道可回收的区域以及废品回收资源站点位置
	维持有稳定的客户
	居住地可以存放废品和车辆
	区域对于改装电动三轮车的限制
	回收渠道

资料来源：笔者整理。

2. 结构式预试调查问卷设计与实施

结构式预试问卷是结构式正式问卷的初稿，用以检验基本模型中信念结构、行为意向三个前因变量以及行为意向各分量表的信度和效度，并根据检验结果修改或删除部分问项，最终作为正式结构式问卷中相关变量问项设计基础。

（1）预试结构式问卷设计。根据半开放式调查问卷的分析整理结果，结合本研究的概念研究模型框架，编制预试结构式调查问卷。结构式问卷初稿主要针对行为信念、规范信念和控制信念以及态度、规范信念、知觉行为控制和行为意向变量进行测量。

预试结构式问卷包括两个部分：回收小商贩个人信息量表和社会心理变量的测量量表。个人信息量表用以询问个人信息，如性别、年龄、受教育水平、家庭人数、居住情况、主要回收的废品种类、回收的组织方式和收入等。问卷的正文，询问被试者对于电子废弃物回收的态度、主观规范、行为知觉控制及其信念、道德规范、自我认同以及参与电子废弃物回收的行为意向和行为。为避免结构方程模型中出现"不可接受的解值"，每个构念的测量项目数一般不少于 3。

信念结构的问项设计内容见表 3.1，行为意向及其前因变量的问项设计内容如表 3.2 所示。

表 3.2　　　　　　　　　　行为意向及其前因变量直接测量内容

变量	问项
态度 η_1	有益的
	值得的
	快乐的
	喜欢的
	有害的
主观规范 η_2	大多人对您重要的人中，赞同您废品回收
	大多人对您重要的人中，建议您废品回收
	对您重要的人中，有人正在从事废品回收
知觉行为控制 η_3	是否进行废弃物回收完全取决于我自己
	进行废品回收完全在我的控制之下
	收购和转卖废品完全受我控制
行为意向 η_4	继续进行废品回收的意愿很高
	继续进行废品回收的可能性很高
	打算努力提高废品回收的量

资料来源：笔者整理。

其中，态度直接测量问项设计，主要参考菲什贝因和阿杰森、通莱特等与阿马罗和杜阿尔特（Amaro and Duarte）；主观规范直接测量问项设计主要参考泽莫尔和阿杰森（Zemore and Ajzen）、博特扎吉亚（Botetzagias）等；行为知觉控制直接测量问项和行为意向的问项设计主要参考泽莫尔和阿杰森与曼查和尤德（Mancha and Yoder）等。所有问项都采用5级量表设计（-2~2，或0~4）。

问项设计模式如下：

①态度及其信念。态度的直接测量问项设计为"对我来说，回收电子废弃物是否有益/值得/感到快乐/喜欢/健康等，您认为该说法……"（完全不正确—完全正确）。态度信念结构的测量问项设计为"回收电子废弃物可以……，您认为该说法……"（完全不正确—完全正确）。

②主观规范及其信念。主观规范的直接测量问项设计为"你的家人、亲戚、朋友、同乡等人中，有人赞同/建议/正在从事废品回收"（完全不正确—完全正确）。规范信念的测量问项设计为"……对废弃物回收的观点态度对您废品回收行为有影响"（不正确—完全正确）。

③行为知觉控制及其信念。行为知觉控制的直接测量问项设计为"对您来说，废品回收……"（不正确—完全正确）。控制信念的测量问项设计为"……可以促进或阻碍电子废弃物回收"（不正确—完全正确）。

④行为意向。"在接下来的半年内，您继续进行废品回收的意愿/可能性很高"（不正确—完全正确）以及"在接下来的半年内，您打算加大对废品回收的（时间、金钱或精力）投入/努力提高回收量"（不正确—完全正确）。

（2）结构式预试问卷调查实施。预试结构式调查问卷的调查对象同样是回收小商贩群体，主要通过废品回收站点的个体经营者向回收小商贩进行发放，并提供一定的经济报酬，确保受访全体的积极参与。预试问卷共发放150份，回收113份，回收率为75.3%。

（3）结构式预试问卷调查结果分析。结构式问卷预试结果的信度分析结果如表3.3所示，其中以Cronbach's α作为量表内在一致性的检验标准，以删除后的α系数是否变大作为是否删除或修改问项的标准。有学者认为在探索性研究中，信度系数的最低要求标准是系数值在0.50以上，0.60以上较佳。本研究对小商贩电子废弃物行为的统计学分析属于初步探究，选用α大于0.6来评价各分量表的信度足以满足研究需要，并根据删除某问项后α值的变化做出是否删除该问项的选择，但会尽量保持潜在变量的测量指标数不少于3个。

本研究量表的结构效度的检验，主要利用因子分析，以KMO的值大于0.6和Bartlett球形度检验是否拒绝零假设来判断各分量表是否适合做因子分析，并以特征值大于1作为因子提取标准。

表 3.3　　　　　　　　　　　　预试问卷信度和效度分析

变量名称	项目数	KMO	Cronbach's α
态度	5	0.701	0.645
行为信念	10	0.645	0.639
主观规范	3	0.653	0.657
规范信念	5	0.623	0.572 *
知觉行为控制	3	0.688	0.701
控制信念	7	0.679	0.674
行为意向	3	0.530 *	0.510 *

注：＊表示信度指标未达到标准。
资料来源：笔者根据问卷调查数据整理。

3. 结构式正式调查问卷设计与实施

结构式正式调查问卷为本研究实证研究的最终结构式问卷，用以对结构方程模型中变量的测量。

（1）结构式正式问卷设计。根据结构式预试问卷信度和效度分析结果，删除行为信念结构中"可能影响城市形象"问项后，态度信念量表总体的信度上升为 0.781，减少行为信念量表题量为 9 个。规范信念结构以及行为意向分量表 α 未达到标准，选择对问项进行修正，其中增加行为意向的问项数为 4 个，以便对其进行探索性研究。

参考通莱特和布鲁因（Tonglet and Bruijn）等以及海德和怀特（Hyde and White）的设计，加入道德规范和自我认同变量的测量，进行正式结构式问卷的编制。并对小商贩电子废弃物回收行为进行探索性测量，测量问项设计为两个。问卷主要包括：标题、指导语、主体、编码号，其中主体包括个人信息调查表和变量的里克特五级量表。

问卷的主要内容如表 3.4 所示。

表 3.4　　　　　　　　　　　　正式调查问卷主要内容

变量	编码	问项
态度 η_1	Y_1	有益的
	Y_2	值得的
	Y_3	快乐的
	Y_4	您喜欢从事废品回收
	Y_5	回收废品是有害的

变量	编码	问项
行为信念 ξ_1	X_1	可以获得金钱
	X_2	可以获得可以使用的二手电子电器设备
	X_3	可以获得充实生活
	X_4	可以获得锻炼身体
	X_5	可能有害健康
	X_6	可以减少资源浪费
	X_7	可以减少城市污染
	X_8	可以解决部分人的就业
	X_9	有利于城市整洁
主观规范 η_2	Y_6	大多人对您重要的人中，赞同您废品回收
	Y_7	大多人对您重要的人中，建议您废品回收
	Y_8	对您重要的人中，有人正在从事废品回收
规范信念 ξ_2	X_{10}	配偶
	X_{11}	子女
	X_{12}	亲戚朋友同乡
	X_{13}	政府部门
行为知觉控制 η_3	Y_9	是否进行废弃物回收完全取决于我自己（准入门槛）
	Y_{10}	进行废品回收完全在我的控制之下（工作难易程度）
	Y_{11}	我能自由买卖（渠道网络）
控制信念 ξ_3	X_{15}	知道哪些种类的废品可以回收
	X_{16}	知道如何处置回收的废品
	X_{17}	知道哪些区域进行废品回收
	X_{18}	是否维持有稳定的客户
	X_{19}	居住地是否方便存放废品和车辆
	X_{20}	游走的路程的长短
	X_{21}	回收渠道便利与否
道德规范 ξ_4	X_{22}	不应该浪费还有使用价值的废旧物品，而应该加以回收利用
	X_{23}	收购废旧物品，违背您废物利用、勤俭节约的原则
	X_{24}	浪费资源很可以，每个人都应该避免资源浪费
	X_{25}	废弃物，如电子废弃物，随手丢弃对环境污染很大，应被回收

变量	编码	问项
自我认同 ξ_5	X_{26}	废品回收是您想要的工作
	X_{27}	您感觉自己比较适合从事废品回收
	X_{28}	您和其他从事废品回收的人有很多相似（相同）之处
	X_{29}	社会需要你们这类人
行为意向 η_4	Y_{12}	在接下来的半年内，您继续进行废品回收的意愿很高
	Y_{13}	在接下来的半年内，您继续进行废品回收的可能性很高
	Y_{14}	在接下来的半年内，您打算加大对废品回收的投入
	Y_{15}	在接下来的半年内，您打算努力提高废品回收的量
行为 η_5	Y_{16}	您已经从事废品回收的时间
	Y_{17}	除非有不可抗力因素的影响，否则您都会进行废品回收

问卷主体测量项的编码方式都采用里克特五级计分，其中除了行为意向和行为采取 0~4 单极计分外，其余变量则都采用 -2~2 双极计分，其中 X5、Y5 采取反向计分。

（2）结构式问卷调查实施。本研究结构式正式问卷于 2016 年 7 月 14 日至 2016 年 9 月 12 日，通过在校大学生暑期社会实践活动，组织了 70 位大学生，每人发放问卷 5 份，采用随机走访的形式，面向浙江各地区回收小商贩，合计发放 350 份问卷，回收 299 份问卷，回收率 85.4%。经过问卷筛选环节，共剔除无效问卷 112 份，最终共回收有效问卷 187 份，有效回收率为 62.5%。

（3）样本构成情况分析。结构式正式问卷中有关受访者个人信息的部分，共设置 10 个问项，分别是性别、年龄、受教育水平、家庭人数、目前居住地、主要回收的废品种类、废品回收的组织形式和收入。样本分布情况如表 3.5 所示，根据表 3.5 可发现受访群体具有以下特征。

表 3.5　　　　　　　　　　样本分布情况表

基本信息	类别	人数（人）	百分比（%）
性别	男	128	68.4
	女	59	31.6

续表

基本信息	类别	人数（人）	百分比（%）
年龄	18~29 岁	17	9.1
	30~39 岁	35	18.7
	40~49 岁	79	42.2
	50~59 岁	41	21.9
	60 岁及以上	15	8.0
教育水平	未上过学	41	21.9
	小学	77	41.2
	中学	44	23.5
	高中、中专	17	9.1
	大专及以上	8	4.3
居住地	自有住房	57	30.5
	租赁租房	78	41.7
	自建住房/棚户	42	22.5
	被安排住房	7	3.7
	其他	3	1.6
收入	1500 元以下	15	8.0
	1500~3000 元	89	47.6
	3000~4500 元	50	26.7
	4500~6000 元	24	12.8
	6000 元以上	9	4.8
组织形式	回收个体户	104	55.6
	帮其他人回收	27	14.4
	给别人打工	25	13.4
	经营废品收购站/回收公司	28	15.0
	其他	3	1.6

资料来源：笔者根据问卷调查数据的计算结果整理。

①性别。男性样本数量占样本总量的 68.4%，男性回收小商贩是女性回收小商贩人数的两倍有余。结合男女体能差异来看，总体上回收是一项比较艰辛的工作，需要一定的身体素质的保证。由于女性的体能随年龄下降较快，50 岁以上的回收小商贩中，男性数量比女性数量多也说明了这点。

②年龄。样本总体中，72% 的回收小商贩的年龄在 40 岁及以上，而这

部分人中 73.3% 的文化水平在初中及以下。如果按照一般标准，把出生于
1980 年之前的农民工算作第一代农民工，那么可以说大部分的回收小商贩
属于第一代农民工，他们文化水平普遍较低，可选行业受限，远没有新生代
农民工的择业取向多元。

　　③居住条件。样本总体中，30.5% 的回收小商贩拥有自有住房，41.7%
的属于租赁住房，自建棚户区及其他的占 27.8%。自有住房的比例相对较
高，就其原因可能有两个，其一是部分调查地点并非如杭州的大城市，而是
小县城，他们中也有部分是经营废品回收站点的个体户；其二是存在部分回
收小商贩本身就是城市居民，拥有自己的住房。

　　④收入及组织形式。样本总体中，个人月收入 1500 元以下的只有 8%，
47.6% 的个人月收入在 1500 ~ 3000 元，4500 元及以上收入的个体也有
17.6%，其余的回收小商贩收入在 3000 ~ 4500 元。可见，回收小商贩群体
的收入存在较大的差异，不过大部分在 1500 ~ 4500 元，而收入在 4500 元及
以上的回收小商贩中，39.3% 仍属于个体回收者，和该收入人群中废品回收
站点经营者的人数占比 42.4% 差别并不大。由此可知，回收小商贩的高收
入人群中，经营回收站点的个体经营者和走街串巷进行废品回收的小商贩的
人数比例十分接近。ANOVA 对组织形式的 F 检验并不显著（$P = 0.492 >
0.05$），也进一步说明个体回收者和经营废品回收站两种组织形式在 4500 元
之上的收入差异在统计学意义上并不显著。

3.3　统 计 分 析

3.3.1　调查问卷的信度与效度分析

1. 态度信念结构分量表的检验

对影响电子废弃物回收行为意向的态度信念测量问项 X1 ~ X5，X6 ~
X10 所获得数据分别进行信度分析，剔除 X1（可以获得经济利益）、X5
（有害健康）和 X10（影响城市形象）后，个人利益和社会利益的信度分别
为 0.815 和 0.822，态度信念量表总体的信度为 0.781，符合信度要求。根
据表 3.6 所示的因子载荷分布，本研究对态度信念的两个层面的问项设计结
构效度良好。

表 3.6 态度信念信度和效度分析

测量问项	F_1	F_2	KMO	Bartlett 球形度显著性概率	α	剔除后 α
X_2	0.562		0.569	0.000	0.815	0.779
X_3	0.762					0.770
X_4	0.795					0.786
X_6		0.850	0.781	0.000	0.822	0.731
X_7		0.847				0.732
X_8		0.785				0.740
X_9		0.747				0.732

资料来源：笔者根据问卷调查数据的计算结果整理。

2. 规范信念分量表的检验

对影响小商贩电子废弃物回收行为意向的主观规范信念测量问项 X11～X14 对应的样本数据进信度分析和因子分析。删除 X13（受政府部门影响）后，主观规范信念分量表的测量问项只剩下 3 个，为遵守因素构念最好至少有三个指标变量法则，将主观规范信念最初解构得到的两个层面缩减为一个，并将之命名为影响群体（ξ_3）。对影响群体进行信度分析，得到 α 系数为 0.572，KMO 测度为 0.623，Bartlett 球形度显著性概率为 0.000。根据表 3.7 的因子载荷可知影响群体的结构效度良好。

表 3.7 规范信念信度分析和因子分析

测量问项	F_1	KMO	Bartlett 球形度显著性概率	α	剔除后 α
X_{11}	0.752	0.623	0.000	0.572	0.448
X_{12}	0.763				0.429
X_{14}	0.688				0.532

资料来源：笔者根据问卷调查数据的计算结果整理。

3. 控制信念分量表的检验

对影响小商贩电子废弃物回收行为意向的行为知觉控制信念测量问项 X16～X22 对应的样本数据进行探索性因子分析和信度分析。剔除 X19（政策环境）和 X20（交通便利）后，个人能力和便利情况的信度分别为 0.562 和 0.819，行为知觉控制信念分量表总体信度为 0.579。根据表 3.8 所示的成分矩阵分布表中的因子载荷分布，本研究对行为知觉控制信念的两个层面的问项设计结构效度良好。

表 3.8　　　　　　　　　　　控制信念信度分析和因子分析

测量问项	F_1	F_2	KMO	Bartlett 球形度显著性概率	α	剔除后 α
X_{16}	0.708		0.679	0.000	0.562	0.486
X_{17}	0.740					0.499
X_{18}	0.657					0.542
X_{20}		0.817	0.500	0.000	0.819	0.534
X_{22}		0.817				0.572

资料来源：笔者根据问卷调查数据的计算结果整理。

3.3.2　结构方程模型检验

根据正式调查问卷得到的样本数据，运用 AMOS 对理论结构模型（见图 3.1）进行验证性因子分析，根据可估计模型输出的残差值方差是否出现"不可接受的解值"以及模型的拟合度指标，对模型进行修正，并根据拟合模型的标准化路径系数对研究假设进行验证。

实际获得的样本较小，采用置换缺失值的方法，具体使用全部有效样本的平均数替代缺失的数据。对已经进行过缺失值处理的数据，剔除未通过信度和效度检验的列数据，进行样本正态性检验，结果得到所有观测变量的偏态系数介于 -1.308 ~ 0.70（小于 3），峰度系数介于 -1.262 ~ 3.235（小于 7），可见数据结构大致符合正态分布，因而采用最大似然法作为模型估计方法是合适的。之后，假定路径系数都显著作为初始条件，进行最初结构模型的参数估计和拟合指数估计。

由结构方程模型估计结果可知，理论结构模型收敛，非标准化估计参数中并无负的误差方差，模型没有不适当的估计值。然后根据 AMOS 输出的结构模型修正指标（MI 的临界值设为 10），增列外因潜在变量 ξ_1 和 ξ_2、ξ_1 和 ξ_5 以及部分观测模型指标变量残差值间的共变关系，释放部分参数，对于不显著的路径，暂时予以保留（可能会降低模型的简约规范拟合指数），最后筛选得出最优拟合模型，主要参数估计值如表 3.9 所示。

根据海尔等的建议，在对初始模型的整体拟合度进行检验前，应先检验模型参数事发后有违规估计现象，即核查输出的结果参数中是否存在负的误差方差以及是否存在过大的标准误差。由表 3.9 可知，修正后模型估计结果中并未出现大于或过于接近于 1 的标准化路径系数，也并未过大的标准误存

表 3.9   最终模型的参数估计结果

参数	标准化估计值	估计值标准误	临界值	参数	标准化估计值	估计值标准误	临界值
$\lambda_{x2,1}$	0.728	—	—	$\lambda_{y8,2}$	0.560	0.307	2.449 *
$\lambda_{x3,1}$	0.794	0.375	3.49 *	$\lambda_{y9,3}$	0.685	—	—
$\lambda_{x4,1}$	0.817	0.459	3.556 *	$\lambda_{y10,3}$	0.651	0.327	2.19 *
$\lambda_{x9,2}$	0.691	—	—	$\lambda_{y11,3}$	0.855	0.805	3.428 *
$\lambda_{x8,2}$	0.643	0.155	6.495 *	$\lambda_{y12,4}$	0.719	—	—
$\lambda_{x7,2}$	0.787	0.171	7.7 *	$\lambda_{y13,4}$	0.815	0.288	3.736 *
$\lambda_{x6,2}$	0.804	0.167	7.816 *	$\lambda_{y14,4}$	0.837	0.312	4.412 *
$\lambda_{x14,3}$	0.471	—	—	$\lambda_{y28,5}$	0.455	—	—
$\lambda_{x12,3}$	0.529	0.512	2.623 *	$\lambda_{y27,5}$	0.973	0.422	5.905 *
$\lambda_{x11,3}$	0.970	1.044	3.298 *	$\gamma_{1,1}$	0.979	0.411	2.892 *
$\lambda_{x18,5}$	0.895	—	—	$\gamma_{1,2}$	0.215	0.133	1.145
$\lambda_{x17,5}$	0.715	0.141	2.879 *	$\gamma_{2,3}$	0.072	0.158	0.787
$\lambda_{x16,5}$	0.63	0.192	3.764 *	$\gamma_{3,5}$	0.419	0.082	2.517 *
$\lambda_{x22,6}$	0.271	—	—	$\gamma_{3,6}$	0.072	0.158	0.787
$\lambda_{x21,6}$	0.735	0.517	1.219	$\beta_{4,1}$	0.390	0.138	2.592 *
$\lambda_{x20,6}$	0.962	2.296	1.897	$\beta_{4,2}$	0.461	0.131	2.868 *
$\lambda_{y2,1}$	0.610	—	—	$\beta_{4,3}$	0.319	0.198	2.156 *
$\lambda_{y3,1}$	0.826	0.328	5.626 *	$\beta_{5,4}$	0.180	0.116	0.153
$\lambda_{y4,1}$	0.704	0.284	5.405 *	$\beta_{5,3}$	0.419	0.082	0.517 *
$\lambda_{y6,2}$	0.720	—	—	$\varphi_{1,2}$	0.583	0.035	3.121 *
$\lambda_{y7,2}$	0.835	0.268	4.987 *	$\varphi_{1,5}$	0.653	0.037	3.277 *

注：* 表示 0.05 水平下显著，标准误和临界值为非标准化系数对应的估计值。
资料来源：笔者根据问卷调查数据的计算结果整理。

在，除了 $\lambda_{x21,6}$、$\lambda_{x20,6}$、$\gamma_{1,2}$、$\gamma_{2,3}$、$\gamma_{3,6}$（这些不显著的参数估计值或许具有更大的研究意义，故在模型修正中未加以删除，虽然可能会影响模型的精简度）外，参数估计均达到显著（P < 0.05），基本拟合度可以接受。

有关模型整体的拟合度评价指标的选择有很多不同的观点，但是模型研究不在于构建可以匹配样本数据的完美模型（总有拟合度更好、更精简的模型存在），而在于对诸多的现象做出更多的解释，因此本研究根据陈等（Chan et al.）的总结所得，选择 GFI、NFI、CFI、RMSEA 作为模型整体拟合度替代测量值。

根据 AMOS 输出的模型拟合度摘要表, 该基本模型的 $\chi^2/df = 1.657$, GFI = 0.841, NFI = 0.884, CFI = 0.985, RMSEA = 0.048。整体而言, 基本假设模型与样本数据的拟合度并不是很好, 但拟合效果还可以接受。模型潜变量的聚敛效度的评估通常使用平均提取方差 (AVE) 和组成信度 (CR)。如表 3.10 所示, 所有潜变量的平均提取方差均大于或接近于 0.5, 组成信度均大于 0.7, 表示各测量模型的聚敛效度以及内在质量较佳。

表 3.10   潜变量的平均方差提取及组成信度

潜变量	问项数	平均提取方差	组成信度
个人利益	3	0.609	0.824
社会利益	4	0.539	0.823
参考群体	3	0.481	0.714
自我能力	3	0.570	0.795
便利情况	3	0.513	0.726
态度	3	0.517	0.760
主观规范	3	0.510	0.753
行为知觉控制	3	0.541	0.777
行为意向	3	0.627	0.834
行为	2	0.577	0.707

资料来源: 笔者根据问卷调查数据的计算结果整理。

3.3.3 结构方程模型路径分析

潜变量间的标准化路径系数估计值中 $\gamma_{1,2}$ ($\xi_2 \rightarrow \eta_1$)、$\gamma_{2,3}$ ($\xi_3 \rightarrow \eta_2$)、$\gamma_{3,6}$ ($\xi_6 \rightarrow \eta_3$)、$\beta_{5,4}$ 未达到显著性水平 (P > 0.05), 说明社会利益 (ξ_2) 对行为的态度 (η_1)、影响群体 (ξ_3) 对主观规范 (η_2)、便利情况 (ξ_6) 对行为知觉控制 (η_3) 的影响并不显著, 这些路径将不会纳入潜变量间影响效果的分析中。各态度、主观规范和行为知觉控制及其所解构的潜变量对小商贩非正规回收电子废弃物行为意向的影响效果如表 3.11 所示。综合可知, 个人利益 (ξ_1)、社会利益 (ξ_2) 和自我能力 (ξ_5) 相比影响群体 (ξ_3)、便利情况 (ξ_6) 对小商贩回收电子废弃物具有更强的解释力度, 且较之其他因素影响效果更强。

表 3.11   潜变量间的间接效果与总效果

	电子废弃物回收行为意向		
	直接影响	间接影响	总效果
ξ_1		0.581	0.581
ξ_2		0.564	0.564
ξ_6		0.513	0.513
η_1	0.390		0.390
η_2	0.461		0.461
η_3	0.419		0.419

资料来源：笔者根据问卷调查数据的计算结果整理。

3.3.4 人口统计变量分析

使用方差分析方法检验人口统计变量对回收行为意向影响的显著性，结果如表 3.12 所示。

表 3.12   人口统计变量影响的方差分析

项目	F	P
性别	0.998	0.413
年龄	0.960	0.496
受教育程度	1.046	0.420
回收收入	0.898	0.554
主要回收项目	0.941	0.497

资料来源：笔者根据问卷调查数据的计算结果整理。

由表 3.12 可知，性别、年龄、受教育程度、回收收入和主要回收的废弃物项目对小商贩回收电子废弃物的行为并无显著性的影响。

3.4 结论与建议

3.4.1 结论

（1）基于计划行为理论对小商贩的电子废弃物回收行为意向进行探究，

所建立的最终模型整体达到了基本可以接受的水平，基本假设 H1～H3 均得到了验证，表明 TPB 对小商贩回收电子废弃物行为意向的研究具有较好的效力。$\beta_{5,4}$ 估计值在 0.05 显著性水平下不显著，两个潜变量的因子得分之间的相关关系也较弱，因此，假设 H4 还需要进一步研究。

（2）态度、主观规范和行为知觉控制解构的构念中，个人利益（ξ_1）和自我能力（ξ_5）对行为意向的整体影响效果最大。拓展研究假设中，H1-1、H3-1 得到了验证，其余拓展假设并未得到验证。其中，"$\xi_2 \rightarrow \eta_1$"路径系数不显著，原因可能在于态度的测量问项侧重于情感方面，社会利益（ξ_2）的测量则侧重于社会责任感，ξ_2 与 η_2 之间存在显著的共变关系也证实了这一点；"$\xi_3 \rightarrow \eta_2$"路径系数不显著，则可能是由于回收小商贩对自我的认同或者是当下环境并没有对其经营造成明显的困扰。此外，关于人口统计变量对行为意向的方差分析并未获得显著性结果，人口统计变量对基本信念的作用还需要进一步研究。

3.4.2 建议

（1）认识到回收小商贩的动机的多样性，有必要对其行为动机进行分类研究。本研究中，个人利益（ξ_1）对小商贩电子废弃物回收行为（η_6）有更强的解释力度（0.581），而个人利益潜变量的所保留的三个测量变量更偏向于非经济的个人利益方面，如充实生活等，可见回收小商贩虽然是为了获得金钱而从事废旧回收，但却并不是仅仅为了金钱，非经济利益对他们行为的影响可能更多。

（2）加强非正规回收处理电子废弃物危害的宣传，提高回收小商贩对于电子废弃物处理中可能带来危害的认识。路径分析表明，回收小商贩的自我能力（ξ_5）对行为知觉控制（η_3）具有显著正向影响，通过中介变量（η_3）对其参与电子废弃物回收具有较大的间接效用，然而他们知道可回收的电子废弃物的价格，却不知道实际的价值，也不清楚不合理的处置方式对人体和环境所带来的危害，缺乏这方面的意识，这在问卷发放访谈中对回收小商贩的试探中可以发现。认识到这一点非常重要，因为回收小商贩的经营活动一方面承担着一定的社会功能；另一方面也确实给社会带来了严重的负面影响，这可以作为政策制定和管理的一个关键着眼点。

（3）宣传教育可以有针对性地进行，主观规范（η_2）在行为意向的三个决定因素中对行为意向的影响最大，其直接测量项有三个，分别是我身边有人认为、建议以及自己正在从事废品回收，而影响群体（ξ_3）对主观规范的影响却并不显著，结合相关资源的阅读，可知对回收小商贩从事电子废弃物回收影响较大的是同样从事废品回收的群体，而这一群体具有一定的封闭性，也往往具有紧密的地缘关系，如受访的回收者中不少来自安徽。因此，如果需要对该群体进行相应的宣传教育，可以根据从业人员密集区有针对地进行。

3.5　本章小结

本章基于计划行为理论所构建的结构方程模型，通过随机采访辅以大量有关回收小商贩文献资料的整理，设计包含基本信念测量的调查问卷，根据街头和废品收购站对电子废弃物回收小商贩的问卷调查结果，运用验证性因子分析方法对小商贩回收电子废弃物的行为及其影响因素进行实证研究。结果表明，所构建的模型可以有效检验有关研究假设，基本假设得到验证，个人利益、自我能力等对回收小商贩从事电子废弃物回收的意向的总效果值较大，社会利益对态度的影响并不显著，个体态度主要受个人利益维度的非经济利益方面的影响。

当然研究也存在着很多不足，如调查对象方面，本研究的调查对象是从事电子废弃物回收的走街串巷的回收小商贩，而这类人群并不是单纯进行废弃电器电子产品的回收，大部分的被访者都是兼营各类有价值废弃物的回收。此外，发达国家几乎没有对回收小商贩的描述和研究，这类人群可以看做是发展中国家的典型存在。

样本方面，针对废品回收小商贩的大范围问卷调查较难以开展，研究所获得有效样本数量较少，且样本的填写质量并不高。回收小商贩对街头有偿问卷调查的积极性并不高，对具有较多问题的结构化调查问卷存在排斥情绪，且容易对问项断章取义，即使是通过废品收购站老板来发放问卷，获取的数据质量也并非很好。

第 2 篇

博弈分析专题

第4章

正规回收处理主体间的博弈分析

　　电子废弃物回收处理具有极高的资源环境效益。在我国，由于受到众多非正规处理小作坊的竞争，正规处理企业的处境异常艰难。为规范我国电子废弃物的回收处理，促进正规处理企业的发展，提高电子废弃物的正规拆解，近年来，我国相继出台了《废弃电器电子产品回收处理管理条例》和《废弃电器电子产品处理基金征收使用管理办法》等一系列政策法规，随着这些政策的出台，越来越多的企业开始关注电子废弃物的回收处理，希望能挖掘电子废弃物回收领域的商机。虽然实践中困扰电子废弃物正规处理的成本和收益问题尚未有效解决，但大多数学者已有意或无意的把电子废弃物回收处理有利可图作为电子废弃物回收管理研究的前提。

　　本章基于电子废弃物回收处理有利可图这一基本假设，运用博弈分析方法研究电子废弃物回收处理参与主体间的竞争与合作关系。在4.1节中，假设电子废弃物回收处理市场由两个处理企业（处理商）组成，从而建立两个处理商间的静态博弈模型；在双方静态博弈的基础上引入技术创新因素，分析当一方实施技术创新时，技术溢出率和技术创新效率对处理企业双方博弈决策的影响；假设当一方处理商通过技术创新等实现竞争优势地位时，进一步构建双方竞争的动态博弈模型，讨论竞争双方的策略选择，并分析市场规模、竞争系数和双方成本收益对均衡解的影响。4.2节将研究范围拓展到多主体竞争和链间竞争情形，构建电子废弃物回收处理的双链竞争博弈模型，分析逆向供应链间对称信息Stackelberg博弈下的四种决策模式，讨论处理商策略以及有关参数变化对处理商决策选择的影响。现实中，以自身利益最大化为目标的各逆向供应链间往往存在利益冲突，逆向供应链间的信息通常是不对称的，4.3节将考虑供应链间信息不对称因素，进一步研究供应链间信息不对称博弈和供应链回收竞争系数对供应链定价和决策模式选择的影响。

4.1　考虑技术创新因素的竞争博弈

当前关于电子废弃物回收处理企业间竞争合作关系的博弈研究，多数是从不同主体的回收定价决策、竞争性、市场结构和信息不对称等角度展开，研究者往往关心的是博弈主体的最优决策问题，而较少考虑博弈双方的竞争优势获取及决策行为的相互影响和互动关系，同时鲜有文献将技术创新行为引入电子废弃物的回收处理研究中，这些内容将成为本节讨论的主要问题。

4.1.1　问题描述与假设

本节考虑由两个处理商所组成的竞争性回收市场，不妨称之为处理商Ⅰ和处理商Ⅱ，两个处理商直接负责电子废弃物的回收处理，从而构成双寡头博弈模型。市场占有率是说明企业经营绩效的重要指标，也是反映企业市场竞争地位的重要指标，因此，本节把市场占有率作为模型中衡量竞争地位的主要依据。在电子废弃物回收市场上，市场占有率主要表现为回收量。

具体的模型假设及参数设定如下：

假设1：市场上的电子废弃物回收量是由确定的回收量函数决定。与类似研究相同，假设电子废弃物回收量函数为 $Q_i = a + p_i - \beta p_j$，$(i = 1, 2; j = 3 - i)$，其中，参数 p_i 为逆向供应链上回收商 i 的电子废弃物回收价格，a 表示回收价为零时，有环保意识的消费者自愿返还的电子废弃物数量，β 表示回收商之间的竞争程度，并且有 $0 < \beta < 1$。

假设2：处理商 i 处理单位电子废弃物所需的成本为 c_i，所获得的单位收益为 A_i，在市场竞争初期，假设 $c_1 = c_2 = c$，$A_1 = A_2 = A$。

假设3：处理商回收的电子废弃物均是同质的，且回收的电子废弃物全部得到处理。

假设4：处理商间信息完全对称，即处理商对竞争对手的成本收益函数具有完全的知识。

假设5：处理商均为正规的专业回收处理企业，即对回收的电子废弃物进行环保处理。

根据假设可得两个处理商的利润函数为：

$$\pi_{M_i}^e = (A_i - p_{it} - c_i) \times (a + p_{it} - \beta p_{jt}) \tag{4.1}$$

其中，上标 $e = N, S, A$，分别表示完全信息静态博弈、采取一方技术创新时的静态博弈以及动态博弈。

4.1.2　完全信息静态博弈

本节主要研究市场中两个处理商间的博弈策略，以及当一方采取技术创新时双方的竞争态势，分别构建了初期双方市场力量均等情形下的完全信息静态博弈以及当一方取得竞争优势时的完全信息静态博弈。

1. 纳什均衡博弈

假设在市场竞争初期，竞争双方的回收处理成本和经营收益大体相当，市场力量大致均等，此时双方以利润最大化为目标各自做出决策，构成了完全信息静态博弈。

此时双方的利润函数如式（4.1），分别对 p_i、p_j 一阶求导可得：

$$p_i = \frac{(A-c) - a + \beta p_j}{2} \tag{4.2}$$

进而可求得双方静态博弈下的均衡解为：

$$p_i^N = p_j^N = \frac{(A-c) - a}{2 - \beta} \tag{4.3}$$

将式（4.3）代入式（4.1）中可分别求得双方静态博弈下的最优利润及回收量。

2. 引入技术创新因素的竞争优势博弈

（1）技术创新因素的引入。假设市场中某处理商通过引进或研发实施技术创新，提高电子废弃物回收处理效率、降低处理成本，进而获取更多收益的情形。以下将讨论当某一方实施技术创新时双方的竞争博弈情形。

研发及技术创新对企业的竞争地位具有重要影响，它不仅可以创新产品和生产技术，而且在研发过程中企业的自身吸收和利用外部信息的能力也得到了发展。因此，当竞争博弈均衡的某一方率先采取技术创新因而提高自身的竞争能力时，双方的市场地位将会发生变化。

本节对处理商的技术创新做出以下补充假设：处理商 Ⅰ 率先施行电子废弃物处理技术创新，由于在研发上进行投资能够降低处理成本，于是处理商 Ⅰ 的单位处理成本变为 $c_{1A} = c - x$，其中，c 表示处理商没有技术创新时的单位处理成本，x 表示因技术创新而节约的成本。

在讨论技术创新的影响时，假设当处理商 Ⅱ 观察到处理商 Ⅰ 的技术创新成果时会迅速模仿、复制，这样处理商 Ⅱ 的成本也会因为溢出效应而得到降低，其公式表示为 $c_{2A} = c - \sigma x$，其中 $0 < \sigma < 1$，表示创新成果的溢出率，即处理商 Ⅰ 的创新溢出效应导致处理商 Ⅱ 单位处理成本减少的程度。$\sigma = 0$，

表示处理商 II 没有从处理商 I 的创新成果中获益；$\sigma = 1$，表示处理商 II 从处理商 I 的技术创新中获得的收益等同于自身技术创新投资的效果，溢出效应达到了最大。为获得单位处理成本减少额 x，处理商 I 技术创新投入的成本表示为 $\frac{1}{2}\gamma x^2$，其中，$\gamma > 0$ 与技术创新的效率有关（越高意味着创新效率越低）。因此，处理商 I、处理商 II 的利润可重新表示为：

$$\pi_{M_1}^S = (A - c + x - p_i)(a + p_i - \beta p_j) - \frac{1}{2}\gamma x^2 \tag{4.4}$$

$$\pi_{M_2}^S = (A - c + \sigma x - p_j)(a + p_j - \beta p_i) \tag{4.5}$$

此时的博弈情形与前相似。

（2）模型求解与数值仿真。

定理1：为使式（4.4）有唯一最大值，需满足 $2\gamma - 1 > 0$ 成立。

证明：式（4.4）的 Hesse 矩阵为 $\begin{bmatrix} -\gamma & 1 \\ h & -2 \end{bmatrix}$，由假设可知 $\gamma > 0$，则一阶顺序主子式 $-\gamma < 0$，当二阶顺序主子式 $2\gamma - 1 > 0$ 时，式（4.4）的利润函数是严格凹函数，且有唯一最大值。证毕。

由一阶求导可得各决策变量均衡解为：

$$p_1^S = \frac{(A - c)(\gamma\beta + \beta\sigma - \beta + 2\gamma) + (1 - \gamma)(a\beta + 2a)}{h^2\sigma - \beta^2\gamma - 2 + 4\gamma + \beta^2} \tag{4.6}$$

$$p_2^S = \frac{(A - c)(2\gamma + \beta\gamma + \sigma - 1) + a(\sigma + 1) + a\beta(1 - \gamma) - 2a\gamma}{\beta\sigma - \beta^2\gamma - 2 + 4\gamma + \beta^2} \tag{4.7}$$

$$x^S = \frac{((1 - \beta)(A - c) + a)(2 + \beta)}{\beta\sigma - \beta^2\gamma - 2 + 4\gamma + \beta^2} \tag{4.8}$$

将式（4.6）、式（4.7）和式（4.8）代入式（4.4）、式（4.5）中，可求得双方静态博弈下的最优回收量和利润。

由于所得均衡结果函数形式较为复杂，为比较采取技术创新前后双方的最优决策，可以通过数值仿真方法进行直观的分析。这里主要分析创新溢出率 σ 和技术创新效率 γ 对双方竞争态势的影响。各参数初始设值为：$a = 1$，$\beta = 0.5$，$A = 20$，$c = 10$，$0 < \sigma < 1$，取 $\gamma \in [2, 20]$。

在采取技术创新前的静态博弈情形下，处理商 I 和处理商 II 的最优解分别为：$p_1^N = p_2^N = 6$，$Q_1^N = Q_2^N = 4$，$\pi_{M_1}^N = \pi_{M_2}^N = 16$。通过数值仿真，实施技术创新前后处理商 I 与处理商 II 各均衡解比较如图 4.1、图 4.2 和图 4.3 所示。

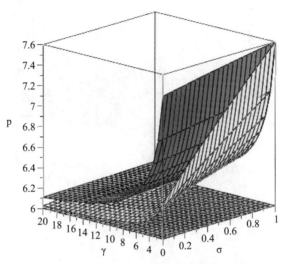

图4.1　处理商Ⅰ和处理商Ⅱ的回收价格比较

注：σ的取值受各参数（a，β，A，c，γ）初始设值的影响。

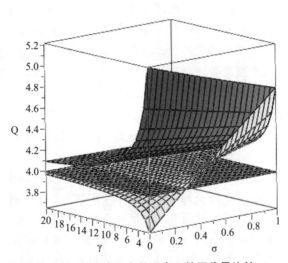

图4.2　处理商Ⅰ和处理商Ⅱ的回收量比较

注：σ的取值受各参数（a，β，A，c，γ）初始设值的影响。

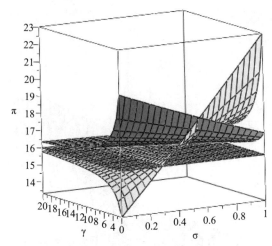

图 4.3 处理商 I 和处理商 II 的利润比较

注：σ 的取值受各参数（a，β，A，c，γ）初始设值的影响。

（3）技术创新的影响及溢出效应分析。由图 4.1 可知，当处理商 I 实施技术创新从而降低电子废弃物的处理成本时，处理商 I 的回收价高于技术创新前的回收价，由于创新溢出率的作用，处理商 II 的回收价也有所提高，但提高的幅度没有处理商 I 大。由图 4.2 可以发现，处理商 I 与处理商 II 的回收量均有所提高，且处理商 I 的回收量始终高于处理商 II。而当技术溢出率较低时（见图 4.2，σ < 0.29），即处理商 II 很难通过学习模仿处理商 I 的新技术获利时，由于被动受到处理商 I 的提价竞争，处理商 II 的回收量小于处理商 I 采用技术创新前的回收量。综合图 4.1 和图 4.2，当 γ 逐渐增大时（γ 越大则技术创新效率越低），回收价、回收量均降低，这可以理解为为获得一定量的成本节约需要付出巨大的成本投入，处理商的创新积极性降低。

由图 4.3 可知，处理商 I 的利润高于技术创新前的利润，当创新溢出率较低时（见图 4.3，σ < 0.29），处理商 II 的利润低于处理商 I 采用技术创新前的利润；当创新溢出率较高时（0.29 < σ < 0.58），处理商 II 可以获得技术创新的部分收益，此时处理商 II 的利润高于技术创新前利润又低于处理商 I 的利润；而当溢出率更高时（σ > 0.58），处理商 II 的利润高于处理商 I 的利润。这是因为一方面我们假设处理商 II 通过学习模仿新技术的成本很低（假设可忽略不计），另一方面，当溢出率较高时处理商 II 从处理商 I 的技术创新中可以获得更高的收益。对于处理商 I 来说，当创新溢出率较低时（专利保护、隐藏技术等），通过技术创新获得的最优利润高于处理商 II；而当创新溢出率较高，处理商 I 的利润小于处理商 II 的利润。这是因为此时允许了处理商 II 的"搭便车"行为，处理商 I 得不偿失，其创新积极性必然受挫。

　　综上所述，当创新溢出率较高时，处理商实施技术创新可以提高双方的回收价、回收量，但过高的溢出率对采取技术创新的处理商不利，此时其他处理商通过学习模仿可以获得更大的收益，降低处理商采取技术创新行为的积极性。当溢出率较低时，与其他处理商相比，采取技术创新的处理商可以实现更高的回收价、回收量和利润，占据竞争优势，提高处理商采取技术创新行为的积极性。从图 4.1、图 4.2 可知，创新溢出率越高，电子废弃物的回收价越高，回收量越大，此时可以获得更大的社会效益，然而此种情形必然遭到技术创新实践者的抵制。只有当创新溢出率在某一范围内（仿真实例中为 $0.29 < \sigma < 0.58$），才可以实现竞争双方和社会效益的三方共赢。因此，对于政府监管部门，应该注重技术创新专利保护，制定相应的管理规则，但监管又需要适当保持一定的弹性，以达到促进回收处理技术创新与普及、提高电子废弃物回收量和环保处理的综合目的。

4.1.3　完全信息动态博弈

　　由 4.1.2 节的分析可知，当某一方处理商的技术创新溢出率较低，处理商通过技术创新可以获得更多回收量和利润，当超额利润累积达到一定程度时，市场力量发生改变的可能性增大，技术创新的处理商不再满足于"势均力敌"的现状而谋求更多的电子废弃物回收量，提价行为必然紧随其后。面对技术创新处理商的价格竞争，另一方处理商的竞争弱势迟早转化为现实价格战中的被动，不得已也提高回收价，最终双方在新的回收量和回收价格上达到均衡，同时在现实市场中，企业的决策时刻在关注着竞争对手的反应，因此有必要研究双方在动态博弈下的决策情况。影响处理商决策的关键因素有哪些，竞争博弈的双方如何决策，双方的策略选择对自身和竞争对手产生怎样的影响，这些将是本节研究的主要内容。

　　根据 4.1.2 节的研究结论，假设处理商 I 通过技术创新可以节约的单位处理成本为 c_r，为简化模型，假设 $\Delta_1 = A - c + c_r (0 < c_r < c)$，$\Delta_2 = A - c$，$\Delta_1$、$\Delta_2$ 表示处理商 I、处理商 II 处理电子废弃物可获得的单位收益，有 $\Delta_1 > \Delta_2$。此时，实力增强的处理商 I 占据市场主动，处在领先地位，处理商 II 根据处理商 I 的行动采取应对措施，双方的博弈可视为完全信息 Stackelberg 动态博弈。博弈顺序为，处理商 I 先行决定回收价 p_1^A，处理商 II 根据 p_1^A 决定自己的回收价 p_2^A。处理商 I 与处理商 II 的利润函数可表示为：

$$\pi_{M_1}^A = (\Delta_1 - P_1^A) \times (a + P_1^A - \beta P_2^A) \tag{4.9}$$

$$\pi_{M_2}^A = (\Delta_2 - P_2^A) \times (a + P_2^A - \beta P_1^A) \tag{4.10}$$

　　运用逆向归纳法求解得到回收价的最优解为：

$$p_1^A = \frac{\Delta_1(2 - \beta^2) - 2a - \beta a + \beta \Delta_2}{2(2 - \beta^2)} \tag{4.11}$$

$$p_2^A = \frac{\Delta_2 - a + \beta p_1^A}{2} \tag{4.12}$$

将式（4.11）、式（4.12）代入式（4.9）、式（4.10）中，可得到处理商动态博弈下的均衡解。

为集中分析回收竞争系数 β、市场规模 a 和具有成本优势的处理商 I 的单位收益 Δ_1 对处理商 I、处理商 II 回收决策的影响，本节将通过参数赋值的方式仿真分析。

1. 回收竞争系数和市场规模对决策的影响

参数初始设值为：$\Delta_1 = 15$，$\Delta_2 = 10$，$a \in [0, 8]$。数值仿真结果如图4.4、图4.5、图4.6所示。

由图4.4和图4.5可见，只有当消费者自愿返还的数量较大且竞争系数很高时，处理商 II 的回收价、回收量才会高于处理商 I，其他情形下处理商 I 的回收价、回收量更高。并且处理商 I 和处理商 II 的回收价随着市场规模 a 的增大而减小，当 a 较小时（如 a = 3），回收价随着竞争系数 β 的增大而增加；当市场规模 a 较大时（如 a = 5），回收价随着竞争系数 β 的增大先增加后减小。这些情形可以解释为当消费者自愿返还的数量较少时，处理商间

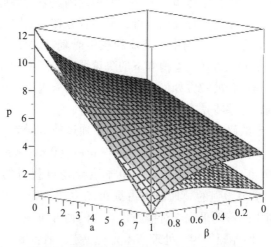

图4.4　处理商回收价随 a 和 β 的变化趋势

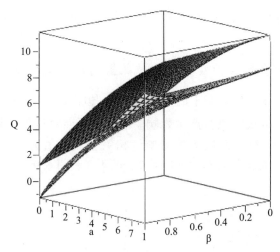

图 4.5 处理商回收量随 a 和 β 的变化趋势

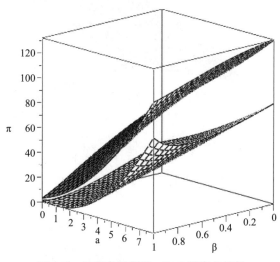

图 4.6 处理商利润随 a 和 β 的变化趋势

只有通过价格竞争以获取更多的电子废弃物回收量。而当消费者环保意识较强，自愿返还的数量较多时，此时处理商相当于免费获得了电子废弃物，市场竞争性较小时处理商通过价格竞争可以提高回收量和收益，而当竞争性较强时，处理商获益能力降低，一味地价格竞争反而会降低处理商的收益。

由图 4.6 可知，当处理商 I 占据成本优势先行决策时，处理商 I 的利润始终高于处理商 II。处理商 I 的利润随着市场规模 a 增大而增加，随着竞争系数 β 的增大而减小；当 a 较小时，处理商 II 的利润随着 β 的增大而减小；当市场规模 a 值较大时，处理商 II 的利润随着 β 的增大先减小后增加，这是因为当市场规模较大时，处理商 I 参与竞争的积极性减弱，高强度的竞争性于处理商 I 不利。

2. 回收竞争系数和处理商单位收益对决策的影响

上述讨论假定了处理商 I 的单位收益 Δ_1 恒定，而 Δ_1 作为处理商 I 的获利优势对双方的决策也会产生影响。下面分析回收竞争系数 β 和处理商 I 的单位收益 Δ_1 对均衡决策的影响。相关参数设值为：$a = 4$，$\Delta_2 = 10$，$\Delta_1 \in [10, 20)$。数值仿真结果如图 4.7、图 4.8 和图 4.9 所示。

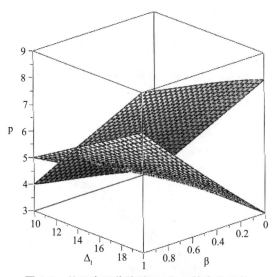

图 4.7　处理商回收价随 Δ_1 和 β 的变化趋势

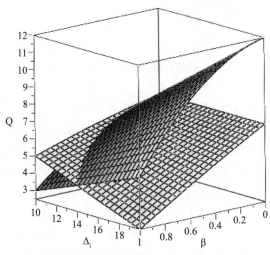

图 4.8　处理商回收量随 Δ_1 和 β 的变化趋势

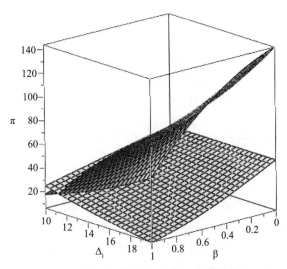

图 4.9　处理商利润随 Δ_1 和 β 的变化趋势

综合图 4.7、图 4.8 和图 4.9 可以发现，处理废弃物的成本收益、市场规模和市场竞争性是影响处理商策略选择的关键因素。当处理商 I 单位收益 Δ_1 较小（略高于 Δ_2 时）且竞争系数较大时，处理商 I 的最优回收价、回收量及利润均小于处理商 II。这种现象表明，当处理商 I 获得的成本优势较小时，先行决策对处理商 I 是不利的，处理商 II 可以利用"后发制人"的优势。当处理商 I 单位收益 Δ_1 较大时，处理商 I 的最优回收价、回收量及利润均大于处理商 II，且处理商 II 的最优回收量和利润均随着 Δ_1 的增大而减小，此时优先决策使得处理商 I 占据竞争优势。当具有优先决策的处理商在成本优势较大的情况下，优先决策可以提高该处理商的竞争优势地位。此外，处理商 I、处理商 II 的回收价随着 Δ_1 和 β 的增大而增加；回收量和利润均随着 β 的增大而减小，此现象表明过高的市场竞争性不利于电子废弃物的回收，政府监管部门应加强引导来避免处理商间的恶性竞争。处理商 I 的回收量和利润随着 Δ_1 的增大而增加，处理商 II 则相反，表明处理商 I 可以利用较低的电子废弃物回收成本获得竞争优势。

4.2　逆向供应链间对称信息博弈

随着市场专业化分工的进一步细化和深入，以及市场竞争的加剧，以往那种只靠企业自身单打独斗的竞争模式已很难适应市场快速发展的需要，取而代之的是以协同共赢为原则的供应链间的竞争模式。同时，《废弃电器电子产品回收处理管理条例》明确提出国家鼓励处理企业与相关电器电子产品生产者、销售者以及废弃电器电子产品回收经营者等在回收处理废弃电器电子产品活动中能够建立长期合作关系；并且，处理废弃电器电子产品企业依照国家有关规定享受税收优惠。因此，多主体间合作并以供应链间竞争的模式成为当下竞争主流，以博弈视角研究多主体竞争和链与链竞争的情形是了解整个电子废弃物处理市场各主体策略选择的重要途径。

4.2.1　问题描述与假设

2011 年 1 月 1 日开始实施的《废弃电器电子产品回收处理管理条例》提出了构建完善的电子废弃物回收体系的目标，国家对电子废弃物实行多渠道回收，并要求将回收的电子废弃物交由有处理资质的处理商处理。目前，国内在电子废弃物回收处理方面正规的回收渠道主要有两种，一种是处理商直接回收，比如天津和昌环保技术有限公司在各个社区建立了废旧电子产品回收站直接回收废旧电子产品；另一种是委托第三方回收机构间接回收，比如天津绿天使有限公司委托第三方再生资源公司间接回收废旧电子产品。相关学者对电子废弃物的回收方式选择问题也展开了诸多有益的研究。考虑到电子废弃物回收处理的现实情况，本节将电子废弃物回收处理参与主体的竞争博弈行为研究，拓展到多主体博弈以及链间竞争的情形。

1. 问题描述

本节考虑的链间竞争博弈问题由两条对称的逆向供应链构成，不妨记为 SC1 和 SC2，不失一般性，进一步假设 SC1 为领导者，SC2 为追随者。每条逆向供应链由一个处理商和一个回收商组成，其中，回收商负责电子废弃物的回收，并将其交给处理商，处理商负责回收后的电子废弃物的处理。在这种供应链竞争环境下，存在着两个层面的博弈，一方面是供应链间的博弈，另一方面，当供应链是分散结构时，处理商与回收商间的博弈，假设处理商为领导者，回收商为追随者。处理商有两种决策模式可选：一是通过契约与回收商加强合作结成战略联盟，二是不与回收商合作而采取分散化的决策模式。当处理商与回收商合作结成战略联盟，双方以逆向供应链利润最大化为目标进行决策，相当于链内集中决策模式，而处理商与回收商不合作则相当于链内分散化的决策模式。因此，由两条逆向供应链间的竞争博弈产生了四种不同的决策情形：分散—分散（DD 模式）、分散—集中（DC 模式）、集中—分散（CD 模式）、集中—集中（CC 模式），如图 4.10 所示。

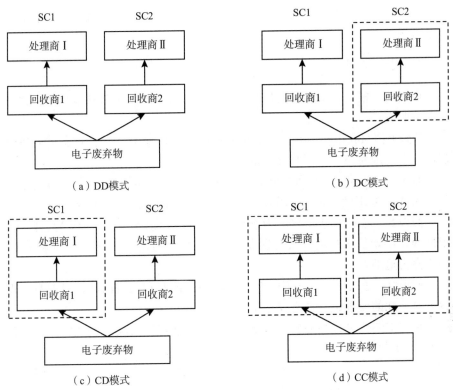

图 4.10　处理商回收决策模式

（1）DD 模式。该模式下，两条逆向供应链的处理商均选择分散化决策，即两条逆向供应链都选择非合作模式。其中，SC1 为领导者，每条供应链内处理商为领导者。决策顺序为 SC1 先制定电子废弃物的回收价，SC2 根据 SC1 的决策制定自己的回收价，具体决策顺序为：SC1 内处理商Ⅰ先决定回购价，回收商 1 根据处理商Ⅰ的回购价制定回收价；SC2 根据观察到的回收价，首先由处理商Ⅱ制定回购价，回收商 2 根据回购价制定自己的回收价。

（2）DC 模式。该模式下，逆向供应链 SC1 选择非合作的分散决策模式，追随者 SC2 选择集中决策模式。决策情形与 DD 模式类似，不同的是 SC2 的处理商通过向回收商提供契约加强与回收商合作，双方以逆向供应链利润最大化为目标进行集中决策。

（3）CD 模式。该模式下，作为领导者的逆向供应链 SC1 集中决策，即 SC1 中处理商Ⅰ与回收商 1 合作结成战略联盟，SC2 分散决策。决策过程同 DD 模式中的 SC2。

（4）CC 模式。在 CC 模式中，领导者 SC1 和追随者 SC2 均选择集中决策模式，处理商Ⅰ和处理商Ⅱ均与各自回收商加强合作结成战略联盟，双方均以逆向供应链利润最大化为目标进行决策，此时相当于形成了一个双寡头垄断市场。

2. 模型假设

根据问题描述，本节研究所作假设和参数设置与 4.1 节基本相似，并补充以下假设：

假设 6：回收市场中有两条结构对称的逆向供应链，并且每条逆向供应链由一个处理商与一个回收商构成。

假设 7：处理商 i 处理单位电子废弃物所需的成本为 c_i，所获得的单位收益为 A_i；处理商 i 支付给回收商 i 的单位电子产品回购价为 w_i。

假设 8：逆向供应链 SC1 为领导者，具有优先定价权；SC2 为追随者，根据 SC1 的定价来决定自己的定价。每条逆向供应链内，处理商为领导者，回收商为追随者。

假设 9：逆向供应链间及每条供应链内处理商和回收商间信息对称，即双方对彼此的成本收益拥有完全信息。

根据上述假设，当逆向供应链 i 上处理商选择分散决策模式时，处理商 i 的利润函数为：

$$\pi_{M_i} = (A_i - w_i - c_i) Q_i \qquad (4.13)$$

回收商 i 的利润函数为：

$$\pi_{R_i} = (w_i - p_i) Q_i \qquad (4.14)$$

当逆向供应链 i 上处理商通过向回收商提供契约加强与回收商合作时，假设所采用的契约形式为收入共享契约。此时处理商与回收商的利润函数可表示为：

$$\pi_{M_i} = \theta(A_i - c_i) Q_i - w_i Q_i - \theta p_i Q_i$$
$$\pi_{R_i} = (1 - \theta)(A_i - c_i) Q_i + w_i Q - (1 - \theta) p_i Q_i$$

其中，θ 和 $1-\theta$ 表示处理商和回收商各自承担的收入和费用比例，θ 的确定靠处理商与回收商间的讨价还价能力确定，实施契约后的供应链利润可以达到集中决策时的水平。

假定作为领导者的处理商以整条逆向供应链利润最大化作为是否与回收商合作的主要依据，当处理商实施契约协调后的逆向供应链利润如果大于分散化决策情形下的整条供应链利润，处理商就具有提供契约的动机（实施契约双方可以获得更多收益）；反之，契约失效，处理商则会选择分散化决策。因此，处理商决策依据集中决策时的供应链利润函数为：

$$\pi_S = (A_i - p_i - c_i) Q_i \qquad (4.15)$$

4.2.2　模型建立与求解

电子废弃物回收处理的链间对称信息博弈存在四种决策模式，下面针对每种情况分别建模求解。

1. DD 模式下的博弈模型与求解

当两处理商均选择分散决策模式时，对于每条逆向供应链，由于处理商为链内领导者，回收商为追随者，所以存在着链间动态博弈和链内动态博弈两种情况。

在链间博弈中，作为领导者的 SC1 首先给出回收价 p_1，追随者 SC2 根据观察到的 p_1 做出最优反应，采用逆向归纳法求解此 Stackelberg 博弈，首先分析追随者 SC2 链内动态博弈情况。

（1）追随者 SC2 链内动态博弈。在逆向供应链 SC2 链内博弈的第一阶段，处理商 Ⅱ 以自身利润最大化为目标给出回购价

$$\max \pi_{M_2}^{DD} = (A_2 - w_2^{DD} - c_2) \times (a + p_2^{DD} - \beta p_1^{DD}) \tag{4.16}$$

其中上标 DD 表示两处理商均采用分散决策模式，即 DD 模式。

在逆向供应链 SC2 链内博弈第二阶段，回收商 2 根据给定的回购价以自身利润最大化为目标做出最优反应

$$\max \pi_{R_2}^{DD} = (w_2^{DD} - p_2^{DD}) \times (a + p_2^{DD} - \beta p_1^{DD}) \tag{4.17}$$

此规划问题采用逆向归纳法求解，首先求出追随者 SC2 回收商的反应函数。容易验证回收商 2 的利润函数 $\pi_{R_2}^{DD}$ 是一个关于 p_2^{DD} 的凹函数 $\left(\frac{\partial^2 \pi_{R_2}^{DD}}{\partial^2 p_2^{DD}} < 0\right)$，所以由一阶条件 $\frac{\partial \pi_{R_2}^{DD}}{\partial p_2^{DD}} = 0$，可得

$$p_2^{DD} = \frac{w_2^{DD} - (a - \beta p_1^{DD})}{2} \tag{4.18}$$

对于 SC2 链内博弈第一阶段，即分析处理商 Ⅱ 的决策，把式（4.17）代入式（4.15），求关于 w_2^{DD} 的一阶偏导，可得

$$w_2^{DD} = \frac{(A_2 - c_2) - (a - \beta p_1^{DD})}{2} \tag{4.19}$$

将式（4.19）代入式（4.18），可得到 p_2^{DD} 关于 p_1^{DD} 的函数

$$p_2^{DD}(p_1^{DD}) = \frac{(A_2 - c_2) - 3(a - \beta p_1^{DD})}{4} \tag{4.20}$$

接下来分析领导者 SC1 的链内动态博弈。

（2）领导者 SC1 链内动态博弈。领导者 SC1 链内博弈情况与 SC2 类似，但 SC1 能预测到，若自己选择了 p_1^{DD}，则追随者 SC2 将根据 p_1^{DD} 来决定自己

的回收价 p_2^{DD}。把式（4.20）代入式（4.13）和式（4.14），求关于 p_1^{DD} 的一阶偏导，可得

$$p_1^{DD} = \frac{w_1^{DD}}{2} - \frac{4a - \beta(A_2 - c_2) + 3\beta a}{2(4 - 3\beta^2)} \qquad (4.21)$$

把式（4.21）代入式（4.13）中，可求得 SC1 处理商的回购价为：

$$w_1^{DD} = \frac{(4 - 3\beta^2)(A_1 - c_1) - (4a - \beta(A_2 - c_2) + 3\beta a)}{2(4 - 3\beta^2)} \qquad (4.22)$$

将式（4.22）式代入式（4.21）中可得到回收商 1 的最优回收价为：

$$p_1^{*DD} = \frac{(4 - 3\beta^2)(A_1 - c_1) - 3(4a - \beta(A_2 - c_2) + 3\beta a)}{4(4 - 3\beta^2)} \qquad (4.23)$$

将式（4.22）、式（4.23）分别代入式（4.13）、式（4.16）、式（4.19）、式（4.20），可得到两条供应链的最优解。

2. DC 模式下的博弈模型与求解

在 DC 模式下，处于领导者地位的逆向供应链采用分散决策模式，处于追随者地位的逆向供应链选择集中决策模式。在链间博弈中，作为领导者的 SC1 首先决定自己的回收价 p_1，追随者 SC2 根据观察到的 p_1 依据自身利润最大化原则确定自己的回收价 p_2。具体求解过程与 DD 模式类似，不同的是，此时逆向供应链 SC2 是以整条逆向供应链利润最大化为目标做出决策。

$$\pi_{S_2}^{DC} = (A_2 - p_2^{DC} - c_2) \times (a + p_2^{DC} - \beta p_1^{DC}) \qquad (4.24)$$

对式（4.24）求关于 p_2^{DC} 的一阶偏导可得到 SC2 的最优反应函数为：

$$p_2^{DC} = \frac{(A_2 - c_2) - (a - \beta p_1^{DC})}{2} \qquad (4.25)$$

逆向供应链 SC1 的决策情况与 DD 模式类似，于是可求得领导者 SC1 的回购价和回收价为：

$$w_1^{DC} = \frac{(2 - \beta^2)(A_1 - c_1) - (2a - \beta(A_2 - c_2) + \beta a)}{2(2 - \beta^2)} \qquad (4.26)$$

$$p_1^{*DC} = \frac{(2 - \beta^2)(A_1 - c_1) - 3(2a - \beta(A_2 - c_2) + \beta a)}{4(2 - \beta^2)} \qquad (4.27)$$

将式（4.26）、式（4.27）代入式（4.13）和式（4.16），可求得领导者 SC1 选择间接回收模式，追随者 SC2 选择直接回收模式时的回收量函数和利润函数，不再赘述。

3. CD 模式下的博弈模型与求解

在该模式下，领导者 SC1 集中决策，追随者 SC2 采用分散决策模式，博弈情形与 DD 模式类似，不同的是，作为领导者 SC1 是以整条逆向供应链

利润最大化为目标做出决策。

$$\pi_{S_1}^{CD} = (A_1 - p_1^{CD} - c_1) \times (a + p_1^{CD} - \beta p_2^{CD}) \tag{4.28}$$

由一阶偏导可求得领导者 SC1 选择直接回收模式下的回收价为：

$$p_1^{*CD} = \frac{(4 - 3\beta^2)(A_1 - c_1) - (4a - \beta(A_2 - c_2) + 3\beta a)}{2(4 - 3\beta^2)} \tag{4.29}$$

与 DD 模式类似，同样可求得追随者 SC2 的最优回收价和回购价。将最优结果带入各自需求和利润函数，可得领导者供应链采取集中决策，追随者供应链采取分散决策时的电子废弃物回收量函数和利润函数。

4. CC 模式下的博弈模型与求解

当两逆向供应链均选择集中决策模式时，SC1 和 SC2 均以整条逆向供应链利润最大化为目标做出决策。此时，两条逆向供应链的利润函数如式(4.15)，仅存在链间动态博弈，领导者 SC1 首先决定回收价 p_1，SC2 根据观察到的 p_1 做出最优反应决定 p_2。

首先分析追随者 SC2 的决策，对式(4.15)求一阶偏导可得

$$p_2^{CC} = \frac{(A_2 - c_2) - (a - \beta p_1^{CC})}{2} \tag{4.30}$$

将式(4.30)代入式(4.15)中，可得 SC1 的最优回收价为：

$$p_1^{*CC} = \frac{(2 - \beta^2)(A_1 - c_1) - (2a - \beta(A_2 - c_2) + \beta a)}{2(2 - \beta^2)} \tag{4.31}$$

将式(4.30)、式(4.31)式代入式(4.15)，可得两条逆向供应链均采用直接回收模式时的电子废弃物回收量函数和利润函数。

4.2.3 均衡结果分析

通过对上述四种模式的求解，进一步将对四种模式下的均衡解进行比较分析。由于均衡解的表达式较为复杂，进行以下处理：首先，为便于讨论各个参数对逆向供应链决策的影响，采取对其他参数赋值的方式，即暂不考虑其他参数的影响；其次，重点分析回收竞争系数和双方成本、收益对逆向供应链回收渠道决策的影响；最后，由于处理商是逆向供应链的主导者，假设处理商是以整条逆向供应链利润最大化作为回收合作决策的依据。

为了让实验分析过程有较为清晰的表述，通过数值实验及数值仿真的方式分别探讨处理商的处理成本、收益、回收价格敏感系数和回收竞争系数对两条逆向供应链定价决策和利润的影响。

1. 回收竞争系数对决策的影响

为集中分析回收竞争系数对逆向供应链定价决策的影响，参考麦奎尔

（McGuire，2008）的研究，将回收量函数简化为 $Q_i = 1 + p_i - \beta p_j$，即暂不考虑消费者的环保意识对自愿返还的废物量的影响。为便于分析，假定 $\Delta_1 = A_1 - c_1$，$\Delta_2 = A_2 - c_2 (\Delta_1 > 0, \Delta_2 > 0)$，即处理商回收处理单位电子废弃物的收益和成本之差，Δ_1、Δ_2 表示处理商处理电子废弃物的获益能力，此处设定 $\Delta_1 = \Delta_2 = 15$，暂不考虑回收价格系数以及两处理商的处理成本和收益差异的影响。

仿真结果如图 4.11 所示。

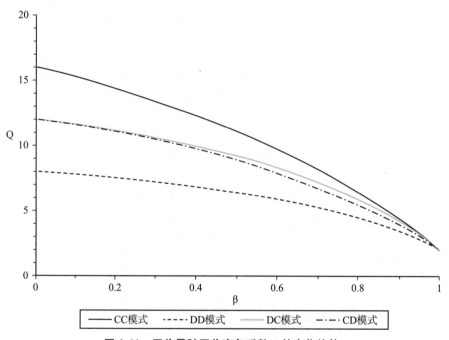

图 4.11　回收量随回收竞争系数 β 的变化趋势

由图 4.11 可知，随着回收竞争系数的增大，四种模式下的回收量均逐渐减少，说明两条逆向供应链间的竞争不利于回收，政府应通过政策手段避免逆向供应链间的恶性竞争。当回收竞争系数一定的情况下，CC 模式下的回收量最高，其次是 DC 模式，回收量最低的是 DD 模式。

由图 4.12 可知，随着回收商间的回收竞争系数的增大，不论是哪种模式下，领导者处理商 I 的利润逐渐降低。当回收竞争系数一定的情况下，SC1 的利润在 CD 模式下最大，在 DC 模式下最小；当 $0 < \beta < 0.53$ 时，CC 模式下领导者 SC1 的利润大于 DD 模式；而当 $0.53 < \beta < 1$ 时，CC 模式下领导者 SC1 的利润小于 DD 模式。该现象表明，当回收市场的竞争趋于激烈时，领导者处理商倾向于采用 DD 模式。同时比较 CC 模式与 DC 模式、CD

模式与 DD 模式可以发现，不论追随者 SC2 采用哪种决策模式，SC1 选择集中决策可以获得更多的利润，即选择与回收商合作结成战略联盟是领导者处理商 I 的占优策略。

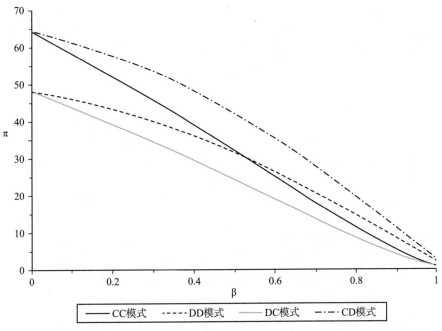

图 4.12　SC1 的利润随回收竞争系数 β 变化趋势

由图 4.13 可知，随着回收竞争系数的增大，不论哪种模式下，追随者 SC2 的利润逐渐降低。当领导者 SC1 采用分散决策模式（DC 模式、DD 模式），且 $0 < \beta < 0.68$，SC2 选择集中决策模式（DC 模式）所获得的利润高于选择分散决策模式（DD）所得到的利润，当 $0.68 \leqslant \beta < 1$ 时，SC2 选择间接回收渠道而获得的利润高于选择直接回收渠道而得到的利润；当领导者 SC1 采用集中决策模式（CC 模式、CD 模式），且 $0 < \beta < 0.73$，SC2 选择集中决策模式（CC 模式）所获得的利润高于选择分散决策模式（CD 模式）所得到的利润；当 $0.73 \leqslant \beta < 1$，SC2 选择分散决策模式而获得的利润高于选择集中决策模式而得到的利润。同时，比较 CC 模式和 DD 模式可以发现，当 $0 < \beta < 0.42$ 时，DD 模式下处 SC2 的利润小于 CC 模式，而当 $0.42 < \beta < 1$ 时，DD 模式下 SC2 的利润大于 CC 模式，这一现象表明，当回收市场竞争较激烈时，追随者处理商 II 较 CC 模式也更倾向于采取 DD 模式。

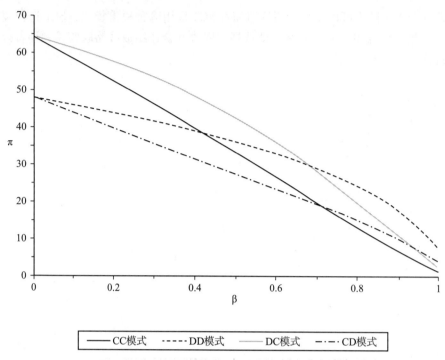

图 4.13 SC2 的利润随回收竞争系数 β 变化趋势

综合图 4.12 和图 4.13 可得如下结论：

结论 1：不管追随者 SC2 选择集中决策还是分散决策，领导者 SC1 采用集中决策时的利润高于选择分散决策时的利润，即采用集中决策模式是领导者处理商的占优策略。

结论 2：（a）当领导者 SC1 采用分散决策模式，且回收竞争系数较低时（仿真实例中为 $0 < \beta < 0.68$），SC2 选择集中决策所获得的利润高于选择分散决策模式所得到的利润；当回收竞争系数较高时（仿真实例中为 $0.68 \leqslant \beta < 1$），SC2 选择分散决策模式而获得的利润高于选择集中决策而得到的利润。（b）当领导者 SC1 采用直接回收渠道，且回收竞争系数较低时（仿真实例中为 $0 < \beta < 0.73$），SC2 选择集中决策模式所获得的利润高于选择分散决策所得到的利润；当回收竞争系数较高时（仿真实例中为 $0.73 \leqslant \beta < 1$），SC2 选择分散决策而获得的利润高于选择集中决策模式而得到的利润。

由结论 2 可知，在给定领导者处理商采用集中决策模式（分散决策）的情况下，当回收竞争系数 β 较低时，追随者处理商选择与回收商合作集中决策优于分散决策；而当回收竞争系数 β 较大时，追随者处理商采用分散决策模式更优。综合结论 1 和结论 2 可知，作为领导者处理商会采用与回收商合作的方式集中决策以提高回收量扩大市场份额，对于追随者处理商来说，如何决策，取决于电子废弃物回收的竞争激烈程度。

结论 3：当 $0<\beta<0.73$ 时，两处理商均选择与回收商合作的集中决策模式（CC 模式）是两处理商链间博弈的均衡解；当 $0.73\leq\beta<1$ 时，领导者处理商选择集中决策，追随者处理商采用分散决策模式（CD 模式）是处理商链间博弈的均衡解。

证明：由结论 1 可知，SC1 选择集中决策模式是其占优策略。由结论 2 可知，当 SC1 选择集中决策模式且 $0<\beta<0.73$ 时，SC2 采用集中决策优于分散决策；当 $0.73\leq\beta<1$ 时，SC2 采用分散决策所得的利润优于集中决策时所得的利润。综合可知，当 $0<\beta<0.73$ 时，CC 模式是处理商博弈均衡解，当 $0.73\leq\beta<1$ 时，CD 模式是两处理商博弈均衡解。

结论 4：当 $0<\beta<0.53$ 时，两处理商均采用集中决策模式（CC 模式）是链间博弈的帕累托均衡，当 $0.53\leq\beta<1$ 时，两处理商均采用分散决策模式（DD 模式）是帕累托最优，但不是均衡解。

证明：经计算可得，

①当 $0<\beta<0.53$ 时，$\pi_{SC_1}^{DD}-\pi_{SC_1}^{CC}<0$；当 $0.53\leq\beta<1$ 时，$\pi_{SC_1}^{DD}-\pi_{SC_1}^{CC}\geq0$。

②当 $0<\beta<0.42$ 时，$\pi_{SC_2}^{DD}-\pi_{SC_2}^{CC}<0$；当 $0.42\leq\beta<1$ 时，$\pi_{SC_2}^{DD}-\pi_{SC_2}^{CC}\geq0$。

综合①、②及结论 2 可知，当 $0<\beta<0.53$ 时，CC 组合是链间博弈帕累托最优，即偏离 CC 组合的其他任何组合都至少会使一方的情况变差，结合结论 3 可知，当 $0<\beta<0.53$ 时 CC 模式是两处理商博弈的均衡解，所以 CC 组合是帕累托均衡。同理可知，当 $0.53\leq\beta<1$ 时，DD 模式是帕累托最优，但不是均衡解。

2. 消费者自愿返还数量对决策的影响

前面的分析假设消费者自愿返还数量既定，讨论了竞争系数对双方决策的影响，由前面的分析可知，a 的变化会影响处理商的最优均衡解。同时，由逆向供应链 SC1 的利润函数式可知，不管追随者 SC2 采用何种决策模式，SC1 采用集中决策模式总是占优的。因此，接下来分析当 a 和 β 双扰动的情形下，逆向供应链 SC2 的决策模式选择是否会受到影响。参数设值同前文所述，数值仿真结果如图 4.14、图 4.15 所示。

由图 4.14 可知，在逆向供应链领导者 SC1 采用分散决策模式下，当 $0<\beta<0.68$ 时，SC2 采用集中模式的利润更高；当 $0.68\leq\beta<1$ 时，SC2 采用分散决策模式利润更高；而消费者自愿返还数量变化对于 SC2 的策略选择没有影响。同时，SC2 的利润随着消费者自愿返还数量的增大而增加，当 a 值较大时，在 DC 模式下 SC2 的利润随着竞争系数的增大先降低后增加，这一结论与前文结论一致。

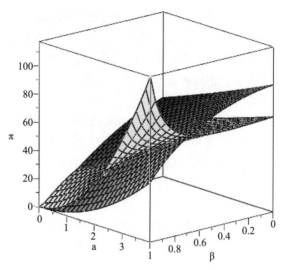

图 4.14　DD 与 DC 模式下 SC2 的利润比较

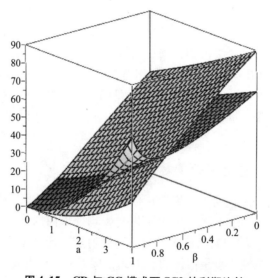

图 4.15　CD 与 CC 模式下 SC2 的利润比较

　　由图 4.15 可知，在逆向供应链领导者 SC1 采用集中决策模式下，当 $0 < \beta < 0.73$ 时，SC2 选择与回收商合作实施集中决策的利润高于分散决策；当 $0.73 \leqslant \beta < 1$ 时，SC2 采用分散决策模式利润更高；消费者自愿返还数量 a 对 SC2 的策略选择没有影响。

　　综上所述，可以得知，不论逆向供应链领导者 SC1 采用集中决策还是分散决策，消费者自愿返还数量 a 对逆向供应链追随者 SC2 的决策选择没有影响。这与前述不考虑消费者自愿返还数量所得结论一致。

3. 处理商的获益能力对决策的影响

在前面的讨论中还将两条供应链上处理商的获益差异对双方决策的影响排除在外，但现实中处理商间的获益差异会对双方的竞争决策带来影响。为分析处理商获益能力的变动对回收决策的影响，取 $\Delta_1 = [5，10，20，30，40]$，$\Delta_2 = [5，10，20，30，40]$，$\beta = [0.1，0.3，0.5，0.7，0.9]$，其他参数设值同前文所述。表 4.1 和表 4.2 给出了假定处理商 I 的获益能力 $\Delta_1 = 15$（处理商 II 的获益能力 $\Delta_2 = 15$），追随者处理商 II 获益能力 Δ_2（领导者处理商获益能力 Δ_1）变动时，四种模式下追随者 SC2 的最优解。表 4.3 和表 4.4 分析了领导者 SC1 的情形，与表 4.1 和表 4.2 类似。

从表 4.1 和表 4.2 的纵向比较可知，随着回收竞争系数 β 的增大，追随者供应链上处理商 II 在各模式下的回收价格逐渐增大，回收量和利润则逐渐减少；随着自身获益能力的增加，各模式下的回收价格、回收量和利润均逐渐增加。值得关注的是，当竞争性处理商的获益能力增加时，另一处理商的回收价增加，回收量和利润均降低，但其变动的幅度小于自身获益能力影响带来的变动，说明了两竞争性处理商均可以利用收益能力的优势来获取更多的回收量和利润。领导者供应链上处理商情形与之相似。

从表 4.1 和表 4.2 的横向比较可知，当回收市场竞争性较小时（如 $\beta \leqslant 0.5$），四种模式下处理商 II 的回收价最高的是 CC 模式，最低的是 DD 模式，回收量最高的是 DC 模式，最低的是 CD 模式；当市场竞争性较大且自身获益能力很高时（$\beta \geqslant 0.7$），回收价最高的是 DC 模式，最低的是 DD 模式，回收量最高的是 CC 模式，最低的是 CD 模式。

关于处理商的回收渠道决策问题，若领导者供应链上处理商选择间接回收渠道，当回收竞争系数 β 较小（$0 < \beta < 0.5$），追随者处理商 II 选择直接回收渠道时得到的利润大于选择间接回收渠道时的利润。当竞争系数很高时（$\beta \geqslant 0.9$），SC2 选择分散决策更优。当回收竞争系数较高（$0.7 \leqslant \beta < 0.9$）且追随者处理商自身获益能力较低（$\Delta_2 \leqslant 15$）或者当领导者处理商获益能力较大时（如 $\Delta_1 \geqslant 15$，此时 $\Delta_2 = 15$），追随者处理商 II 选择间接回收渠道时的利润大于选择直接回收渠道时的利润；反之，当追随者处理商自身获益能力较高（如 $\Delta_2 \geqslant 30$）或领导者处理商获益能力较低时（如 $\Delta_1 = 5$ 或 10，此时 $\Delta_2 = 15$），追随者处理商 II 选择直接回收渠道所得到的利润大于选择间接回收渠道所得的利润。

表 4.1　β和 Δ_2 变动下追随者 SC2 的最优策略

β	Δ_2	DD			DC			CD			CC		
		p	q	profit	P	q	profit	p	q	profit	p	q	profit
0.1	5	0.73	1.42	6.09	2.16	2.84	8.08	1.03	1.32	5.26	2.35	2.65	7.00
	10	1.98	2.67	21.42	4.67	5.33	28.44	2.28	2.57	19.86	4.86	5.14	26.41
	15	3.24	3.92	46.09	7.18	7.82	61.21	3.54	3.82	43.81	7.37	7.63	58.26
	30	7.01	7.66	176.14	14.70	15.30	233.95	7.30	7.57	171.76	14.89	15.11	228.42
	40	9.53	10.16	309.53	19.72	20.28	411.14	9.81	10.06	303.82	19.90	20.10	404.06
0.3	5	1.19	1.27	4.84	2.52	2.48	6.17	2.08	0.97	2.83	3.09	1.91	3.63
	10	2.51	2.50	18.71	5.10	4.90	23.97	3.38	2.21	14.61	5.65	4.35	18.90
	15	3.83	3.72	41.62	7.69	7.31	53.41	4.68	3.44	35.53	8.21	6.79	46.09
	30	7.78	7.41	164.59	15.46	14.54	211.49	8.56	7.15	153.21	15.89	14.11	199.15
	40	10.41	9.86	291.76	20.63	19.37	375.05	11.15	9.62	277.41	21.01	18.99	360.78
0.5	5	1.65	1.12	3.75	2.94	2.06	4.25	3.14	0.62	1.15	3.88	1.13	1.27
	10	3.11	2.30	15.81	5.71	4.29	18.44	4.53	1.82	9.96	6.55	3.45	11.88
	15	4.58	3.47	36.20	8.47	6.53	42.60	5.93	3.02	27.43	9.23	5.77	33.27
	30	8.98	7.01	147.30	16.78	13.22	174.85	10.11	6.63	131.86	17.27	12.73	162.11
	40	11.91	9.36	263.00	22.31	17.69	312.85	12.90	9.03	244.82	22.63	17.38	301.89

续表

β	Δ_2	DD			DC			CD			CC		
		p	q	profit	P	q	profit	p	q	profit	p	q	profit
0.7	5	2.06	0.98	2.87	3.45	1.55	2.40	4.17	0.28	0.23	4.72	0.28	0.08
	10	3.86	2.05	12.57	6.56	3.44	11.83	5.78	1.41	5.93	7.62	2.38	5.65
	15	5.65	3.12	29.12	9.67	5.33	28.43	7.39	2.54	19.28	10.53	4.47	19.99
	30	11.04	6.32	119.86	18.99	11.01	121.14	12.23	5.92	105.22	19.25	10.75	115.65
	40	14.63	8.46	214.59	25.21	14.79	218.72	15.46	8.18	200.74	25.06	14.94	223.29
0.9	5	2.32	0.89	2.39	4.14	0.86	0.74	5.09	N/A	0.00	5.68	N/A	N/A
	10	5.02	1.66	8.26	7.92	2.08	4.34	7.31	0.90	2.42	9.03	0.97	0.94
	15	7.72	2.43	17.65	11.69	3.31	10.93	9.52	1.83	9.99	12.38	2.62	6.87
	30	15.83	4.72	66.96	23.02	6.98	48.68	16.18	4.61	63.70	22.43	7.57	57.28
	40	21.23	6.26	117.45	30.58	9.42	88.83	20.61	6.46	125.31	29.13	10.87	118.08

注：p 表示回收价，q 表示回收量，profit 表示处理商利润，N/A 表示不回收，下同。

表 4.2 β和 Δ₁ 变动下追随者 SC2 的最优策略

β	Δ₁	DD			DC			CD			CC		
		p	q	profit	P	q	profit	p	q	profit	p	q	profit
0.1	5	3.05	3.98	47.57	7.05	7.95	63.18	3.16	3.95	46.72	7.12	7.88	62.13
	10	3.15	3.95	46.82	7.11	7.89	62.19	3.35	3.88	45.25	7.24	7.76	60.18
	15	3.24	3.92	46.09	7.18	7.82	61.21	3.54	3.82	43.81	7.37	7.63	58.26
	30	3.52	3.83	43.91	7.36	7.64	58.31	4.10	3.63	39.61	7.74	7.26	52.67
	40	3.71	3.76	42.49	7.49	7.51	56.42	4.47	3.51	36.94	7.99	7.01	49.11
0.3	5	3.26	3.91	45.92	7.32	7.68	59.03	3.55	3.82	43.70	7.46	7.54	56.83
	10	3.54	3.82	43.74	7.50	7.50	56.18	4.11	3.63	39.51	7.84	7.16	51.32
	15	3.83	3.72	41.62	7.69	7.31	53.41	4.68	3.44	35.53	8.21	6.79	46.09
	30	4.67	3.44	35.57	8.25	6.75	45.50	6.36	2.88	24.87	9.34	5.66	32.08
	40	5.23	3.26	31.81	8.63	6.37	40.58	7.49	2.50	18.81	10.09	4.91	24.14
0.5	5	3.64	3.79	43.00	7.85	7.15	51.15	4.05	3.65	39.95	7.98	7.02	49.25
	10	4.11	3.63	39.53	8.16	6.84	46.78	4.99	3.34	33.40	8.61	6.39	40.87
	15	4.58	3.47	36.20	8.47	6.53	42.60	5.93	3.02	27.43	9.23	5.77	33.27
	30	5.99	3.00	27.09	9.41	5.59	31.24	8.74	2.09	13.06	11.11	3.89	15.15
	40	6.92	2.69	21.75	10.04	4.96	24.64	10.62	1.46	6.41	12.36	2.64	6.98

续表

β	Δ₁	DD			DC			CD			CC		
		p	q	profit	P	q	profit	p	q	profit	p	q	profit
0.7	5	4.34	3.55	37.87	8.79	6.21	38.52	4.77	3.41	34.89	8.78	6.22	38.70
	10	5.00	3.33	33.35	9.23	5.77	33.28	6.08	2.97	26.51	9.65	5.35	28.58
	15	5.65	3.12	29.12	9.67	5.33	28.43	7.39	2.54	19.28	10.53	4.47	19.99
	30	7.62	2.46	18.14	10.98	4.02	16.15	11.33	1.22	4.49	13.15	1.85	3.41
	40	8.93	2.02	12.26	11.86	3.14	9.88	13.96	0.35	0.36	14.90	0.10	0.01
0.9	5	6.04	2.99	26.78	10.57	4.43	19.64	6.15	2.95	26.11	10.13	4.87	23.72
	10	6.88	2.71	21.98	11.13	3.87	14.97	7.84	2.39	17.10	11.25	3.75	14.03
	15	7.72	2.43	17.65	11.69	3.31	10.93	9.52	1.83	9.99	12.38	2.62	6.87
	30	10.26	1.58	7.50	13.38	1.62	2.62	14.59	0.14	0.06	15.75	N/A	N/A
	40	11.94	1.02	3.12	14.51	0.49	0.24	17.96	N/A	N/A	18.00	N/A	N/A

注: p表示回收价, q表示回收量, profit表示处理商利润, N/A表示不回收, 下同。

若领导者供应链上处理商选择直接回收渠道，当回收竞争系数 β 较小时（如 $0 < \beta < 0.9$），追随者处理商Ⅱ采用直接回收渠道时的利润，大于选择间接回收渠道时的利润。当回收竞争系数较高时（$0.9 \leqslant \beta < 1$），如果追随者处理商自身获益能力很低（如 $\Delta_2 = 5$）或者领导者处理商获益能力很大，则追随者处理商最优回收量降低为零，即追随者处理商选择不回收；如果追随者处理商自身获益能力稍高（如 $10 \leqslant \Delta_2 \leqslant 40$），则追随者处理商Ⅱ选择间接回收渠道时的利润大于选择直接回收渠道时的利润。

由表4.3和表4.4可知，不论追随者供应链上处理商Ⅱ选择直接回收还是间接回收渠道，领导者供应链上处理商Ⅰ采用直接回收渠道时的利润总是高于选择间接回收渠道的利润，即领导者供应链处理商的回收渠道选择不受双方获益能力的影响，直接回收渠道总是领导者处理商的占优策略。在 DC 和 CC 模式下可以发现，当回收市场竞争较激烈（$0.7 \leqslant \beta$）且领导者供应链处理商自身的获益能力较低时（如 $\Delta_1 = 5$ 此时 $\Delta_2 = 15$）或者当追随者供应链处理商Ⅱ的获益能力特别大时（如 $\Delta_2 = 40$），领导者处理商的回收量为零，此时领导者处理商选择不回收。

综上所述可得如下结论：

结论5：随着回收竞争系数的增大，处理商回收价逐渐增大，回收量和利润均减少；处理商获益能力的提高有益于自身回收价、回收量和利润的提高，而竞争对手获益能力对于自身的回收价、回收量和利润也会产生影响。

结论5表明，较为激烈的回收市场竞争不利于电子废弃物的回收，因为回收竞争性较高时，处理商会陷于激烈的价格竞争，不利于处理商回收量和利润的提高，反而降低处理商参与回收的积极性。当处理商通过回收处理可以得到较高收益时，处理商会积极投身废弃物的回收处理，提高回收价以获取更多的回收量，同时利润也相应提高。此外，当竞争对手的获益能力相对较高时，会加剧回收的竞争性，此时回收价提高，回收量和利润则降低，不利于自身参与废弃物的回收处理。

该结论在一定程度上可以解释现实回收市场中正规处理企业与走街串巷的小商贩和不正规的处理小作坊回收处理竞争时处于劣势的原因。正规处理企业由于需要对回收的电子废弃物进行环保处理，需要承担较高的处理成本，使正规处理企业的获益能力相对有限，而不正规的小作坊对回收的电子废弃物处理方式简单，以人工拆解为主，且处理后的废弃物余料只经过简易的掩埋、焚烧处理，处理成本较低，获益能力相对高于正规处理企业，使不正规的小作坊在与正规处理企业回收处理时获得一定的竞争优势。

表 4.3　β 和 Δ₁ 变动下领导者 SC1 的最优策略

β	Δ₁	DD			DC			CD			CC		
		p	q	profit	p	q	profit	p	q	profit	p	q	profit
0.1	5	0.72	1.42	6.06	1.02	1.32	5.24	2.15	2.83	8.08	2.35	2.64	6.99
	10	1.97	2.66	21.33	2.27	2.56	19.80	4.65	5.31	28.44	4.85	5.13	26.40
	15	3.22	3.90	45.90	3.52	3.81	43.68	7.15	7.79	61.20	7.35	7.61	58.24
	30	6.97	7.62	175.45	7.27	7.54	171.30	14.65	15.24	233.94	14.85	15.08	228.40
	40	9.47	10.10	308.34	9.77	10.03	303.02	19.65	20.20	411.12	19.85	20.05	404.02
0.3	5	1.17	1.19	4.56	2.11	0.92	2.65	2.45	2.38	6.08	3.08	1.84	3.54
	10	2.42	2.36	17.86	3.36	2.11	14.02	4.95	4.71	23.82	5.58	4.23	18.69
	15	3.67	3.52	39.90	4.61	3.31	34.34	7.45	7.04	53.21	8.08	6.61	45.79
	30	7.42	7.02	158.49	8.36	6.89	149.02	14.95	14.04	211.32	15.58	13.78	198.69
	40	9.92	9.35	281.25	10.86	9.28	270.24	19.95	18.70	375.00	20.58	18.55	360.32
0.5	5	1.71	0.89	2.93	3.39	0.47	0.75	2.81	1.78	3.91	3.93	0.94	1.00
	10	2.96	1.91	13.42	4.64	1.56	8.37	5.31	3.81	17.89	6.43	3.13	11.16
	15	4.21	2.92	31.52	5.89	2.66	24.19	7.81	5.84	42.03	8.93	5.31	32.25
	30	7.96	5.97	131.54	9.64	5.94	120.87	15.31	11.94	175.39	16.43	11.88	161.16
	40	10.46	8.00	236.31	12.14	8.13	226.34	20.31	16.00	315.08	21.43	16.25	301.79

续表

β	Δ_1	DD			DC			CD			CC		
		p	q	profit	P	q	profit	p	q	profit	p	q	profit
0.7	5	2.55	0.52	1.26	5.12	N/A	0.00	3.37	1.03	1.68	5.08	N/A	N/A
	10	3.80	1.31	8.09	6.37	0.91	3.31	5.87	2.61	10.79	7.58	1.83	4.41
	15	5.05	2.10	20.85	7.62	1.86	13.69	8.37	4.19	27.81	10.08	3.71	18.26
	30	8.80	4.47	94.72	11.37	4.69	87.31	15.87	8.94	126.29	17.58	9.38	116.41
	40	11.30	6.05	173.61	13.87	6.58	171.78	20.87	12.10	231.48	22.58	13.15	229.04
0.9	5	4.50	0.07	0.03	7.93	N/A	1.70	4.67	0.13	0.04	6.95	N/A	N/A
	10	5.75	0.56	2.36	9.18	0.16	0.13	7.17	1.11	3.15	9.45	0.33	0.18
	15	7.00	1.05	8.38	10.43	0.91	4.14	9.67	2.09	11.17	11.95	1.81	5.52
	30	10.75	2.52	48.49	14.18	3.14	49.63	17.17	5.04	64.65	19.45	6.28	66.18
	40	13.25	3.50	93.63	16.68	4.63	107.85	22.17	7.00	124.84	24.45	9.25	143.80

注：p 表示回收价，q 表示回收量，profit 表示处理商利润，N/A 表示不回收，下同。

表 4.4

β 和 Δ_2 变动下领导者 SC1 的最优策略

β	Δ_2	DD			DC			CD			CC		
		p	q	profit	P	q	profit	p	q	profit	p	q	profit
0.1	5	3.03	3.96	47.39	3.15	3.93	46.60	7.02	7.92	63.18	7.10	7.86	62.13
	10	3.13	3.93	46.64	3.34	3.87	45.13	7.08	7.86	62.19	7.22	7.74	60.17
	15	3.22	3.90	45.90	3.52	3.81	43.68	7.15	7.79	61.20	7.35	7.61	58.24
	30	3.50	3.80	43.72	4.09	3.62	39.48	7.34	7.61	58.29	7.73	7.24	52.64
	40	3.69	3.74	42.29	4.47	3.49	36.80	7.46	7.48	56.39	7.98	6.99	49.07
0.3	5	3.07	3.71	44.27	3.44	3.68	42.57	7.04	7.42	59.02	7.29	7.36	56.76
	10	3.37	3.62	42.06	4.02	3.49	38.34	7.25	7.23	56.08	7.68	6.99	51.13
	15	3.67	3.52	39.90	4.61	3.31	34.34	7.45	7.04	53.21	8.08	6.61	45.79
	30	4.57	3.24	33.79	6.38	2.74	23.65	8.05	6.48	45.05	9.25	5.49	31.53
	40	5.18	3.05	29.99	7.56	2.37	17.63	8.45	6.11	39.99	10.04	4.74	23.50
0.5	5	3.06	3.23	38.63	3.75	3.28	36.91	7.04	6.47	51.50	7.50	6.56	49.22
	10	3.63	3.08	34.98	4.82	2.97	30.22	7.42	6.16	46.65	8.21	5.94	40.29
	15	4.21	2.92	31.52	5.89	2.66	24.19	7.81	5.84	42.03	8.93	5.31	32.25
	30	5.94	2.45	22.22	9.11	1.72	10.13	8.96	4.91	29.63	11.07	3.44	13.50
	40	7.10	2.14	16.92	11.25	1.09	4.10	9.73	4.28	22.56	12.50	2.19	5.47

续表

β	Δ_2	DD			DC			CD			CC		
		p	q	profit	P	q	profit	p	q	profit	p	q	profit
0.7	5	2.98	2.53	30.47	4.15	2.73	29.64	6.99	5.07	40.62	7.76	5.46	39.52
	10	4.02	2.32	25.43	5.89	2.29	20.91	7.68	4.63	33.91	8.92	4.59	27.87
	15	5.05	2.10	20.85	7.62	1.86	13.69	8.37	4.19	27.81	10.08	3.71	18.26
	30	8.17	1.44	9.84	12.84	0.54	1.17	10.44	2.88	13.13	13.56	1.09	1.57
	40	10.24	1.00	4.77	16.32	-0.33	0.44	11.83	2.01	6.36	15.88	N/A	N/A
0.9	5	2.70	1.61	19.80	4.76	2.03	20.80	6.80	3.22	26.40	8.17	4.06	27.74
	10	4.85	1.33	13.48	7.59	1.47	10.88	8.23	2.66	17.98	10.06	2.94	14.50
	15	7.00	1.05	8.38	10.43	0.91	4.14	9.67	2.09	11.17	11.95	1.81	5.52
	30	13.45	0.20	0.32	18.94	N/A	N/A	13.96	0.41	0.42	17.63	N/A	N/A
	40	17.75	N/A	N/A	24.61	N/A	N/A	16.83	N/A	N/A	21.41	N/A	N/A

注：p 表示回收价，q 表示回收量，profit 表示处理商利润，N/A 表示不回收，下同。

结论6：不管追随者供应链上处理商选择直接回收还是间接回收，直接回收渠道是领导者供应链上处理商的占优策略，领导者处理商和追随者处理商的获益能力及回收竞争系数并不影响领导者处理商的渠道选择决策。

由结论6可知，领导者处理商的渠道决策不受回收竞争系数及自身和竞争对手获益能力的影响。此现象可以解释为，由于处于领导地位的处理商具有先动优势，可以依据追随者处理商的反应通过优先定价来选择对自己回收处理最有利的决策。

结论7：在领导者供应链上处理商选择间接回收的情形下，若市场竞争程度较低，则追随者处理商直接回收时的利润大于间接回收的利润；若市场竞争程度较高且追随者处理商自身获益能力比领导者处理商更小（或领导者处理商获益能力较强），则追随者处理商间接回收时的利润大于直接回收的利润；若当竞争程度特别高，则追随者供应链选择分散决策可以获得更多的收益。在领导者供应链上处理商选择直接回收的情形下，若市场竞争程度较低，则追随者处理商直接回收时的利润大于间接回收时的利润；若市场竞争程度较高，则追随者处理商的回收渠道决策受自身获益能力和竞争对手获益能力的影响。

由结论7可知，不论领导者处理商选择直接回收还是间接回收，当回收市场竞争程度较低时，追随者处理商会选择直接回收渠道，当市场竞争程度较高时，追随者处理商的回收渠道决策还受双方获益能力的影响。当追随者自身获益能力较小时，在领导者处理商选择间接回收渠道的情形下，追随者会采用间接回收渠道，这是因为直接回收时与领导者处理商的回收价格竞争会更激烈，而追随者自身获益能力不足，相比间接回收渠道无法从激烈的竞争中获得更多收益。追随者获益能力较大时的情形与上述相似。

综合结论6和结论7还可得出以下结论：

结论8：当回收市场竞争程度较小时，CC模式是电子废弃物回收处理逆向供应链间对称信息博弈的均衡解；当回收市场竞争程度较大时，链间博弈均衡受领导者处理商和追随者处理商相对获益能力的影响。

当加入双方获益能力，分析市场竞争程度和双方获益能力差异对回收决策的影响时，所得结果与结论3不同。市场竞争程度较小时，CC模式是链间博弈的帕累托均衡；市场竞争程度较大时，链间博弈均衡会演变为CD模式或CC模式。结合结论8可知，当回收市场竞争程度较小时，双方获益能力的差异不影响领导者处理商和追随者处理商的回收渠道决策；当回收市场竞争程度较大时，获益能力差异会对双方的回收决策产生影响。

4.2.4 双链竞争与单链回收的比较分析

在4.2.3节的分析中，我们假定市场中存在着两条相互竞争的逆向供应链共同回收电子废弃物。然而在现实中，"大鱼吃小鱼"或竞争弱势方自动退出竞争市场的竞争结局屡见不鲜。对应于双链竞争的电子废弃物回收市场，若某一供应链占据有持续的竞争优势，则电子废弃物回收将由双链竞争演变为单链垄断。那么在单链回收情形下，各参与主体的决策行为会发生哪些变化，新的均衡状态对电子废弃物的回收效率有何影响，政府监管部门如何应对市场竞争形势的变化？这些问题是本节讨论的主要内容。

1. 问题描述和模型建立与求解

本节以 DD 模式为例进行讨论。假设逆向供应链 SC1 在与 SC2 的竞争中占据优势，SC2 被淘汰出局，此时市场中只有 SC1 负责电子废弃物的回收。因缺少 SC2 的竞争，则回收量函数变为：$Q = a + p$，处理商和回收商利润函数相应变化为 $\pi_M = (A - w - c)Q$，$\pi_R = (w - p)Q$，其他假设与4.1节相同。

求解该博弈模型，由逆向归纳法可求得新的均衡解为：

$$w^* = \frac{A - c - a}{2}, \quad p^* = \frac{A - c - 3a}{4}。$$

于是可得到单链回收情形下的最优回收量及处理商和回收商的均衡利润。

2. 数值仿真与分析

为便于直观比较双链竞争与单链回收时各决策主体的最优回收量和利润，将通过数值仿真的方式进行对比分析。各参数初始设值与4.2.4节相同，仿真结果如图4.16、图4.17和图4.18所示。

由图4.16可以发现，与单链回收情形相比，双链竞争下领导者 SC1 的回收价格始终高于单链情形，这是由于 SC1 受到追随者 SC2 竞争的影响。当市场竞争系数较小时，SC2 的回收价小于单链情形，而当市场竞争系数较大时，由于回收竞争加剧，SC2 的回收价也高于单链回收情形。比较可知，电子废弃物回收在双链竞争下于消费者更有益，消费者可以获得更高的回收价。

由图4.17可知，当回收竞争系数较小时，双链竞争情形时的回收量高于单链垄断情形；当竞争系数很高时，双链竞争情形的回收量小于单链情形，这种情况是由于竞争系数很高时，双方回收主体会陷入激烈的价格竞争，阻碍了双方电子废弃物的回收行为。对于政府监管者而言，为了获得最

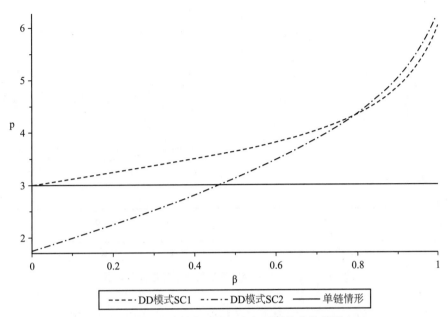

图 4.16　回收价格随市场竞争系数的变化趋势

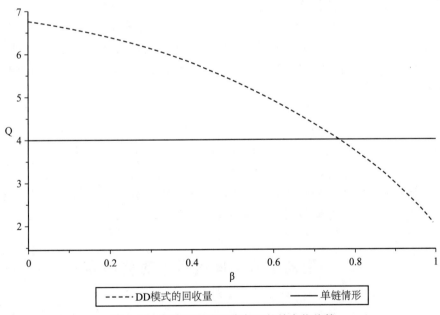

图 4.17　回收量随市场竞争系数的变化趋势

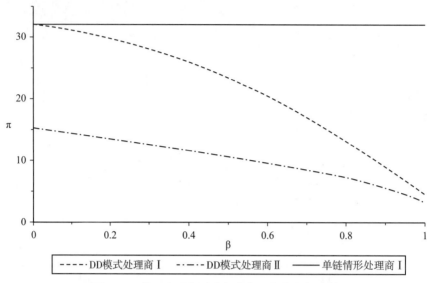

图 4.18　处理商利润随市场竞争系数的变化趋势

大的电子废弃物回收量，实现更高的环保效益，应当鼓励电子废弃物被多渠道回收，既让电子废弃物回收市场保持适当的竞争性，又应当注意避免各回收主体间陷入激烈的价格竞争。

由图 4.18 可知，处理商在单链回收时的利润始终高于双链竞争回收情形的利润，这是由单链回收的垄断地位决定的。由此也说明了双链竞争型逆向供应链中具有竞争优势的领导者具有扩大竞争优势将竞争对手淘汰出局的动机。

综上所述，双链竞争回收情形下，各逆向供应链中具有获取垄断回收地位、攫取更多利润的动机。当回收市场竞争程度较低时，单链回收情形的回收量小于双链竞争回收情形，实施双链回收可以实现更大的环保效益，同时消费者也可以从双链回收竞争中获得更多收益。该结论从某种程度上也证实了政府鼓励电子废弃物开展多渠道回收的正确性。同时，监管部门还应当注意规范回收市场，避免各回收主体陷入恶性竞争中。

4.3　逆向供应链间信息不对称博弈

4.2 节讨论了信息对称情况下的电子废弃物回收供应链间竞争博弈问题，然而在现实中回收供应链间往往存在着利益冲突，致使回收处理参与主体间很难共享所有信息，如处理成本信息、处理所得收益信息等，即逆向供应链间的信息通常是不对称的。本节将通过建立链间贝叶斯博弈模型来分析信息不对称情况下电子废弃物回收供应链间的竞争博弈问题。

4.3.1　问题描述与假设

本节所研究的链间信息不对称博弈问题与 4.2 节所研究的对称信息博弈问题相似，在电子废弃物回收处理系统中也存在着两个层面的博弈，即链间博弈与链上博弈。

假设逆向供应链 SC1 作为领导者先决策，追随者 SC2 根据 SC1 的决策来确定自己的最优策略，不同的是逆向供应链间是不对称信息的 Stackelberg 博弈。

在电子废弃物竞争性回收处理市场中，作为领导者的逆向供应链往往会成为其竞争对手追逐的标杆，竞争对手会紧盯领导者的优势技术或资源，千方百计通过各种方式以掌握领导者的各方面信息，从而谋求实现超越。因此，假设追随者 SC2 对两条逆向供应链的处理成本信息拥有完全的知识，而领导者 SC1 对 SC2 的处理成本信息缺乏了解，但知道 $c_2^* = rc_2(r>0)$，其中 c_2^* 是 SC1 对 SC2 实际处理成本 c_2 的预测值，可知，$r = 1$ 表示 SC1 可以准确知晓 SC2 的成本。

在逆向供应链内部，与 4.1 节相同，假设处理商为领导者，回收商为追随者，且处理商和回收商对彼此的策略空间和策略组合下的支付函数拥有完全的知识，即逆向供应链内是对称信息的 Stackelberg 博弈。

在策略选择上，与对称信息博弈相同，也存在着 DD 模式、DC 模式、CD 模式和 CC 模式四种情况。接下来分别讨论这四种模式的决策情况。

4.3.2　模型建立与求解

1. DD 模式下的博弈模型与求解

当两条供应链上处于领导者地位的处理商都选择分散决策模式时，对于每条逆向供应链，由于处理商为链内领导者，回收商为追随者，所以存在着链间不对称信息动态博弈和链内对称信息动态博弈两种情况。采用逆向归纳法求解此 Stackelberg 博弈问题，首先分析追随者 SC2 链内动态博弈情况。追随者 SC2 的链内动态博弈过程与 4.2 节的对称信息博弈相似，可得

$$w_2^{ADD} = \frac{(A_2 - c_2) - (a - \beta p_1^{ADD})}{2} \tag{4.32}$$

$$p_2^{ADD} = \frac{(A_2 - c_2) - 3(a - \beta p_1^{ADD})}{4} \tag{4.33}$$

其中，上标 A 表示不对称信息 Stackelberg。

继续分析领导者 SC1 的链内博弈情况，与追随者 SC2 的链内博弈类似，SC1 可以预测，若自己选择了 p_1^{ADD}，则追随者 SC2 将根据 p_1^{ADD} 来决定自己的回收价 p_2^{ADD}，同时，领导者 SC1 对 SC2 的处理成本缺乏了解，只知道 $c_2^* = rc_2$。将式（4.33）代入，采用逆向归纳法求解。先分析回收商的决策情况，

$$\pi_{R_1}^{ADD} = \left(p_1^{ADD} - w_1^{ADD}\right)\left(a + p_1^{ADD} - \beta \frac{(A_2 - rc_2) - 3(a - \beta p_1^{ADD})}{4}\right) \qquad (4.34)$$

容易验证式（4.34）是关于 p_1^{ADD} 的凹函数，由一阶条件可求得

$$p_1^{ADD} = \frac{w_1^{ADD}}{2} - \frac{4a - \beta(A_2 - rc_2) + 3\beta a}{2(4 - 3\beta^2)} \qquad (4.35)$$

再分析处理商的决策，对于处理商 I，其决策情况可描述为：

$$\pi_{M_1}^{ADD} = (A_1 - w_1^{ADD} - c_1)(a + p_1^{ADD} - \beta p_2^{ADD}) \qquad (4.36)$$

将式（4.33）和式（4.35）代入式（4.36）中，根据一阶条件可得到回购价的最优解为：

$$w_1^{ADD} = \frac{(4 - 3\beta^2)(A_1 - c_1) - (4a - \beta(A_2 - rc_2) + 3\beta a)}{2(4 - 3\beta^2)} \qquad (4.37)$$

将式（4.37）代入式（4.35）中，可得 SC1 的最优回收价为：

$$p_1^{*ADD} = \frac{(4 - 3\beta^2)(A_1 - c_1) - 3(4a - \beta(A_2 - rc_2) + 3\beta a)}{4(4 - 3\beta^2)} \qquad (4.38)$$

将式（4.32）、式（4.33）、式（4.37）、式（4.38）代入相应决策函数，可得各决策变量的最优解。

2. DC 模式下的博弈模型与求解

在该模式下，领导者逆向供应链选择分散决策，追随者逆向供应链选择与回收商达成战略联盟的集中决策模式。具体求解过程与 DD 模式类似，不同的是，此时追随者逆向供应链 SC2 以整条逆向供应链利润最大化为目标做出决策。由 SC2 决策可得

$$p_2^{ADC} = \frac{(A_2 - c_2) - (a - \beta p_1^{ADC})}{2} \qquad (4.39)$$

领导者 SC1 根据 p_2^{ADC}（p_1^{ADC}）做出最优决策，采用逆向归纳法求解，先分析逆向供应链 SC1 中回收商的决策情况，其利润最大化问题为：

$$\pi_{R_1}^{ADC} = (p_1^{ADC} - w_1^{ADC})\left(a + p_1^{ADC} - \beta \frac{(A_2 - rc_2) - (a - \beta p_1^{ADC})}{2}\right) \qquad (4.40)$$

易证得式（4.40）是关于 p_1^{ADC} 的凹函数，由一阶条件可求得 SC1 回收商的最优反应函数

$$p_1^{ADC} = \frac{w_1^{ADC}}{2} - \frac{2a - \beta(A_2 - rc_2) + \beta a}{2(2 - \beta^2)} \tag{4.41}$$

再分析逆向供应链 SC1 中处理商的决策情形，其利润最大化问题可描述为：

$$\pi_{M_1}^{ADC} = (A_1 - w_1^{ADC} - c_1)(a + p_1^{ADC} - \beta p_2^{ADC}) \tag{4.42}$$

将式（4.42）代入，于是根据一阶条件得到回购价最优解为：

$$w_1^{ADC} = \frac{(2 - \beta^2)(A_1 - c_1) - (2a - \beta(A_2 - rc_2) + \beta a)}{2(2 - \beta^2)} \tag{4.43}$$

将式（4.43）代入式（4.41）中，可得 SC1 最优回收价为：

$$p_1^{*ADC} = \frac{(2 - \beta^2)(A_1 - c_1) - 3(2a - \beta(A_2 - rc_2) + \beta a)}{4(2 - \beta^2)} \tag{4.44}$$

将式（4.39）、式（4.41）、式（4.43）、式（4.44）代入式（4.13）、式（4.15）可求得领导者 SC1 选择分散决策模式，追随者 SC2 选择集中决策模式时的回收量和利润。

3. CD 模式下的博弈模型与求解

在该模式下，领导者 SC1 选择集中决策模式，追随者 SC2 选择分散决策模式，博弈情形与 DD 模式基本类似，不同之处是，领导者 SC1 以整条逆向供应链利润最大化为目标做出决策。首先分析追随者 SC2 的决策情况，求解过程与对称信息 CD 模式相似，可得

$$w_2^{ACD} = \frac{(A_2 - c_2) - (a - \beta p_1^{ACD})}{2} \tag{4.45}$$

$$p_2^{ACD} = \frac{(A_2 - c_2) - 3(a - \beta p_1^{ACD})}{4} \tag{4.46}$$

至于领导者逆向供应链，SC1 以整条供应链利润最大化为目标，其决策可表述为：

$$\pi_{M_1}^{ACD} = (A_1 - p_1^{ACD} - c_1)\left(a + p_1^{ACD} - \beta\frac{(A_2 - rc_2) - 3(a - \beta p_1^{ACD})}{4}\right) \tag{4.47}$$

由一阶条件，求关于 p_1^{ACD} 的偏导数，可得

$$p_1^{*ACD} = \frac{(4 - 3\beta^2)(A_1 - c_1) - (4a - \beta(A_2 - rc_2) + 3\beta a)}{2(4 - 3\beta^2)} \tag{4.48}$$

将式（4.48）代入可求得 SC1、SC2 各决策变量的最优解。

4. CC 模式下的博弈模型与求解

当两逆向供应链均选择集中决策模式时，SC1 和 SC2 均以整条逆向供应链利润最大化为目标做出决策。此时，仅存在链间不对称信息动态博弈，领

导者 SC1 首先决定回收价 p_1^{ACC}，SC2 根据观察到的 p_1^{ACC} 做出最优反应决定 p_2^{ACC}。首先分析追随者 SC2 的决策，可得

$$p_2^{ACC} = \frac{(A_2 - c_2) - (a - \beta p_1^{ACC})}{2} \qquad (4.49)$$

再分析领导者逆向供应链的决策，SC1 以整条供应链利润最大化为目标，可表示为：

$$\pi_{M_1}^{ACC} = (A_1 - p_1^{ACC} - c_1)\left(a + p_1^{ACC} - \beta \frac{(A_2 - c_2 x) - (a - \beta p_1^{ACC})}{2}\right) \qquad (4.50)$$

进一步可求得最优回收价为：

$$p_1^{*ACC} = \frac{(2 - \beta^2)(A_1 - c_1) - (2a - \beta(A_2 - rc_2) + \beta a)}{2(2 - \beta^2)} \qquad (4.51)$$

将式（4.49）、式（4.51）代入，可求得领导者 SC1 和追随者 SC2 均选择集中决策模式时的回收量和利润。

4.3.3　博弈均衡分析

本节将对四种模式下的博弈均衡进行比较分析。由 4.2.3 节的结论可知，只有当追随者处理商的单位收益远高于领导者处理商时，双方的收益差异才会对追随者处理商的决策产生影响。在现实中处于领导者地位的一方往往具有成本或收益上的优势，因此，本节将重点分析领导者预测准确度 r 和回收市场竞争系数 β 对逆向供应链定价决策的影响，有关参数设值与 4.2.3 节相同。从而，回收价、回收量、利润函数等均衡结果只是关于 r 和 β 的函数。此外，与 4.2 节相似，假设处理商以逆向供应链利润最大化为回收决策的依据。

定理 1：不管追随者 SC2 选择集中还是分散决策模式时，当回收市场竞争系数较小时（$0 < \beta < 0.66$），领导者 SC1 采用集中决策所获得的利润高于采用分散决策时的利润；当竞争系数较高且 SC1 预测偏低时，领导者 SC1 采用分散决策的利润高于集中决策，当 SC1 预测偏高时，领导者 SC1 采用集中决策的利润高于分散决策；领导者 SC1 的回收量和回收价取决于 β 和 r 值。

证明：

（1）当处理商 Ⅱ 选择分散决策时，

回收量比较：

$$Q_1^{ACD} - Q_1^{ADD} = \frac{160 - (135\beta^2 + 11\beta + 25\beta r)}{16}$$

当 $r > \dfrac{160 - 135\beta^2 - 11\beta}{25\beta}$ 时，$Q_1^{ACD} - Q_1^{ADD} < 0$；

当 $0 < r < \dfrac{160 - 135\beta^2 - 11\beta}{25\beta}$ 时，$Q_1^{ACD} - Q_1^{ADD} > 0$。

回收价比较：

$$p_1^{*ACD} - p_1^{*ADD} = \frac{64 - 45\beta^2 - 17\beta + 5\beta r}{4(4 - 3\beta^2)} > 0$$

SC1 利润比较：

$$\pi_{SC_1}^{ACD} - \pi_{SC_1}^{ADD} = \frac{(64 - 45\beta^2 - 17\beta + 5\beta r)(64 - 45\beta^2 - 37\beta + 25\beta r)}{64(4 - 3\beta^2)}$$

当 $0.85 < \beta < 1$，$0 < r < \dfrac{-64 + 45\beta^2 + 37\beta}{25\beta}$ 时，$\pi_{SC_1}^{ACD} - \pi_{SC_1}^{ADD} < 0$，

当 $0.85 < \beta < 1$，$r > \dfrac{-64 + 45\beta^2 + 37\beta}{25\beta}$ 时，$\pi_{SC_1}^{ACD} - \pi_{SC_1}^{ADD} > 0$；

当 $0 < \beta < 0.85$，对任何 $r > 0$，均有 $\pi_{SC_1}^{ACD} - \pi_{SC_1}^{ADD} > 0$。

（2）当处理商 II 选择集中决策时，

回收量比较：

$$Q_1^{ACC} - Q_1^{ADC} = \frac{80 - 45\beta^2 - 17\beta - 25\beta r}{8},$$

当 $0 < r < \dfrac{80 - 45\beta^2 - 17\beta}{25\beta}$ 时，$Q_1^{ACC} - Q_1^{ADC} > 0$；

当 $\dfrac{80 - 45\beta^2 - 17\beta}{25\beta} < r$ 时，$Q_1^{ACC} - Q_1^{ADC} > 0$。

回收价比较：

$$p_1^{*ACC} - p_1^{*ADC} = \frac{32 - 15\beta^2 - 19\beta + 5\beta r}{4(2 - \beta^2)},$$

当 $0 < r < \dfrac{-32 + 15\beta^2 + 19\beta}{5\beta}$ 时，$p_1^{*ACC} - p_1^{*ADC} < 0$；

当 $\dfrac{-32 + 15\beta^2 + 19\beta}{5\beta} < r$ 时，$p_1^{*ACC} - p_1^{*ADC} > 0$。

SC1 利润比较：

$$\pi_{SC_1}^{ACC} - \pi_{SC_1}^{ADC} = \frac{(32 - 15\beta^2 - 19\beta + 5\beta r)(32 - 15\beta^2 - 39\beta + 25\beta r)}{32(2 - \beta^2)}$$

当 $0.66 < \beta < 1$，且 $0 < r < \dfrac{32 - 15\beta^2 - 39\beta}{25\beta}$ 时，$\pi_{SC_1}^{ACC} - \pi_{SC_1}^{ADC} < 0$；

当 $0.66 < \beta < 1$，且 $r > \dfrac{32 - 15\beta^2 - 39\beta}{25\beta}$ 时，$\pi_{SC_1}^{ACC} - \pi_{SC_1}^{ADC} > 0$；

当 $0 < \beta < 0.66$ 时，对任何 $r > 0$，都有 $\pi_{SC_1}^{ACC} - \pi_{SC_1}^{ADC} > 0$。

证毕。

定理2：当领导者供应链上处理商选择分散决策模式，且回收市场竞争

性较大时（0.61 < β < 1），若 SC1 预测偏低，即 r 值较小（0 < r < r_2），则追随者 SC2 选择分散决策时的利润高于选择集中决策时的利润；若领导者 SC1 预测偏高，即 r 值较大（r_2 < r），则追随者 SC2 选择集中决策时的利润高于选择分散决策的利润。当回收市场竞争性较小时（0 < β < 0.61），不管预测准确与否，即对任何 0 < r，SC2 选择集中决策时的利润都高于选择分散决策时的利润。此时，SC2 的回收量取决于 β 和 r 值。

证明：

回收量比较：

$$Q_2^{ADC} - Q_2^{ADD} = \frac{512 - 994\beta^2 + 483\beta^4 - 96\beta + 126\beta^3 - 45\beta^5 + 90\beta^2 r - 75\beta^4 r}{16(2 - \beta^2)(4 - 3\beta^2)}。$$

当 0.91 < β < 1，0 < r < r_1 时，$Q_2^{ADC} - Q_2^{ADD} > 0$；

当 0.91 < β < 1，r_1 < r 时，$Q_2^{ADC} - Q_2^{ADD} < 0$。

其中，$r_1 = \dfrac{-512 + 994\beta^2 - 483\beta^4 + 96\beta - 126\beta^3 + 45\beta^5}{15\beta^2(6 - 5\beta^2)}$

SC2 利润比较：

$$\pi_{SC_2}^{ADC} - \pi_{SC_2}^{ADD} = \frac{A}{256(2 - \beta^2)^2(4 - 3\beta^2)^2}。$$

由于 A 表达式较为复杂，在此不列出。令 A = 0，可得

$$r_2 = \frac{M + N}{15(52 - 84\beta^2 + 33\beta^4)\beta^2},$$

当 0.61 < β < 1 时，$r_2 > 0$；当 0 < β < 0.61 时，$r_2 < 0$。

$$r_3 = \frac{M + Q}{15(52 - 84\beta^2 + 33\beta^4)\beta^2},$$

对于任意 0 < β < 1，$r_3 < 0$。其中，

M = $14044\beta^2 - 5120 + 960\beta - 2148\beta^3 - 405\beta^7 - 12540\beta^4 + 3627\beta^6 + 1620\beta^5$

N = $2048\sqrt{3} - 384\sqrt{3}\beta - 4512\sqrt{3}\beta^2 + 960\sqrt{3}\beta^3 + 3208\sqrt{3}\beta^4 - 744\sqrt{3}\beta^5 - 732\sqrt{3}\beta^6 + 180\sqrt{3}\beta^7$

Q = -N

分析可知 A 是关于 r 的二次方程且开口向上，所以

当 0.61 < β < 1，且 0 < r < r_2 时，$\pi_{M_2}^{ADC} - \pi_{M_2}^{ADD} < 0$，当 0.61 < β < 1，且 r_2 < r 时，$\pi_{M_2}^{ADC} - \pi_{M_2}^{ADD} > 0$；当 0 < β < 0.61 时，对任何 0 < r < 1，有 $\pi_{M_2}^{ADC} - \pi_{M_2}^{ADD} > 0$。证毕。

定理 3：当领导者供应链上处理商选择集中决策模式，且回收市场竞争系数较大（0.66 < β < 1）时，若 SC1 预测偏低，即 r 值较小（0 < r < r_5），则追随者供应链上处理商选择分散决策时的利润高于选择集中决策时的利

润；若 SC1 预测偏高，即 r 值较大（$r_5 < r < 1$），则追随者供应链上处理商选择集中决策时的利润高于选择分散决策时的利润；当产品竞争性较小时（$0 < \beta < 0.66$），不管领导者供应链上处理商预测准确与否，即对任何 $0 < r$，追随者供应链采用集中决策时的利润高于选择分散决策的利润。

证明：

回收量比较：

$$Q_2^{ACC} - Q_2^{ACD} = \frac{193\beta^4 - 438\beta^2 + 256 + 142\beta^3 - 112\beta - 45\beta^5 - 25\beta^4 r + 30\beta^2 r}{8(2 - \beta^2)(4 - 3\beta^2)}。$$

当 $0.93 < \beta < 1$ 且 $0 < r < r_4$ 时，$Q_2^{ACC} - Q_2^{ACD} < 0$；当 $0.93 < \beta < 1$ 且 $r_4 < r$ 时，$Q_2^{ACC} - Q_2^{ACD} > 0$。其中，$r_4 = \dfrac{438\beta^2 - 193\beta^4 - 256 + 112\beta - 142\beta^3 + 45\beta^5}{5\beta^2(6 - 5\beta^2)}$。

处理商利润比较：

$$\pi_{M_2}^{ACC} - \pi_{M_2}^{ACD} = \frac{H}{64(2 - \beta^2)^2(4 - 3\beta^2)^2}。$$

令 $H = 0$，可得

$$r_5 = \frac{C + D}{5(52 - 84\beta^2 + 33\beta^4)\beta^2},$$

当 $0.66 < \beta < 1$ 时，$r_5 > 0$；当 $0 < \beta < 0.66$ 时，$r_5 < 0$；

$$r_6 = \frac{C + E}{5(52 - 84\beta^2 + 33\beta^4)\beta^2} < 0,$$

其中，

$C = 6516\beta^2 - 2560 + 1120\beta - 2436\beta^3 - 405\beta^7 - 5460\beta^4 + 1497\beta^6 + 1740\beta^5$

$D = 1024\sqrt{3} - 448\sqrt{3}\beta - 2272\sqrt{3}\beta^2 + 1040\sqrt{3}\beta^3 + 1624\sqrt{3}\beta^4 - 768\sqrt{3}\beta^5 - 372\sqrt{3}\beta^6 + 180\sqrt{3}\beta^7$

$E = -D$

分析可知 H 是关于 r 的二次方程，且开口向上，所以

当 $0.66 < \beta < 1$，且 $0 < r < r_5$ 时，$\pi_{M_2}^{ADC} - \pi_{M_2}^{ADD} < 0$；

当 $0.66 < \beta < 1$，且 $r_5 < r < 1$ 时，$\pi_{M_2}^{ADC} - \pi_{M_2}^{ADD} > 0$；

当 $0 < \beta < 0.66$ 时，对任何 $0 < r$，有 $\pi_{M_2}^{ADC} - \pi_{M_2}^{ADD} > 0$。

证毕。

4.3.4　数值仿真

进一步通过数值仿真以更加直观的验证上述结论。有关参数设值与 4.2.3 节相同，并取 $r \in [0, 2]$，所得仿真结果如图 4.19 ~ 图 4.22 所示。

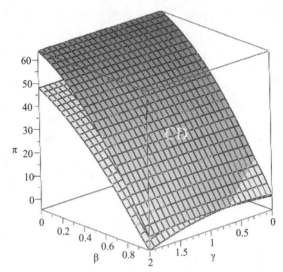

图 4.19 DD 与 CD 模式下领导者供应链 SC1 的利润比较

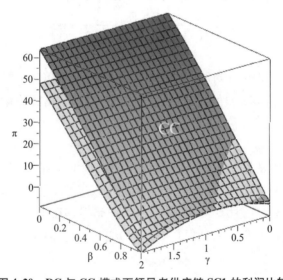

图 4.20 DC 与 CC 模式下领导者供应链 SC1 的利润比较

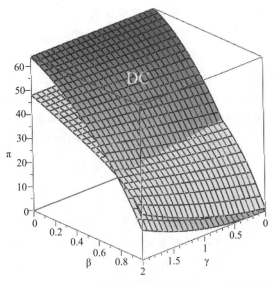

图 4.21 DD 与 DC 模式下追随者供应链 SC2 的利润比较

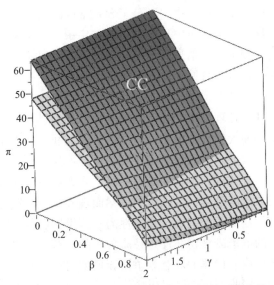

图 4.22 CD 与 CC 模式下追随者 SC2 的利润比较

由图 4.19 和图 4.20 可以发现，当回收市场竞争程度较低时（0 < β < 0.66），不论追随者供应链采取何种决策模式，领导者供应链采取集中决策所获得的利润都高于分散决策所获得的利润。当回收市场竞争程度较高时，若领导者供应链对追随者供应链的处理成本预测偏低，则领导者供应链采取分散化决策的利润高于集中决策时的利润；若当预测偏高，则领导者供应链采取集中决策所获得的利润高于分散决策时的利润。因此，当回收市场竞争

程度较低时，不管追随者逆向供应链采取何种决策模式，领导者供应链选择集中决策是其占优策略，进一步验证了定理1的结论。

由图4.21和图4.22可知，不论领导者供应链选择哪种决策模式，当回收市场竞争程度较低时，追随者供应链选择集中决策是其占优策略；而当回收市场竞争程度较高时，追随者供应链选择何种决策模式取决于领导者供应链对追随者供应链电子废弃物回收处理成本预测的准确程度。

4.4　本章小结

本章运用博弈分析方法研究电子废弃物回收处理参与主体间的竞争合作关系，分别构建并讨论了电子废弃物回收处理的双寡头处理商竞争博弈模型和双逆向供应链竞争博弈模型。在4.1节关于双寡头处理商的竞争博弈研究中，引入了技术创新因素，并分析了创新溢出率、回收市场竞争程度、自愿返还数量等因素对双寡头竞争处理商博弈均衡的影响。在4.2节和4.3节关于双逆向供应链竞争博弈研究中，区分了Stackelberg博弈下的链间分散—分散决策、分散—集中决策、集中—分散决策和集中—集中决策四种模式，以及提出了对称信息和不对称信息两个前提假设，重点讨论了回收市场竞争强度、处理商成本收益以及自愿返还数量等因素对处理商和回收商之间的竞争合作关系的影响。

本章研究是基于处理商占回收市场的主导地位而且其电子废弃物回收处理业务有利可图的前提假设，但是该假设目前还与我国的电子废弃物回收处理实践不太吻合，类似这样的超越实践发展的理论探讨，其理论价值和实践导向也就见仁见智。此外，本章的研究在以下几方面也存在理论局限：假设电子废弃物的回收量函数是线性确定的，然而现实中电子废弃物的回收量受众多因素影响，往往是不确定的，非线性的；假设回收的电子废弃物是同质的，然而现实中的电子废弃物往往是品质各异的，存在诸多不确定性，回收处理也不能一概而论；构建的双链竞争博弈模型讨论的是非重叠的逆向供应链，而现实中一个回收商可能同时供应多个处理商，每个处理商又同时从多个回收商回收电子废弃物。建议今后的研究可以针对电子废弃物回收处理参与主体间的竞争博弈，开展更全面深入的探讨。

第5章

非正规回收主体与政府的博弈分析

　　随着科学技术日新月异，全球电子产品日益增多，电子产品销量最高的是信息技术产品和电信设备。电子产品的广泛应用加速了产品报废率，而电子废弃物中往往潜含镉等有害化学物质，若不将其稳妥回收和环保处理，将导致可利用资源的浪费和环境的二次污染。因此，对电子废弃物回收渠道进行高效管理和深度研究显得尤为重要。目前大多数电子废弃物回收处理方面的研究都是针对处理商、再制造商、生产商和销售商等对象，然而我国电子废弃物大多数情况下是由有限理性的非正规回收商通过非正规回收渠道进行回收的。而非正规回收渠道的回收主体主要包括个体户、小商贩、非法拆解户、拾荒者等，回收主体中部分是业余从事电子废弃物回收工作的，部分是从事其他废弃物回收工作但也包括了电子废弃物回收的，还有一部分是专业从事电子废弃物回收工作的，把上述触及非正规回收渠道的回收主体统称为非正规回收商。本章针对我国非正规回收渠道的监管问题，使用演化博弈的方法对政府的监管策略和非正规回收商的回收行为进行数学建模和数值仿真，旨在为我国回收渠道优化提出一些科学的建议。

5.1　非正规回收商与政府的演化博弈

5.1.1　演化博弈模型的构建

1. 基本假设与符号说明

　　假设政府对非正规回收商的监管具有两种策略，其策略空间 $s_1 = ($ 监管，不监管 $)$，其采用"监管"策略的概率为 Y，则采用"不监管"策略的概率为 $1 - Y$。假设非正规回收商有两种回收策略，其策略空间 $s_2 = ($ 转型，不转型），其采用"转型"策略的概率为 X，则采用"不转型"策略的概率为 1 - X。其中，政府的"监管"策略主要是指政府对所有非正规回收商实行监管；而"不监管"策略是指政府对所有非正规回收商不实施监管；非正规回收商的"转型"策略是指非正规回收商选择转型成为符合法律规定的回收商；而"不转型"策略是指非正规回收商仍按原有回收模式回收。

假定博弈双方具有有限理性，具体参数假设和基本解释如下：R_1：转型收入，即非正规回收商选择正规回收渠道回收时得到的合法收入；R_2：不转型收入，即非正规回收商选择非正规回收渠道回收时得到的收入；R_3：非正规回收商选择正规回收渠道回收或政府选择"监管"策略时，政府得到的社会效益；R_4：非正规回收商选择正规回收渠道回收时，政府给予的补贴；p：非正规回收商选择非正规回收渠道回收时被管制的风险系数；C_0：非正规回收商在政府监管下可能造成的风险；C_1：非正规回收商回收电子废弃物的成本；C_2：监管成本，即政府进行监管时付出的成本；C_3：污染治理成本，即政府采取"不监管"策略或非正规回收商选择非正规回收渠道回收时，政府付出的成本。

综合上述模型假设与符号说明，可以得到非正规回收商与政府的收益结果如表 5.1 所示。

表 5.1　　　　　　　　　非正规回收商与政府的收益矩阵

非正规回收商	政府	
	监管	不监管
转型	$(-C_2 + R_3 - R_4,\ -C_1 + R_1 + R_4)$	$(R_3,\ -C_1 + R_1)$
不转型	$(-C_2 - C_3 + R_3 + pC_0,\ -C_1 - pC_0 + R_2)$	$(-C_3,\ -C_1 + R_2)$

2. 演化博弈模型的建立

根据上述假设和收益矩阵，可得政府对非正规回收商回收处理采用"监管"策略、"不监管"策略以及混合策略的期望收益分别为：

$$E_{GY} = X(C_3 - R_4 - pC_0) - C_2 - C_3 + R_3 + pC_0$$
$$E_{GN} = X(C_3 + R_3) - C_3$$
$$\overline{E_G} = -YXU - Y(C_2 - pC_0) + X(R_3 + C_3) - C_3$$

其中 $U = R_3 + R_4 + pC_0$。

则政府策略的复制动态方程为：

$$\frac{dY}{dt} = Y(1 - Y)(R_3 + pC_0 - C_2 - XU) \tag{5.1}$$

同理可得，非正规回收商采用"转型"策略、"不转型"策略及混合策略的期望收益分别为：

$$E_{RY} = YR_4 - C_1 + R_1$$
$$E_{RN} = R_2 - C_1 - YpC_0$$
$$\overline{E_R} = XYV + X(R_1 - R_2) - YpC_0 + R_2 - C_1$$

其中 $V = R_4 + pC_0$。

则非正规回收商回收行为策略的复制动态方程为：

$$\frac{dX}{dt} = X(1 - X)(R_1 - R_2 + YV) \tag{5.2}$$

由式（5.1）和式（5.2）组成的系统复制动态方程为：

$$\begin{cases} \dfrac{dX}{dt} = X(1 - X)(R_1 - R_2 + YV) \\ \dfrac{dX}{dt} = Y(1 - Y)(R_3 + pC_0 - C_2 - XU) \end{cases}$$

5.1.2　演化稳定性分析

1. 非正规回收商行为策略的稳定性分析

令 $F(X) = \dfrac{dX}{dt}$，对方程（5.2）求导得：

$$\frac{dF(X)}{dX} = (1 - 2X)(R_1 - R_2 + YV)$$

记 $Y_0 = \dfrac{R_2 - R_1}{V}$，对不同复制动态方程相关参数的不同取值范围进行稳定性分析：

（1）当 $Y = Y_0$ 时，等式 $F(X) = 0$ 恒成立，在此区间内所有的 X 取值点均处于稳定状态。

（2）当 $Y > Y_0$ 时，$\left.\dfrac{dF(X)}{dX}\right|_{X=0} > 0$，$\left.\dfrac{dF(X)}{dX}\right|_{X=1} < 0$，因此 $X = 1$ 为一个稳定策略，即非正规回收商愿意变为正规回收商。

（3）当 $Y < Y_0$ 时，$\left.\dfrac{dF(X)}{dX}\right|_{X=0} < 0$，$\left.\dfrac{dF(X)}{dX}\right|_{X=1} > 0$，所以此时 $X = 0$ 是一个稳定策略，即一旦经过长期的演化非正规回收商就不愿意转型为正规回收商。

在 $Y = Y_0$、$Y > Y_0$、$Y < Y_0$ 情形下，非正规回收商的稳定性及动态趋势分别如图 5.1 的（a）、（b）、（c）所示。

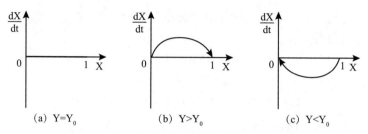

图5.1　非正规回收商回收行为策略演化趋势

2. 政府监管策略的稳定性分析

令 $F(Y) = \dfrac{dY}{dt}$，对方程（5.1）求导得：

$$\frac{dF(Y)}{dY} = (1 - 2Y)(R_3 + pC_0 - C_2 - XU)$$

记 $X_0 = \dfrac{R_3 - C_2 + pC_0}{U}$，现对不同复制动态方程相关参数的不同取值范围进行稳定性分析：

（1）当 $X = X_0$ 时，等式 $F(Y) = 0$ 恒成立，即此区间内所有的 Y 取值点均处于稳定状态。

（2）当 $X > X_0$ 时，$\dfrac{dF(Y)}{dY}\bigg|_{Y=0} < 0$，$\dfrac{dF(Y)}{dY}\bigg|_{Y=1} > 0$，$Y = 0$ 是演化博弈的稳定策略。此时，政府监管时得到的社会效益比付出的监管成本低，政府采用的策略不会因非正规回收商的不同回收行为而改变。

（3）当 $X < X_0$ 时，$\dfrac{dF(Y)}{dY}\bigg|_{Y=0} > 0$，$\dfrac{dF(Y)}{dY}\bigg|_{Y=1} < 0$，$Y = 1$ 是一个演化稳定策略，即经过一段时间的演变政府会主动采用"监管"策略。

在 $X = X_0$、$X > X_0$、$X < X_0$ 情形下，政府的稳定性及动态趋势分别如图 5.2 的（a）、（b）、（c）所示。

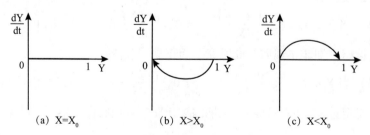

图5.2　政府监管策略演化趋势

3. 混合策略的稳定性分析

根据非正规回收商与政府之间混合策略的博弈，可知当且仅当 $0 \leqslant X_0 \leqslant 1$，$0 \leqslant Y_0 \leqslant 1$ 成立时具有五个均衡点：$(0, 0)$、$(0, 1)$、$(1, 0)$、$(1, 1)$ 和 (X_0, Y_0)。显然，均衡点 $(0, 0)$ 和均衡点 $(1, 0)$ 对我国电子废弃物回收业的稳定发展不利；而均衡点 (X_0, Y_0) 有一定的合理性，均衡点 $(0, 1)$ 和均衡点 $(1, 1)$ 是最理想的稳定性结果。非正规回收商与政府之间混合系统的雅克比矩阵为：

$$J = \begin{bmatrix} (1 - 2X)(Y - Y_0)V & X(1 - X)V \\ Y(1 - Y)U & (1 - 2Y)(X_0 - X)U \end{bmatrix}$$

将上述五个稳定点代入雅克比矩阵，可知其特征值，如表 5.2 所示。

表 5.2　　　　　　　　　　混合系统各均衡点的特征根

稳定点	det(J)	符号	tr(J)	结果
$X = 0$，$Y = 0$	UVX_0Y_0	−	$UX_0 - VY_0$	鞍点
$X = 0$，$Y = 1$	$(1 - Y_0)UVX_0$		$(1 - Y_0)V - UX_0$	鞍点
$X = 1$，$Y = 0$	$(1 - X_0)UVY_0$	−	$VY - (1 - X_0)U_0$	鞍点
$X = 1$，$Y = 1$	$(1 - Y_0)(1 - X_0)UV$	−	$(1 - X_0)U - (1 - Y_0)V$	鞍点
$X = X_0$，$Y = Y_0$	$(1 - X_0)(1 - Y_0)UVX_0Y_0$	+	0	中心点

从表 5.2 中可以看出该系统复制动态方程组有一个中心点和四个鞍点，可知政府与非正规回收商之间混合系统的稳定策略如表 5.3 所示。

表 5.3　　　　　　　　　　混合系统演化稳定策略

回收商转型概率	政府监管概率	系统演化稳定策略
$X > X_0$	$Y > Y_0$	$(1, Y_0)$
$X > X_0$	$Y > Y_0$	$(X_0, 0)$
$X < X_0$	$Y < Y_0$	$(X_0, 1)$
$X < X_0$	$Y < Y_0$	$(0, Y_0)$

分析混合系统稳定策略表的结果，可得：

（1）只有当政府采用监管策略的概率大于 Y_0 时，才能促使非正规回收商愿意转变为正规回收商。

（2）非正规回收商的转型收入 R_1 增加会促进混合策略趋向于稳定点

（1，Y_0）；非正规回收商的不转型收入 R_2 增加会阻碍混合策略趋向于稳定点（1，Y_0）。

5.1.3 数值仿真

通过对 2×2 博弈模型进一步数值仿真，假设非正规回收商与政府都是有限理性的，分析他们之间演化博弈的过程。算例的具体分析如下：

情境 1. 转型收入大于不转型收入

在 $R_1 > R_2$ 情形下，假设参数组 1 为 $R_1 = 5$，$R_2 = 4.5$，$R_3 = 1$，$C_2 = 1$，$R_4 = 1$，$p = 0.4$，$C_0 = 1.5$，政府和非正规回收商混合策略的动态演化如图 5.3 所示。

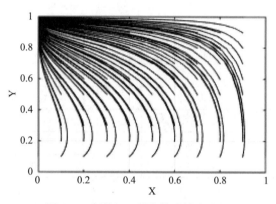

图 5.3 参数组 1 混合策略动态演化

根据上述数值仿真结果可知，当非正规回收商的转型收入大于不转型收入时，$X = 0$ 是一个演化稳定的策略，即非正规回收商愿意变为正规回收商，且非正规回收商的行为策略不受政府监管策略的影响。

情境 2. 转型收入小于不转型收入

在 $R_1 < R_2$ 情形下，假设参数组 2 为 $R_1 = 5$，$R_2 = 6$，$R_3 = 1$，$C_2 = 1$，$R_4 = 1$，$p = 0.4$，$C_0 = 1.5$，政府和非正规回收商混合策略的动态演化如图 5.4 所示。

根据上述数值仿真结果可知，当非正规回收商的不转型收入大于转型收入时，非正规回收商回收行为的策略会受到政府策略的影响，且主要由政府采用监管策略概率 Y 的大小决定。

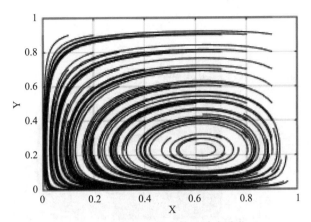

图 5.4　参数组 2 混合策略动态演化

情境 3. 社会效益与监管成本之差比风险成本低

在 $R_3 - C_2 < pC_0$ 的情形下，假设参数组 3 为 $R_1 = 5$，$R_2 = 6$，$R_3 = 1$，$C_2 = 2$，$R_4 = 1$，$p = 0.4$，$C_0 = 1.5$，政府和非正规回收商混合策略的动态演化如图 5.5 所示。

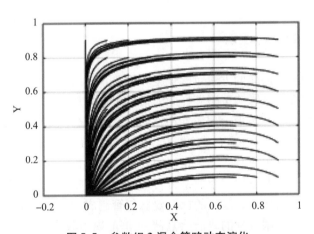

图 5.5　参数组 3 混合策略动态演化

根据上述数值仿真结果可知，当政府的社会效益与管制成本之差比非正规回收商的风险成本低时，$Y = 0$ 是一个演化稳定策略。即有限理性的政府会选择对非正规回收商采用"不监管"策略，不管非正规回收商是否采用"转型"策略。

情境 4. 社会效益与监管成本之差比风险成本低

在 $R_3 - C_2 > pC_0$ 的情形下，假设参数组 4 为 $R_1 = 5$，$R_2 = 6$，$R_3 = 2$，$C_2 = 1$，$R_4 = 1$，$p = 0.4$，$C_0 = 1.5$，政府和非正规回收商混合策略的动态演

化如图5.6所示。

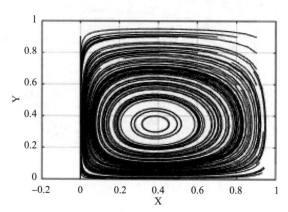

图5.6　参数组4混合策略动态演化

根据上述数值仿真结果可知，当政府的社会效益高与监管成本之差比非正规回收商的风险成本高时，政府的监管策略选取主要由有限理性的非正规回收商采用"不转型"策略概率 X 的大小决定。

5.1.4　结论与建议

本节运用演化博弈的方法对电子废弃物非正规回收商与政府间的策略选择进行建模，探究了影响策略选择的因素，包括转型收入、不转型收入、社会效益、监管成本、污染治理成本和补贴等。并综合稳定性分析和数值仿真的结果可知：对回收商而言，当非正规回收商的转型收入小于不转型收入时，非正规回收商更愿意转型为正规回收商；当非正规回收商的不转型收入大于转型收入时，非正规回收商是否转型的行为策略很大程度上受到政府策略的影响；对政府而言，政府的社会效益与管制成本之差比非正规回收商的风险成本低时，有限理性的政府会选择对非正规回收商采取"不监管"策略，反之则采取"监管"策略。因此，当有限理性的非正规回收商的转型收入高于不转型收入且政府采用监管策略的概率大于 Y_0 时，将有利于促使非正规回收商在政府的合理监管下积极转型为合乎规定的正规回收商，更有利于逆向供应链的绿色长远发展。通过对政府与非正规回收商之间的博弈演化稳定策略以及数值仿真的结果分析，为非正规回收商与政府分别提供科学的建议和政策如下。

1. 对非正规回收商的建议

在政府管制时，非正规回收商会依据被管制的损失程度和政府的管制强度采取不一样的回收行为方式;而在市场机制下,有限理性的非正规回收商在利益最大化原则驱动下会坚持实施原本的回收方式。因此,非正规回收商能选择跟其他回收商或者正规处理商合作,增大回收规模并降低设备投入成本,这样不仅能从中获得经济利益和社会效益,规避被政府监管的风险并获得政府补贴,还能减轻环境污染,有助于生态环境的健康发展。

2. 对政府监管的建议

政府建立基金用于补贴正规回收商,增大补贴力度使政府监管策略的概率减小到合适值,推动非正规回收商采用转型策略。当政府补贴奖励增加时,非正规回收商向正规回收商转型的可能性增大;与此同时,政府可以增大监管强度,当政府的监管成本高于政府监管下所得到的社会效益时,随着时间的推移,政府趋向于采取"不监管"策略。在政府的监管下,有助于资源回收再利用,保护生态环境,规范家电回收行业,促进逆向供应链的可持续环保发展。

5.2 随机惩罚下非正规回收商与政府的演化博弈

在现实生活中,作为一种规范手段,惩罚和补贴是极为重要的形式,同时被政府广泛应用。因此,有必要对随机惩罚下非正规回收商与政府的策略选择进行深入探讨和分析。为了探索在随机惩罚的情况下,政府监督策略和电子废弃物非正规回收群体回收行为之间的影响,本节将构建政府和非正规回收群体间的演化博弈模型。首先从理论上分析政府的随机惩罚和补贴对非正规回收群体回收行为策略的影响;然后利用数值仿真进一步验证随机惩罚、补贴、回收收入等外生变量和内生变量对回收行为策略的影响做进一步分析。

5.2.1 基本假设及模型参数

假设一:策略假设。假设政府具有两种监督策略,其策略空间 s_1 = (监督,不监督),其采取"监督"策略的概率为 Y,则采取"不监督"策略的概率为 $1-Y$。其中,"监督"策略是指政府对非正规回收群体不同回收行为的惩罚措施或补贴奖励政策;而"不监督"策略是指政府不进行监督。非正规回收群有两种回收策略,其策略空间 s_2 = (转型升级,不转型升级),其采取"转型升级"策略的概率为 X,则采取"不转型升级"策略的概率为 $1-X$。其中,"转型升级"策略是指非正规回收群体选择转型升级成为合法的回收群体，通过正规回收渠道回收；而"不转型升级"策略是指非正规回收群体仍然通过非正规回收渠道回收。

假设二：有限理性。假定非正规回收群体和政府双方都具备有限理性。

假设三：独立性。非正规回收群体由 n 个非正规回收商组成，假定 n 个非正规回收商相互独立。

假设四：惩罚系数。当非正规回收群体选择转型升级时，政府会给予相应的补贴；当非正规回收群体依然选择通过非正规回收渠道回收时，在政府的管制下一旦被政府发现，便会得到一定的惩罚。

非正规回收商在政府管制下选择非正规回收渠道回收时是否会受到惩罚，即满足一定的惩罚系数 ε，其中 ε 为符合两点分布的随机变量，满足 $p(\varepsilon = 0) = 1 - \beta$，$p(\varepsilon = 1) = \beta$，则 $E(\varepsilon) = 0 \times (1 - \beta) + 1 \times \beta = \beta$。

假设五：惩罚力度函数。若非正规回收群体受到了政府的惩罚，其受到惩罚的程度满足惩罚力度函数：$F(P) = P$，其中 P 符合二项分布 $P \sim B(n, p)$，事件为一个非正规回收商受到政府惩罚，n 表示非正规回收群体的总个数，k 表示受到惩罚的非正规回收商个数，p 表示一个非正规回收商受到惩罚的概率即惩罚力度。

假设六：参数假设。假定博弈双方具有有限理性，具体参数假设和基本解释如下：

C：电子废弃物的有用成分即可以直接拿来利用时，此时回收所需的有用成本；

C_1：电子废弃物需要处理提取出的可利用成分，此时通过正规渠道回收处理的成本；

C_2：电子废弃物需要处理提取出的可利用成分，此时通过非正规渠道回收处理的成本；

C_3：政府选择"不监督"策略且非正规回收商选择非正规回收渠道回收时，由于环境污染政府需付出的治理成本；

α：电子废弃物中可直接拿来用的部分所占的比例；

R_1：一个非正规回收商选择向正规回收渠道转型升级时的收入，即合法环保回收的收入；

R_2：一个非正规回收商选择非正规回收渠道回收时的收入，即非正规回收的收入；

R_3：非正规回收群体选择正规回收渠道回收或政府选择"监督"策略时政府得到的社会效益；

G：非正规回收群体选择正规回收渠道回收时，政府给予的奖励即补贴。

综合上述模型假设和参数设置，得出政府和非正规回收商之间博弈的收益矩阵如表5.4所示。

表5.4 政府和非正规回收群体博弈的收益矩阵

		非正规回收群体	
		转型升级	不转型升级
政府	监督	$(R_3 - G,\ nR_1 - \alpha C - (1-\alpha)C_1 + G)$	$(R_3 + \varepsilon P,\ nR_2 - \alpha C - (1-\alpha)C_2 - \varepsilon P)$
	不监督	$(0,\ nR_1 - \alpha C - (1-\alpha)C_1)$	$(-C_3 nR_2 - \alpha C - (1-\alpha)C_2)$

5.2.2 演化博弈模型的建立

根据收益矩阵，可得政府对非正规回收群体回收处理行为采取"监督"策略的收益函数为：

$$\pi_{GY} = X(R_3 - G) + (1 - X)(R_3 + \varepsilon P)$$

则政府对非正规回收群体回收处理采取"监督"策略的期望收益为：

$$E_{GY} = E(\pi_{GY}) = X(R_3 - G) + (1 - X)[R_3 + E(P)E(\varepsilon)]$$
$$= X(R_3 - G) + (1 - X)(R_3 + \beta np)$$
$$= X(R_3 - G) + (1 - X)(R_3 + \beta np)$$

政府对非正规回收群体回收处理采取"不监督"策略及混合策略的期望收益分别为：

$$E_{GN} = -C_3(1 - X) = XC_3 - C_3$$

$$\overline{E_G} = YE_{GY} + (1 - Y)E_{GN}$$
$$= -XY(C_3 + G + \beta np) + Y(C_3 + R_3 + \beta np) + XC_3 - C_3$$

可得政府监督策略的复制动态方程为：

$$\frac{dY}{dt} = Y(1 - Y)[C_3 + R_3 + \beta np - X(C_3 + G + \beta np)] \qquad (5.3)$$

电子废弃物非正规回收群体采取"转型升级"策略的期望收益为：

$$E_{RY} = YG + nR_1 - \alpha C - (1 - \alpha)C_1$$

电子废弃物非正规回收群体采取"不转型升级"策略的收益函数为：

$$\pi_{RN} = -Y\beta np + nR_2 - \alpha C - (1 - \alpha)C_2$$

电子废弃物非正规回收群体采取"不转型升级"策略的期望收益为：

$$E_{RN} = E(\pi_{RN}) = -YE(\varepsilon)E(P) + nR_2 - \alpha C - (1 - \alpha)C_2$$
$$= -Y\beta np + nR_2 - \alpha C - (1 - \alpha)C_2$$

非正规回收群体采取"转型升级"策略、"不转型升级"策略及混合策略的期望收益分别为：

$$\overline{E_R} = XE_{RY} + (1-X)E_{RN}$$
$$= XY(G + \beta np) - Y\beta np + X[nR_1 - nR_2 - (1-\alpha)(C_1 - C_2)]$$
$$+ nR_2 - \alpha C - (1-\alpha)C_2$$

同理，可以得出电子废弃物非正规回收群体回收策略的复制动态方程为：

$$\frac{dX}{dt} = X(1-X)[nR_1 - nR_2 - (1-\alpha)(C_1 - C_2) + Y(G + \beta np)] \quad (5.4)$$

由式（5.3）和式（5.4）组合而成的系统复制动态方程为：

$$\begin{cases} \dfrac{dX}{dt} = X(1-X)[nR_1 - nR_2 - (1-\alpha)(C_1 - C_2) + Y(G + \beta np)] \\ \dfrac{dY}{dt} = Y(1-Y)[C_3 + R_3 + \beta np - X(C_3 + G + \beta np)] \end{cases}$$

5.2.3　演化稳定性分析

1. 非正规回收群体回收行为策略的演化稳定性分析

令 $F(X) = \dfrac{dX}{dt}$，对方程（5.4）求导可得：

$$\frac{dF(X)}{dX} = (1-2X)[nR_1 - nR_2 - (1-\alpha)(C_1 - C_2) + Y(G + \beta np)]$$

记 $Y_0 = \dfrac{nR_2 - nR_1 + (1-\alpha)(C_1 - C_2)}{G + \beta np}$，则 $\dfrac{dF(X)}{dX} = (1-2X)(Y - Y_0)$，
对不同复制动态方程的相关参数取值范围的选择进行稳定性分析：

（1）当 $Y = Y_0$ 时，等式 $F(X) = 0$ 恒成立，在此区间内所有的 X 取值点均处于稳定状态。

（2）当 $Y \neq Y_0$ 时，根据具体参数取值的不同分以下三种情况讨论：

①当 $(1-\alpha)(C_1 - C_2) > G + \beta np + n(R_1 - R_2)$ 时，$X = 0$ 是演化稳定策略，即经过长期演化，有限理性的非正规回收群体会选择不转型升级为正规回收群体，依然坚持非正规回收行为。

②当 $n(R_1 - R_2) < (1-\alpha)(C_1 - C_2) < G + \beta np + n(R_1 - R_2)$ 时，非正规回收群体的稳定趋势随着政府监督策略 Y 概率大小的变化而不同。

③当 $(1-\alpha)(C_1 - C_2) < n(R_1 - R_2)$ 时，$X = 1$ 为演化稳定策略，有限理性的非正规回收群体会选择转型升级为正规回收群体，选择正规回收渠道来进行电子废弃物回收。

2. 政府监督策略的演化稳定性分析

令 $F(Y) = \dfrac{dY}{dt}$，对方程（5.3）求导得：

$$\frac{dF(Y)}{dY} = (1-2Y)\left[-X(C_3+G+\beta np)+(C_3+R_3-\beta np)\right]$$

记 $X_0 = \dfrac{C_3+R_3-\beta np}{C_3+G+\beta np}$，则 $\dfrac{dF(Y)}{dY} = (1-2Y)(X_0-X)$，对其相关参数取值范围的选择进行稳定性分析：

（1）当 $X = X_0$ 时，等式 $F(Y) = 0$ 恒成立，即对所有的 Y 取值点都处于稳定状态。

（2）当 $X \neq X_0$ 时，根据具体参数取值的不同分以下三种情况讨论：

①当 $R_3 > G+2\beta np$ 时，$Y = 1$ 是稳定策略，即随着 t 的推移，有限理性的政府会稳定趋于采取"监督"策略。

②当 $\beta np - C_3 < R_3 < G+2\beta np$ 时，政府监督策略的稳定趋势随着非正规回收群体行为策略 X 概率大小的变化而不同。

③当 $R_3 < \beta np - C_3$ 时，$Y = 0$ 是演化博弈的稳定策略，即此时政府的社会效益比政府付出的监督成本低，且在该情况下政府的策略选择并不会随着非正规回收群体回收行为的不同而产生变化。

3. 非正规回收群体和政府混合策略的演化稳定性分析

由系统复制动态方程（5.3）和动态方程（5.4）描述了非正规回收群体和政府之间混合策略选择的演化，可以得出当且仅当 $0 \leq X_0 \leq 1$，$0 \leq Y_0 \leq 1$ 成立时，混合策略有以下五个均衡点，分别为：（0，0）、（0，1）、（1，0）、（1，1）和（X_0，Y_0），该混合系统的 Jacobian 矩阵为：

$$J = \begin{bmatrix} (1-2X)(Y-Y_0)V & X(1-X)V \\ Y(1-Y)U & (1-2Y)(X_0-X)U \end{bmatrix}$$

为得到各个稳定点所反映出来的特征根，将各个稳定点分别代入该 Jacobian 矩阵，便能够根据特征根判别其结果的稳定性，该系统各均衡点所反映出的特征根如表 5.5 所示。

表 5.5　　　　　　　　　　系统各均衡点所反应的特征根

稳定点	det(J)	符号	tr(J)	结果
$X = 0$，$Y = 0$	UVX_0Y_0	−	$UX_0 - VY_0$	鞍点
$X = 0$，$Y = 1$	$(1-Y_0)UVX_0$	−	$(1-Y_0)V - UX_0$	鞍点

稳定点	$\det(J)$	符号	$\mathrm{tr}(J)$	结果
$X=1$，$Y=0$	$(1-X_0)UVY_0$	$-$	$VY-(1-X_0)U_0$	鞍点
$X=1$，$Y=1$	$(1-Y_0)(1-X_0)UV$	$-$	$(1-X_0)U-(1-Y_0)V$	鞍点
$X=X_0$，$Y=Y_0$	$(1-X_0)(1-Y_0)UVX_0Y_0$	$+$	0	中心点

5.2.4　数值仿真

1. 情形 1：$(1-\alpha)(C_1-C_2)<n(R_1-R_2)$

运用 Matlab 对算例进行数值仿真，在满足此情形的条件下，政府和非正规回收群体混合策略的动态演化如图 5.7 所示。

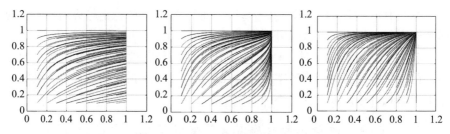

图 5.7　情形 1 下混合策略动态演化

根据数值仿真结果，在此情形下，非正规回收群体采取"转型升级"的策略 X 慢慢趋向于 1，而政府采取"监督"策略 Y 会逐渐稳定于 1，此时策略 X 随着策略 Y 的变化而变化。在此情形下，当 $R_3<\beta np-C_3$ 时，非正规回收群体采取"转型升级"的策略 X 受到政府采取"监督"策略 Y 的影响但不显著；当 $R_3<\beta np-C_3$ 时，在政府采取"监督"策略的情况下，非正规回收群体会主动采取"转型升级"策略。

2. 情形 2：$n(R_1-R_2)<(1-\alpha)(C_1-C_2)<G+\beta np+n(R_1-R_2)$

运用 Matlab 对算例进行数值仿真，在此情形下，政府和非正规回收群体混合策略的动态演化如图 5.8 所示。

根据数值仿真结果，在此情形下，政府采取"监督"策略 Y 会逐渐趋向于 1，而非正规回收群体转型升级策略 X 受到政府监督策略 Y 的影响逐渐变小。在此情形下，当 $R_3<\beta np-C_3$ 时，非正规回收群体行为策略的选择会随着政府策略不同而稍微产生变化，且主要取决于政府监督策略 Y 的大

小；当 $R_3 < \beta np - C_3$ 时，政府会主动采取"监督"策略，无论非正规回收群体是否采取"转型升级"策略。

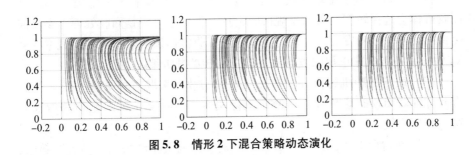

图 5.8　情形 2 下混合策略动态演化

3. 情形 3：$(1 - \alpha)(C_1 - C_2) > G + \beta np + n(R_1 - R_2)$

运用 Matlab 对算例进行数值仿真，在满足此情形的条件下，政府和非正规回收群体混合策略的动态演化如图 5.9 所示。

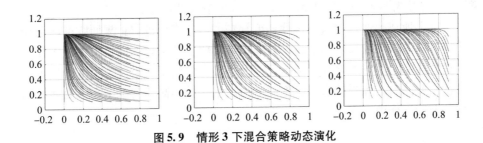

图 5.9　情形 3 下混合策略动态演化

根据上述数值仿真结果可知，在此情形下，非正规回收群体采取"转型升级"的策略 X 渐趋向于 0，而政府采取"监督"策略 Y 会逐渐趋向于 1。即有限理性的政府会选择对非正规回收群体采取"监督"策略，而非正规回收群体会主动采取"不转型升级"策略。若 R_3 越小，非正规回收群体在政府监督下越会主动采取"不转型升级"策略。

5.2.5　结论与建议

本节运用演化博弈的方法对非正规回收群体和政府之间的选择策略进行建模，分析了影响策略选择的因素，其中内生变量有转型升级成本 $(1 - \alpha)$ C_1 和不转型升级的成本 $(1 - \alpha)C_2$，外生变量有转型升级总收入 nR_1、不转型升级总收入 nR_2、补贴 G、随机惩罚 βnp 和社会效益 R_3 等。

通过分析电子废弃物非正规回收群体和政府博弈双方的演化稳定策略，

可知博弈双方采取混合策略时呈周期性规律，并通过数值仿真分析验证结论表明：

（1）当政府对非正规回收群体采取监督策略的概率 $Y > Y_0$ 时，非正规回收群体会选择转型升级为正规回收群体，使电子废弃物回收处理市场转向可持续的环保方向发展；当政府对非正规回收群体采取监督策略的概率 $Y < Y_0$ 时，无法促进非正规回收群体主动采取转型升级策略。

（2）政府的随机惩罚 βnp 和补贴 G 都与政府采取监督策略的概率 Y 具有互补性。即政府的补贴 G 或政府的随机惩罚 βnp 越大时，政府采取监督策略的概率越小。

（3）在情形 1 下，当 $R_3 > \beta np - C_3$ 时，政府会主动采取"监督"策略，非正规回收群体也会主动采取"转型升级"策略，有利于电子废弃物回收处理行业的可持续绿色发展。在情形 2 下，当 $R_3 > \beta np - C_3$ 时，政府采取"监督"策略对非正规回收群体的回收行为策略选择影响不大。在情形 3 下，政府会主动采取"监督"策略，而非正规回收群体会主动采取"不转型升级"策略，且若 R_3 越小，非正规回收群体在政府监督下越会主动采取"不转型升级"策略，依然无法减少对环境造成的污染。

综上所述，通过增大随机惩罚或补贴的方式来促进非正规回收群体选择转型升级，不仅需要在监督部门对非正规回收群体采取的随机惩罚小于社会效益和污染治理成本之和的前提下，而且还需要满足关于监督力度的特定条件；与此同时，加强政府监督部门的执法水平并提高监管电子废弃物回收处理行业的工作效率。

5.3　本章小结

本章对无随机惩罚和有随机惩罚情形下电子废弃物非正规回收商与政府间的策略选择进行博弈研究，探究了影响策略选择的因素，包括转型收入、不转型收入、转型升级成本、不转型升级成本、社会效益、监管成本、污染治理成本、补贴等。基于演化稳定性分析和数值仿真结果，建议通过补贴措施推动非正规回收商转型发展，同时还应加强监管力度，适当提高补贴和随机惩罚力度。

第6章

正规与非正规回收主体间的博弈分析

  对于电子废弃物回收处理行业而言，从业者可以分为两大类，一类主要是从事电子废弃物加工处理的具有一定规模的企业，即正规回收渠道经营主体。通常这类经营主体运营模式比较规范化，其经营活动受到监管部门的监督和管理。当这类经营主体响应公众的环境需求从而采用低碳环保的运输方式、运用新的电子拆解处理技术、废物料无害化降解等一系列操作技术和手段，即采取"提升回收处理水平"策略后，经营收益情况会随之改变。因此，为了获得竞争优势，市场上的其他参与主体也需要相应做出自己策略选择的调整。另一类主要从事收集和交易流通工作的个体回收处理商贩，即非正规回收渠道经营主体，从经营的内容上看，他们主要是通过简单处理再卖到二手市场或者通过维修渠道实现电子元器件的再利用；从经营规模上看，他们主要以1~3人为一个小集体进行作业活动；从经营性质来讲，一般这类经营主体没有取得相关的经营资质，也没有工商部门相关的经营许可。该类型经营主体的特点总结为单个个体规模不大，经营内容比较单一，游离于政府部门的监管之外。两类电子废弃物回收处理主体间的竞争会对电子废弃物回收处理市场变化产生影响。本章将建立非正规回收商与正规回收企业静态博弈模型、非正规回收商与正规回收企业演化博弈模型和随机惩罚下非正规回收商与正规回收企业的演化博弈模型来分析影响该行业中各相关主体的因素及策略选择趋势，并给出相关结论与建议。为了便于研究，本章将回收渠道经营主体分为两个群体：回收处理商Ⅰ和回收处理商Ⅱ。回收处理商Ⅰ代表第一类从业者，他们分别采取"提升回收处理水平"和"维持现状"策略，"提升回收处理水平"策略表示通过引进新的技术，增加企业的回收效率，可以减少对外界的二次有害废弃物排放，"维持现状"表示保持原有的回收经营方式；回收处理商Ⅱ代表第二类从业者，他们分别采取"企业化转型"和"维持现状"策略，"企业化转型"表示在工商部门登记，购置基本的设备，取得相关的运营资质，改变手工作坊式的运作模式，纳入政府部门的监管之下，"维持现状"表示保持现状。

6.1 非正规回收商与正规回收企业的静态博弈

6.1.1 参数假设

1. 电子废弃物的回收量

在现实情况中，回收量受到多种因素的影响。本研究认为，影响回收量的主要因素包括回收价格、环境保护意识、市场竞争程度等，将回收量函数设置为：$Q_i = a + hp_i - \beta p_j$，（$i = 1, 2, j = 3 - i$），其中 a 表示消费者自愿返还的电子废弃物数量，其主要受消费者环境意识的影响；参数 p_i 表示不同类型的经营主体提供的回收价格；β 是回收竞争系数，表示回收市场上经营主体之间竞争程度，并且有 $0 < \beta < 1$。h 表示消费者对经营主体所能支付的回收价格的敏感程度，考虑到实际情况，在回收市场上消费者对回收价格通常表现为敏感，同时 h 的取值对最终的结论不会产生影响，因此本研究取 $h = 1$；从而需求函数简化为 $Q_i = a + p_i - \beta p_j$。

2. 电子废弃物回收处理收益

经营主体 i 因废弃电器电子产品处理或转卖给处理商所获得的单位产品回收收益为 A_i，在市场竞争初期，假设 $A_1 = A_2 = A$。

3. 提升回收处理水平

由于正规回收渠道经营主体在考虑"提升回收处理水平"策略时主要涉及技术上的改进，故参考技术创新中的 AJ 模型，当回收处理商 I 采取"提升回收处理水平"策略后，相应的投资提高了电子废弃物的回收处理效率，使原本直接废弃的废弃物还可以得到回收利用，获得了更多的单位收益 r_1，因此正规回收渠道经营主体的单位收益变为 $A_1 + r_1$。为获得单位回收处理收益增加额 r_1，回收处理商 I 需要付出 $\frac{1}{2}\gamma r_1^2$ 的投入成本，其中 $\gamma > 0$，γ 的值与投资收益的效率有关，γ 越高所需投入成本 $\frac{1}{2}\gamma r_1^2$ 越高，因此表示投资转化为收益的效率越低，反之亦然。为了简化模型设置，本研究假定回收处理商 II 的转型成本为 $\frac{1}{2}\gamma r_2^2$，r_2 为企业化转型所带来的收益，即 γ 也是企业化转型成本和收益的系数。

4. 技术溢出率

当回收处理商Ⅱ采取"企业化转型"策略时，其在技术层面上就有条件接收回收处理商Ⅰ"提升回收处理水平"策略的成果。本研究假设回收处理商Ⅰ采取"提升回收处理水平"策略时所获得的技术往往会由于企业员工之间的流动或者企业疏于保密等原因会被市场上其他回收处理商所学习或模仿。因此在本研究中采取"企业化转型"策略的回收处理商Ⅱ了解到回收处理商Ⅰ的相关环保技术措施并获得一定的回报收益时，迅速学习、借鉴，其收益也会因回收处理商Ⅰ的提升回收处理水平溢出效应而增加，因此回收处理商Ⅱ的收益可以表示为：$A + \sigma r_1$，其中 $0 < \sigma < 1$，表示技术溢出率，即回收处理商Ⅰ技术溢出效应引起经过企业化转型的非正规回收渠道经营主体单位收益增加的程度。$\sigma = 0$ 表示模仿者没有从率先采取"提升回收处理水平"策略的先驱者中获益，$\sigma = 1$ 模仿者模仿学习得到收益相当于自身在处理电子废弃物环节中投资的效果，此时的溢出效应达到了最大。

5. 其他假定

假设在市场初期，所有回收处理商的回收价格、回收数量和相应的收益几乎相同，此时双方的市场占有率大致相等。为了获取更大的市场占有率，获得更高的收益，假设市场上的部分回收处理商想要改善原有的经营模式，通过引进新的技术和设备，从而提升回收效率，进行更加规范化的作业。

6.1.2 竞争博弈模型建立

正规回收渠道经营主体（回收处理商Ⅰ）有"维持现状"和"提升回收处理水平"两种策略选择；非正规回收渠道经营主体（回收处理商Ⅱ）有"维持现状"和"企业化转型"两种策略选择。因此得到四种不同的策略选择结果，每种结果都由特定参数设置来体现，得到四种博弈模型如下。

1. 回收处理商Ⅰ采取"维持现状"策略，回收处理商Ⅱ采取"维持现状"策略

由如上的参数设置及假设可得，回收处理商Ⅰ采取"维持现状"策略、回收处理商Ⅱ采取"维持现状"策略，保持原有的经营模式情况下的利润函数为：

$$\pi_{R_1} = (A - p_1) \times (a + p_1 - \beta p_2) \tag{6.1}$$

$$\pi_{R_2} = (A - p_2) \times (a + p_2 - \beta p_1) \tag{6.2}$$

分别对相应的 p 求导可得：

$$p_1 = \frac{A - a + \beta p_2}{2} \tag{6.3}$$

进而可求得回收处理商Ⅰ、处理商Ⅱ在市场初期静态博弈下的均衡解为：

$$p_1 = p_2 = \frac{A - a}{2 - \beta} \tag{6.4}$$

将式（6.4）代入回收量函数，可得市场的总回收量为：

$$Q = 2a + 2\frac{(1 - \beta)(A - a)}{(2 - \beta)} \tag{6.5}$$

2. 回收处理商Ⅰ采取"提升回收处理水平"策略，回收处理商Ⅱ采取"企业化转型"策略

当回收处理商Ⅰ采取"提升回收处理水平"策略时，若回收处理商Ⅱ采取"企业化转型"策略，则回收处理商Ⅰ、回收处理商Ⅱ的利润可表示为：

$$\pi_{R_1} = (A + r_1 - p_1)(a + p_1 - \beta p_2) - \frac{1}{2}\gamma r_1^2 \tag{6.6}$$

$$\pi_{R_2} = (A + \sigma r_1 + r_2 - p_2)(a + p_2 - \beta p_1) - \frac{\gamma r_2^2}{2} \tag{6.7}$$

分别对利润函数（6.6）、利润函数（6.7）的 p_1、p_2 一阶求导可得：

$$\frac{d\pi_{R_1}}{dp_1} = A + r_1 - a - 2p_1 + \beta p_2 \tag{6.8}$$

$$\frac{d\pi_{R_2}}{dp_2} = A + \sigma r_1 + r_2 - a - 2p_2 + \beta p_1 \tag{6.9}$$

进而可求得回收处理商Ⅰ、回收处理商Ⅱ在双方都改变现状的新状态下的均衡解为：

$$p_1 = \frac{A - a}{\beta - 2} + \frac{(2 + \beta\sigma)\left[(\beta^2 - 4)\gamma - (2 - \beta^2) - \beta\right]}{\beta^2 - 4}$$
$$\left[a(\beta^2 - 4) + (2 - \beta^2 - \beta)(A - a)\right]$$
$$+ \frac{\left[\beta^2(2 - \beta^2)(1 - \sigma) - (\beta^2 - 4)\gamma\beta\right]}{\beta^2 - 4}$$
$$\left[a(\beta^2 - 4) + (2 - \beta^2 - \beta)(A - a)\right] \tag{6.10}$$
$$p_2 = \frac{A - a}{\beta - 2} + \frac{(\beta + 2\sigma)\left[(\beta^2 - 4)\gamma - (2 - \beta^2) - \beta\right]}{\beta^2 - 4}$$
$$\left[a(\beta^2 - 4) + (2 - \beta^2 - \beta)(A - a)\right]$$
$$+ \frac{2\left[\beta(2 - \beta^2)(1 - \sigma) - (\beta^2 - 4)\gamma\right]}{\beta^2 - 4}$$

$$[a(\beta^2 - 4) + (2 - \beta^2 - \beta)(A - a)] \tag{6.11}$$

$$r_1 = \frac{[(\beta^2 - 4)\gamma - (2 - \beta^2) - \beta][a(\beta^2 - 4) + (2 - \beta^2 - \beta)(A - a)]}{[(\beta^2 - 4)\gamma - (2 - \beta^2) + \beta\sigma][(\beta^2 - 4)\gamma - (2 - \beta^2)] - [\beta^2 - (2 - \beta^2)\beta\sigma]} \tag{6.12}$$

$$r_2 = \frac{[\beta(2 - \beta^2)(1 - \sigma) - \gamma(\beta^2 - 4)][a(\beta^2 - 4) + (2 - \beta^2 - \beta)(A - a)]}{[\beta^2 - (2 - \beta^2)\beta\sigma] - [(\beta^2 - 4)\gamma - (2 - \beta^2) + \beta\sigma][(\beta^2 - 4)\gamma - (2 - \beta^2)]} \tag{6.13}$$

$$\begin{aligned}
Q_1 ={}& a + (1 - \beta)\frac{A - a}{\beta - 2} \\
&+ \frac{[a(\beta^2 - 4) + (2 - \beta^2 - \beta)(A - a)]}{\beta^2 - 4} \\
&(2 - \beta\sigma - \beta^2)[(\beta^2 - 4)\gamma - (2 - \beta^2) - \beta] \\
&- \frac{[a(\beta^2 - 4) + (2 - \beta^2 - \beta)(A - a)]}{\beta^2 - 4} \\
&[\beta^2(2 - \beta^2)(1 - \sigma) - \gamma\beta(\beta^2 - 4)]
\end{aligned} \tag{6.14}$$

$$\begin{aligned}
Q_2 ={}& a + (1 - \beta)\frac{A - a}{\beta - 2} \\
&+ \frac{[a(\beta^2 - 4) + (2 - \beta^2 - \beta)(A - a)]}{\beta^2 - 4} \\
&(2 - \beta\sigma - \beta^2)[(\beta^2 - 4)\gamma - (2 - \beta^2) - \beta] \\
&- \frac{[a(\beta^2 - 4) + (2 - \beta^2 - \beta)(A - a)]}{\beta^2 - 4} \\
&[\beta^2(2 - \beta^2)(1 - \sigma) - \gamma\beta(\beta^2 - 4)]
\end{aligned} \tag{6.15}$$

3. 回收处理商 I 采取"维持现状"策略, 回收处理商 II 采取"企业化转型"策略

若当回收处理商 I 不采取"提升回收处理水平"策略, 回收处理商 II 采取"企业化转型"策略, 则在此情况下, 回收处理商 I、回收处理商 II 的利润分别可以表示为:

$$\pi_{R_1} = (A - p_1)(a + p_1 - \beta p_2) \tag{6.16}$$

$$\pi_{R_2} = (A + r_2 - p_2)(a + p_2 - \beta p_1) - \frac{\gamma r_2^2}{2} \tag{6.17}$$

对式 (6.16)、式 (6.17) 关于相应的价格进行一阶求导, 便可得各决策变量均衡解为:

$$p_1 = \frac{(A - a)[(2 + \beta)\gamma - 1] + 2a}{(2 - \beta)[(2 + \beta)\gamma - 1]} \tag{6.18}$$

$$p_2 = \frac{(A - a)[(2 + \beta)\gamma - 1] + \beta a}{(2 - \beta)[(2 + \beta)\gamma - 1]} \tag{6.19}$$

$$r_2 = \frac{(2+\beta)[a(2-\beta)+(1-\beta)(A-a)]}{\gamma(4-\beta^2)-2+\beta} \qquad (6.20)$$

将式（6.18）、式（6.19）和式（6.20）代入式（6.16）、式（6.17）中，可求得双方在市场初期静态博弈下，在获得最大利润时的回收量：

$$Q_1 = a + (1-\beta)\frac{A-a}{\beta-2} + \frac{(2-\beta^2)a}{(2-\beta)[(2+\beta)\gamma-1]} \qquad (6.21)$$

$$Q_2 = a + (1-\beta)\frac{A-a}{\beta-2} + \frac{a\beta}{(2-\beta)[(2+\beta)\gamma-1]} \qquad (6.22)$$

4. 回收处理商Ⅰ采取"提升回收处理水平"策略，回收处理商Ⅱ采取"维持现状"策略

若回收处理商Ⅰ采取"提升回收处理水平"策略，回收处理商Ⅱ采取"维持现状"策略，则在此情况下，回收处理商Ⅰ、回收处理商Ⅱ的利润可以分别表示为：

$$\pi_{R_1} = (A-p_1+r_1)(a+p_1-\beta p_2) - \frac{\gamma r_1^2}{2} \qquad (6.23)$$

$$\pi_{R_2} = (A-p_2)(a+p_2-\beta p_1) \qquad (6.24)$$

此时的博弈情形与静态博弈相似。对式（6.23）、式（6.24）关于相应的价格进行一阶求导，可得各决策变量均衡解为：

$$p_1 = \frac{(A-a)}{(2-\beta)} + \frac{2a}{(2-\beta)[(2+\beta)\gamma-1]} \qquad (6.25)$$

$$p_1 = \frac{(A-a)}{(2-\beta)} + \frac{\beta a}{(2-\beta)[(2+\beta)\gamma-1]} \qquad (6.26)$$

$$r_1 = \frac{a(4+\beta)}{\gamma(2+\beta)-1} \qquad (6.27)$$

将式（6.25）、式（6.26）和式（6.27）式代入式（6.23）、式（6.24）中，可求得双方在市场初期静态博弈下，在获得最大利润时的回收量：

$$Q_1 = a + (1-\beta)\frac{A-a}{\beta-2} + \frac{(2-\beta^2)a}{(2-\beta)^2[(2+\beta)\gamma-1]} \qquad (6.28)$$

$$Q_1 = a + (1-\beta)\frac{A-a}{\beta-2} + \frac{\beta a}{(2-\beta)^2[(2+\beta)\gamma-1]} \qquad (6.29)$$

6.1.3 数值仿真

为了更加明确的对比分析"提升回收处理水平"和"企业化转型"策略对于回收处理商利润、回收价格及回收量的影响，采用数值仿真的形式做进一步的分析和验证。考虑 σ 和 γ 对回收处理商之间竞争态势的影响，相关参数初始值设为：a = 1，β = 0.5，A = 10，0 < σ < 1，取 γ ∈ [1，20]。将参数的初始值代入式（6.1）~式（6.3）可以得出，两回收处理商在市场初期的静态博弈情形下，最优解分别为 $p_1 = p_2 = 6$，$Q_1 = Q_2 = 4$，$\pi_{R_1} = \pi_{R_2} = 16$。

1. 两个回收处理商分别采取"提升回收处理水平"和"企业化转型"策略时的比较

当回收处理商 I 采取"提升回收处理水平"策略，回收处理商 II 采取"企业化转型"策略时，实施"提升回收处理水平"策略前后回收处理商回收价格、回收量、回收利润变化如图 6.1 ~ 图 6.3 所示。

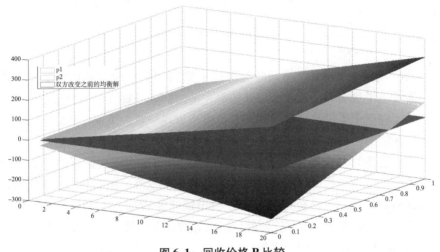

图 6.1　回收价格 P 比较

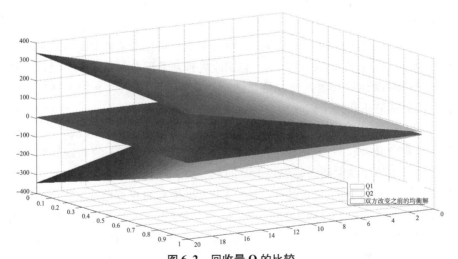

图 6.2　回收量 Q 的比较

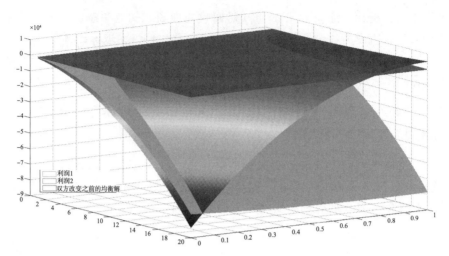

图 6.3　回收利润比较

（1）由图 6.1 可知，当回收处理商 I 采取"提升回收处理水平"策略后，即投入了更多资金和人力以获得更先进的回收处理技术和设备后，可以让回收处理商 I 支付给消费者的回收价格比市场中双方采取维持原状策略时得到均衡解的回收价格高，从而市场反应就是回收处理商 I 的回收量比双方做出策略改变时大。当 σ 数值变大时，即技术溢出率变大时，已经企业化转型的回收处理商 II 可以间接获得更先进的处理技术，提高利润，从而有能力提高回收价格，更是获得了比双方做出策略改变前更多的回收量。而当 σ < 0.77 时，即技术溢出率较低时，回收处理商 II 回收量低于双方采取维持原状策略时得到均衡解的回收价格。此时，采取提升回收处理水平的回收处理商 I 获得了回收价格的优势。

（2）由图 6.2 可知，当回收处理商 I 采取"提升回收处理水平"策略后，回收处理商 I 的回收量一直高于双方采取维持原状策略时得到均衡解的回收量和回收处理商 II 的回收量。且回收处理商 II 回收量低于双方采取维持原状策略时得到均衡解的回收量。此时，采取"提升回收处理水平"策略的回收处理商 I 获得了回收总量中的较大份额。

（3）由图 6.3 可知，当回收处理商 I 采取"提升回收处理水平"策略，回收处理商 II 采取"企业化转型"策略时，回收处理商 I 的利润始终低于双方采取维持原状策略时得到均衡解的利润。γ 对于回收处理商 I 的利润影响很大。当 γ 趋于 0 时，即回收处理商 I 升级技术的成本相较于获得的额外收益较小时，回收处理商 I 的利润接近但小于双方采取维持原状策略时得到均衡解的利润。当 σ < 0.06 时，即创新溢出率较低时，回收处理商 I 的利润大于回收处理商 II；当 0.06 < σ < 0.79 时，即创新溢出率相对较高时，

回收处理商Ⅱ的利润大于回收处理商Ⅰ，但是仍小于双方采取维持原状策略时得到均衡解的利润；当 $\sigma > 0.79$ 时，即技术溢出率比较高时，回收处理商Ⅱ的利润超过了回收处理商Ⅰ，且大于双方采取维持原状策略时得到均衡解的利润。对于回收处理商Ⅱ而言，当两个回收处理商采取"提升回收处理水平"和"企业化转型"策略时可以有机会提高利润甚至获得的利润高于双方采取维持原状策略时的利润。然而，对于回收处理商Ⅰ而言，采取"提升回收处理水平"策略不仅无法保证使自身的利润超过回收处理商Ⅱ群体，还无法获得比双方采取维持原状策略时得到更多的利润。

2. 两个回收处理商分别采取"维持现状"和"企业化转型"策略的比较

当回收处理商Ⅰ不采取提升回收处理水平的策略，而回收处理商Ⅱ采取企业化转型的策略时，回收处理商Ⅰ不需要投入提升回收处理水平的成本，回收处理商Ⅱ也无法从回收处理商Ⅰ获得技术溢出。当市场上的正规回收渠道经营主体不采取提升回收处理水平的策略，非正规回收渠道经营主体采取企业化转型策略时，相应的最优回收价格、回收数量及回收利润均衡解比较如图6.4~图6.6所示。

（1）由图6.4可知，当回收处理商Ⅰ采取"维持现状"的策略后，回收处理商Ⅱ可以维持支付给消费者的回收价格比市场中双方采取维持原状策略时得到均衡解的回收价格高。回收处理商Ⅱ的回收价格随着 γ 的下降而提高，可以理解为每单位用于提升技术的费用所获取的收益越大，从而导致

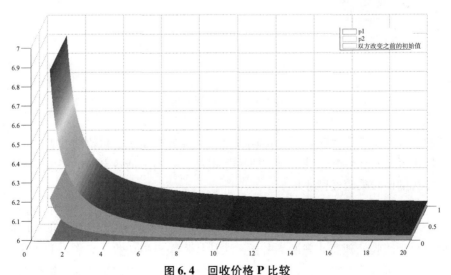

图6.4　回收价格 P 比较

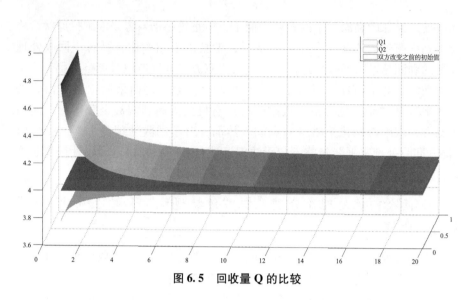

图 6.5　回收量 Q 的比较

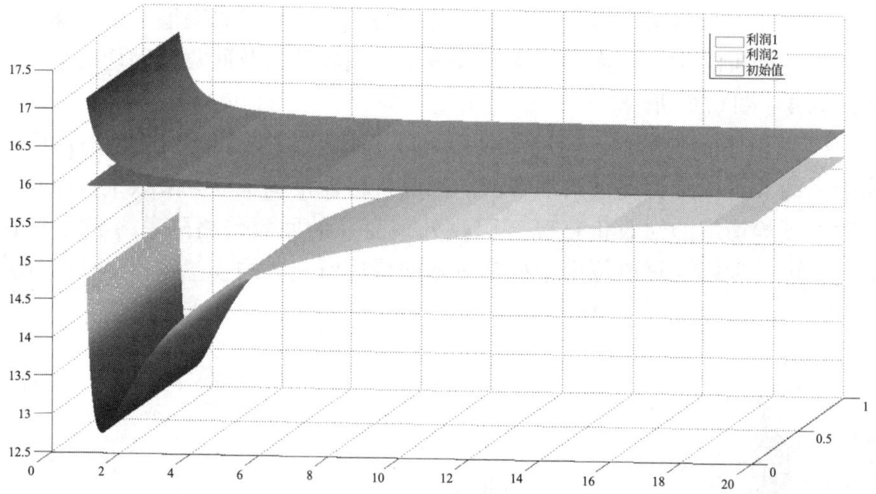

图 6.6　回收利润比较

利润上升。由于在回收资源上存在竞争，回收处理商Ⅰ支付给消费者的回收价格也因此有所提升，使整个回收价格提高，有利于消费者的电子废弃物流入正规的回收渠道经营主体。

（2）由图 6.5 可知，当回收处理商Ⅰ采取"维持现状"的策略后，回收处理商Ⅰ的回收量仍始终高于市场初期的回收量和回收处理商Ⅱ的回收量。对于回收处理商Ⅱ来说，由于无法从技术溢出中获益，只靠企业化转型的收益无法维持回收量，导致了回收量始终小于双方采取维持原状策略时得到均衡解的回收量。

（3）由图 6.6 可知，当回收处理商Ⅰ采取"维持现状"的策略，回收处理商Ⅱ进行企业化转型时，回收处理商Ⅱ的利润始终低于双方采取维持原状策略时得到均衡解的利润。当 $\gamma < 1.48$ 时，回收处理商Ⅱ的利润随着 γ 的增大而减小；当 $\gamma > 1.48$ 时，回收处理商Ⅱ的利润随着 γ 的增大而增大并接近于双方采取维持原状策略时得到均衡解的利润。

3. 两个回收处理商分别采取"提升回收处理水平"和"维持现状"策略的比较

当回收处理商Ⅰ采取提升回收处理水平的经营策略，而回收处理商Ⅱ不采取企业化转型的策略时，回收处理商Ⅱ不需要投入提升回收处理水平的成本，但也无法从回收处理商Ⅰ的技术溢出中获益。当市场上的回收处理商Ⅰ采取提升回收处理水平，回收处理商Ⅱ不采取企业化转型时，相应的最优回收价格、回收数量及回收利润均衡解比较如图 6.7 ~ 图 6.9 所示。

（1）由图 6.7 可知，当回收处理商Ⅰ采取"提升回收处理水平"的策略，回收处理商Ⅱ采取"维持现状"策略后，双方可以维持支付给消费者的回收价格比市场中双方采取维持原状策略时得到均衡解的回收价格高，但随着 γ 的上升而下降。由于 γ 值越高意味着两个回收处理商Ⅰ群体采取改变现状策略时额外增加的利润需要更多的额外成本，由此可以看出，回收处理商Ⅰ增加投入的使用效率越高，回收处理商Ⅰ愿意支付给消费者的回收价格会随之提升。回收处理商Ⅱ的回收价格始终高于回收处理商Ⅰ的价格，可以理解由于回收处理商Ⅰ采取"提升回收处理水平"后收到成本增加的影响，无法在回收价格上与回收处理商Ⅱ竞争。

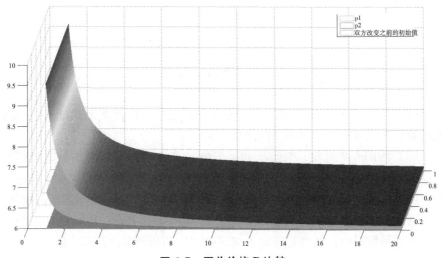

图 6.7　回收价格 P 比较

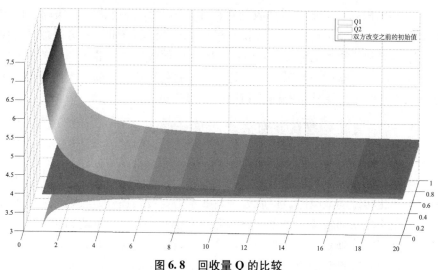

图 6.8　回收量 Q 的比较

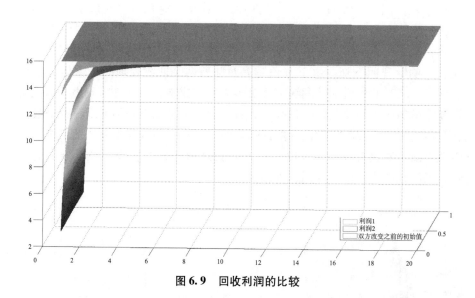

图 6.9　回收利润的比较

（2）由图 6.8 可知，由于回收处理商 I 无法在价格上取得优势，回收处理商 II 在回收量上取得明显的优势。

（3）由图 6.9 可知，与市场初期回收处理商的各参数的均衡点比较可以看出，在回收处理商采取"提升回收处理水平"策略之后，双方的回收利润均始终低于双方采取维持原状策略时得到均衡解的值。且随着 σ 增加，回收利润的斜率不断减小，表示函数上升得越来越缓慢，但始终小于初始值。在这种情况中，回收处理商 I 在回收数量和利润来说都不如做出改变策略之前的时候，虽然在回收价格上大于原来的值，对提供电子废弃物的大众来说有更大的利益，但是相较于回收处理商Ⅱ来说仍处于劣势，流入非正规渠道的电子废弃物会占大多数。对于回收处理商Ⅱ来说，由于得到的利润不如做出改变策略之前，该策略也不是一个理想的策略选择。

6.1.4 结论与建议

根据以上数值仿真分析，对两个回收渠道的回收处理商来说，没有一个策略选择组合能使双方都获得比初始状态更多的利润。

从回收处理商Ⅱ的角度而言：（1）当回收处理商Ⅰ采取"提升回收处理水平"策略，回收处理商Ⅱ采取"企业化转型"策略时，技术溢出率 σ 才能影响回收量、回收价格和利润，这与假设是相符合的。（2）只有当回收处理商Ⅰ采取"提升回收处理水平"策略，回收处理商Ⅱ采取"企业化转型"策略的情况下，处理商Ⅱ才有机会能得到比初始条件下有更多的利润。当 γ 大于 0.79 时回收处理商Ⅱ有可能会获得更多的利润，但是无法使回收处理商Ⅰ获益，显然回收处理商Ⅰ不会轻易的让新的技术传播出去。

从回收处理商Ⅰ的角度而言：只有当自己选择"维持现状"策略，回收处理商Ⅱ选择"企业化转型"策略时，才能获得比初始状态更多的利润，但是这样的策略组合无法保证回收处理商Ⅱ的利润，显然回收处理商Ⅱ不会选择这样的策略。

从公共管理的角度看，正规回收渠道经营主体的回收量及利润的上升才是与公共管理目标相符合的。而在以上分析中正规回收渠道经营主体所遇到的所有情况都会使其收益小于原有的收益，这必然会导致回收处理商Ⅰ的抵制。由此可以看出，单纯依靠正规回收渠道经营主体的策略选择与非正规回收渠道经营主体博弈不会得到理想的管理结果，因此有必要引入监管部门力量对市场进行干预。

6.2 非正规回收商与正规回收企业的演化博弈

6.1 节探讨了只有正规回收渠道经营主体和非正规回收渠道经营主体的市场竞争下经营模式的经营收益情况，从研究结论可知在现实的回收市场中，经营主体的经营策略受到回收竞争程度、提高处理水平的回报率和技术溢出率等因素的影响。从社会效益角度看，正规回收渠道经营主体可以通过提升回收处理水平的策略提高支付给消费者的回收价格，增加自身的回收量，这有利于该行业的长期可持续发展，对环境和消费者是有利的。然而从利润角度看，采取"提升回收处理水平"策略有利于增加正规回收渠道经营主体的收益，但如果技术溢出率较高时，即使引入新的技术实践也无法获取竞争优势，在与非正规回收渠道经营主体低成本的经营竞争中无法得到令人满意的结果。此时，为了鼓励正规回收渠道经营主体采取"提升回收处理水平"以及非正规回收渠道经营主体采取"企业化转型"的经营方式，需要监管部门建立相应的回收处理基金对电子废弃物行业正规回收渠道经营主体进行补贴。

6.2.1　模型假设及参数设定

为了便于演化分析，对模型进行以下假设。

1. 局中人假设

本模型有两个有限理性的局中人：一个为正规回收渠道经营主体，简称为回收处理商Ⅰ；另一个是非正规回收渠道经营主体，简称为回收处理商Ⅱ。

2. 信息对称性假设

在本节模型中局中人的信息是不对称的。

3. 行为策略假设

回收处理商Ⅰ有"提升回收处理水平"和"维持现状"两种策略；回收处理商Ⅱ有"企业化转型"和"维持现状"两种策略。"提升回收处理水平"策略表示通过引进新的处理技术和设备，增加企业的回收效率的经营策略，"维持现状"表示保持原有的回收经营方式；"企业化转型"表示在工商部门登记，购置基本的设备，取得相关的运营资质，改变手工作坊式的运作模式，纳入监管部门的监管之下；"产业不升级"表示保持现状。

4. 策略组合设定

不同策略组合情况下，回收处理商Ⅰ和回收处理商Ⅱ的收益如下：π_1表示回收处理商Ⅰ采取"提升回收处理水平"策略且回收处理商Ⅱ采取"企业化转型"策略时，回收处理商Ⅰ的经营收益；π_2表示回收处理商Ⅰ采取"提升回收处理水平"策略且回收处理商Ⅱ采取"企业化转型"策略时，回收处理商Ⅱ的经营收益；π_3表示回收处理商Ⅰ采取"维持现状"策略且回收处理商Ⅱ采取"企业化转型"策略时，回收处理商Ⅰ的经营收益；π_4表示回收处理商Ⅰ采取"维持现状"策略且回收处理商Ⅱ采取"企业化转型"策略时，回收处理商Ⅱ的经营收益；π_5表示回收处理商Ⅰ采取"提升回收处理水平"策略且回收处理商Ⅱ采取"维持现状"策略时，回收处理商Ⅰ的经营收益；π_6表示回收处理商Ⅰ采取"提升回收处理水平"策略且回收处理商Ⅱ采取"维持现状"策略时，回收处理商Ⅱ的经营收益；π_7表示回收处理商Ⅰ采取"维持现状"策略且回收处理商Ⅱ采取"维持现状"策略时，回收处理商Ⅰ的经营收益；π_8表示回收处理商Ⅰ采取"维持现状"策略且回收处理商Ⅱ采取"维持现状"策略时，回收处理商Ⅱ的经营收益；T表示监管部门对于正规回收渠道经营主体提升回收处理水平以及对于非正规回收渠道经营主体升级产业的补贴支持。

回收处理商Ⅰ选择"提升回收处理水平"策略的概率为x，则选择"维持现状"策略的概率为（1－x）；回收处理商Ⅱ选择"企业化转型"的概率为y，则选择"维持现状"策略的概率为（1－y）。

6.2.2　策略矩阵建立

为了让各回收处理商在不同策略选择下所得效益可视化，结合6.1节关于两个回收处理商在不同经营策略下的均衡计算结果以及上述假设，两个回收处理商群体各自做出他们认为使自己利益最大化的选择，则双方博弈的收益矩阵如表6.1所示。

表 6.1　　　　　　　　　　　两回收处理商博弈的收益矩阵

		回收处理商Ⅰ	
		提升回收处理水平（x）	维持现状（1－x）
回收处理商Ⅱ	企业化转型（y）	（π_1＋T，π_2＋T）	（π_3，π_4＋T）
	维持现状（1－y）	（π_5＋T，π_6）	（π_7，π_8）

令回收处理商Ⅰ采取"提升回收处理水平"策略时的收益为$u_1^{(1)}$，采取"维持现状"策略时的收益为$u_2^{(1)}$，平均收益为$\bar{u}_1$，结合表6.1中的支付矩阵，回收处理商Ⅰ采取"提升回收处理水平"和"维持现状"策略的收益以及平均收益分别为：

$$u_1^{(1)} = y(\pi_1 + T) + (1-y)(\pi_5 + T) \tag{6.30}$$

$$u_2^{(1)} = y\pi_3 + (1-y)\pi_7 \tag{6.31}$$

$$\bar{u}_1 = u_1^{(1)}x + u_2^{(1)}(1-x) \tag{6.32}$$

可以得出复制者动态方程为：

$$\frac{dx}{dt} = x(u_1^{(1)} - \bar{u}^{(1)}) \tag{6.33}$$

代入式（6.30）至式（6.32）整理可得：

$$F(x) = \frac{dx}{dt} = \left[y(\pi_1 + T - \pi_3) + (1-y)(\pi_5 + T - \pi_7) \right] x(1-x) \quad (6.34)$$

令回收处理商Ⅱ采取"企业化转型"策略时的收益为$u_1^{(2)}$，采取"维持现状"策略时的收益为$u_2^{(2)}$，平均收益为$\bar{u}_2$，结合表6.1中的支付矩阵，回收处理商Ⅰ采取"提升回收处理水平"和"维持现状"策略的收益以及平均收益分别为：

$$u_1^{(2)} = x(\pi_2 + T) + (1-x)(\pi_4 + T) \quad (6.35)$$

$$u_2^{(2)} = x\pi_6 + (1-x)\pi_8 \quad (6.36)$$

$$\bar{u}_1 = u_1^{(2)} y + u_2^{(2)}(1-y) \quad (6.37)$$

可以得出复制者动态方程为：

$$\frac{dy}{dt} = y(u_1^{(2)} - \bar{u}^{(2)}) \quad (6.38)$$

代入式（6.35）至式（6.37）整理可得：

$$F(y) = \frac{dy}{dt} = \left[x(\pi_2 + T - \pi_6) + (1-x)(\pi_4 + T - \pi_8) \right] y(1-y) \quad (6.39)$$

6.2.3 演化博弈稳定性分析

由于不是所有的稳定状态都对应演化稳定策略（ESS），因此有必要通过复制动态方程判断稳定状态，判断的方法有两种：（1）当复制动态方程$\frac{dF(x)}{dx} < 0$，$\frac{dF(y)}{dy} < 0$时，可判断博弈主体的某一方的演化稳定性。（2）弗里德曼（Friedman）提出对该系统的Jacobian矩阵的局部稳定性进行分析，当该矩阵满足行列式小于0和迹大于0的条件时，该系统所处的状态就是ESS。因在6.2.2节中已经得到回收处理商Ⅰ和回收处理商Ⅱ的复制动态方程，本节主要以复制动态方程$\frac{dF(x)}{dx} < 0$，$\frac{dF(y)}{dy} < 0$为判断依据判断两种回收处理商在不同情境下的演化稳定策略（ESS）；并应用Jacobian矩阵的局部稳定性分析两个回收处理商群体的系统稳定性。

1. 回收处理商Ⅰ稳定性分析

由式（6.34）知，回收处理商Ⅰ的复制动态方程为

$$F(x) = \frac{dx}{dt} = \left[y(\pi_1 + T - \pi_3) + (1-y)(\pi_5 + T - \pi_7) \right] x(1-x)。$$

若$y = \frac{\pi_5 - \pi_7 + T}{(\pi_5 - \pi_7) - (\pi_1 - \pi_3)}$且$0 \leq y \leq 1$，则$\frac{dx}{dt} = 0$恒成立，此时x取任

意值系统都是稳定状态，回收处理商 I 的复制动态相位图如图 6.10（a）所示。该相位图表示，当回收处理商 II 以 $y = \dfrac{\pi_5 - \pi_7 + T}{(\pi_5 - \pi_7) - (\pi_1 - \pi_3)}$ 的比例水平选择"企业化转型"策略时，回收处理商 I 两种策略选择的收益没有区别。

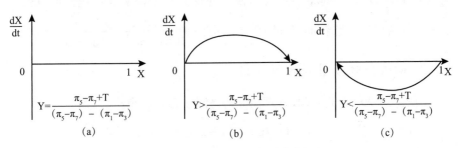

图 6.10　回收处理商 I 复制动态相图

若 $y \neq \dfrac{\pi_5 - \pi_7 + T}{(\pi_5 - \pi_7) - (\pi_1 - \pi_3)}$，则 $x = 0$ 和 $x = 1$ 是 $\dfrac{dx}{dt}$ 的两个稳定状态。对 $F(x) = \dfrac{dx}{dt}$ 求导可得 $\dfrac{dF(x)}{dx} = [y(\pi_1 + T - \pi_3) + (1 - y)(\pi_5 + T - \pi_7)]$ $(1 - 2x)$。

结合 6.1 节的仿真参数设置，对 $\dfrac{\pi_5 - \pi_7 + T}{(\pi_5 - \pi_7) - (\pi_1 - \pi_3)}$ 进行分析：

（1）当 $\pi_5 - \pi_7 + T < 0$ 时，$\dfrac{\pi_5 - \pi_7 + T}{(\pi_5 - \pi_7) - (\pi_1 - \pi_3)} < 0$，恒有 $y >$ $\dfrac{\pi_5 - \pi_7 + T}{(\pi_5 - \pi_7) - (\pi_1 - \pi_3)}$，则 $\left.\dfrac{dF(x)}{dx}\right|_{x=0} > 0$，$\left.\dfrac{dF(x)}{dx}\right|_{x=1} < 0$，根据演化稳定判断方法知 $x = 1$ 是演化稳定策略，此时回收处理商 I 的复制者动态相位图如图 6.10（b）所示。

（2）当 $\pi_5 - \pi_7 + T > 0$ 时，则出现两种情况：

①$y < \dfrac{\pi_5 - \pi_7 + T}{(\pi_5 - \pi_7) - (\pi_1 - \pi_3)}$，则 $\left.\dfrac{dF(x)}{dx}\right|_{x=0} < 0$，$\left.\dfrac{dF(x)}{dx}\right|_{x=1} > 0$，根据演化稳定判断方法知 $x = 0$ 是演化稳定策略，此时回收处理商 I 的复制者动态相位图如图 6.10（c）所示。

②$y > \dfrac{\pi_5 - \pi_7 + T}{(\pi_5 - \pi_7) - (\pi_1 - \pi_3)}$，则 $\left.\dfrac{dF(x)}{dx}\right|_{x=0} > 0$，$\left.\dfrac{dF(x)}{dx}\right|_{x=1} < 0$，根据演化稳定判断方法知 $x = 1$ 是演化稳定策略，此时回收处理商 I 的复制者动态相位图如图 6.10（b）所示。

根据上述分析可知：当 $T < \pi_7 - \pi_5$，即监管部门补贴小于回收处理商 I 采取"维持现状"策略与采取"提升回收处理水平"策略的收益之差时，无论回收处理商 II 是否采取"维持现状"策略，回收处理商 I 都会采取"维持现状"策略。当 $T > \pi_7 - \pi_5$，即监管部门补贴大于回收处理商 I 采取"维持现状"策略与采取"提升回收处理水平"策略的收益之差时，回收处理商 I 群体将出现一种混合状态，回收处理商 I 是否采取"提升回收处理水平"策略取决于监管部门补贴 T 的值是否使 $\dfrac{\pi_5 - \pi_7 + T}{(\pi_5 - \pi_7) - (\pi_1 - \pi_3)}$ 大于 y。

2. 回收处理商 II 稳定性分析

由式（6.39）知，回收处理商 II 的复制动态方程为：

$$F(y) = \frac{dy}{dt} = [x(\pi_2 + T - \pi_6) + (1 - x)(\pi_4 + T - \pi_8)]y(1 - y)。$$

若 $x = \dfrac{\pi_4 - \pi_8 + T}{(\pi_4 - \pi_8) - (\pi_2 - \pi_6)}$ 且 $0 \leqslant x \leqslant 1$，则 $\dfrac{dy}{dt} = 0$ 恒成立，此时 y 取任意值系统都是稳定状态，回收处理商 II 的复制动态相位图如图 6.11 中的（a）所示。该相位图表示，当回收处理商 II 以 $x = \dfrac{\pi_4 - \pi_8 + T}{(\pi_4 - \pi_8) - (\pi_2 - \pi_6)}$ 的比例水平选择"企业化转型"策略时，回收处理商 II 两种策略选择的收益没有区别。

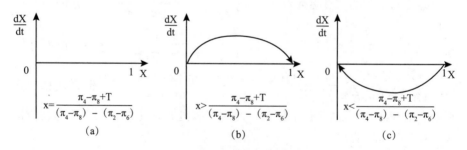

图 6.11　回收处理商 II 复制动态相图

若 $x \neq \dfrac{\pi_4 - \pi_8 + T}{(\pi_4 - \pi_8) - (\pi_2 - \pi_6)}$，则 $y = 0$ 和 $y = 1$ 是 $\dfrac{dy}{dt}$ 的两个稳定状态。对 $F(y) = \dfrac{dy}{dt}$ 求导可得 $\dfrac{dF(y)}{dt} = [x(\pi_2 + T - \pi_6) + (1 - x)(\pi_4 + T - \pi_8)](1 - 2y)$。

结合 6.1 节的仿真参数设置，对 $\dfrac{\pi_4 - \pi_8 + T}{(\pi_4 - \pi_8) - (\pi_2 - \pi_6)}$ 进行讨论：

（1）当 $(\pi_4-\pi_8)-(\pi_2-\pi_6)<\pi_4-\pi_8+T$，即 $\pi_6-\pi_2<T$ 时，

$\dfrac{\pi_4-\pi_8+T}{(\pi_4-\pi_8)-(\pi_2-\pi_6)}>1$，恒有 $x<\dfrac{\pi_4-\pi_8+T}{(\pi_4-\pi_8)-(\pi_2-\pi_6)}$，则 $\left.\dfrac{dF(y)}{dy}\right|_{y=0}<$

0，$\left.\dfrac{dF(y)}{dy}\right|_{y=1}>0$，根据演化稳定判断方法知 $x=0$ 是演化稳定策略，此时回收处理商 I 的复制者动态相位图如图 6.11（c）所示。

（2）当 $(\pi_4-\pi_8)-(\pi_2-\pi_6)>\pi_4-\pi_8+T$，即 $\pi_6-\pi_2>T$ 时，则出现两种情况：

① $x<\dfrac{\pi_4-\pi_8+T}{(\pi_4-\pi_8)-(\pi_2-\pi_6)}<1$，则 $\left.\dfrac{dF(y)}{dy}\right|_{y=0}<0$，$\left.\dfrac{dF(y)}{dy}\right|_{y=1}>0$，根据演化稳定判断方法知 $x=0$ 是演化稳定策略，此时回收处理商 I 的复制者动态相位图如图 6.11（c）所示。

② $1>x>\dfrac{\pi_4-\pi_8+T}{(\pi_4-\pi_8)-(\pi_2-\pi_6)}$，则 $\left.\dfrac{dF(y)}{dy}\right|_{y=0}>0$，$\left.\dfrac{dF(y)}{dy}\right|_{y=1}<0$，根据演化稳定判断方法知 $x=1$ 是演化稳定策略，此时回收处理商 I 的复制者动态相位图如图 6.11（b）所示。

根据上述分析可知：当 $\pi_6-\pi_2>T$，即监管部门补贴大于回收处理商 II 采取“维持现状”策略时和回收处理商 II 采取“企业化转型”策略时回收处理商 I 的经营收益之差，无论回收处理商 II 是否采取“维持现状”策略，回收处理商 I 都会采取“提升回收处理水平”策略。当 $\pi_6-\pi_2<T$，即监管部门补贴小于回收处理商 II 采取“维持现状”策略时和回收处理商 II 采取“企业化转型”策略时回收处理商 I 的经营收益之差，回收处理商 I 群体将出现一种混合状态，回收处理商 I 是否采取“提升回收处理水平”策略取决于监管部门补贴 T 的值是否使 $\dfrac{\pi_4-\pi_8+T}{(\pi_4-\pi_8)-(\pi_2-\pi_6)}$ 大于 x。

3. 两个回收处理商群体的系统稳定性分析

根据两个回收处理商群体的演化稳定策略可知，当
$\begin{cases}0<\pi_5-\pi_7+T<(\pi_5-\pi_7)-(\pi_1-\pi_3)\\ \pi_4-\pi_8+T<(\pi_4-\pi_8)-(\pi_2-\pi_6)\end{cases}$ 时，$0<\dfrac{\pi_5-\pi_7+T}{(\pi_5-\pi_7)-(\pi_1-\pi_3)}<1$，

$0<\dfrac{\pi_4-\pi_8+T}{(\pi_4-\pi_8)-(\pi_2-\pi_6)}<1$，则该复制动态方程有 5 个平衡点：$(0,0)$、$(0,1)$、$(1,0)$、$(1,1)$、$\left(\dfrac{\pi_5-\pi_7+T}{(\pi_5-\pi_7)-(\pi_1-\pi_3)},\dfrac{\pi_4-\pi_8+T}{(\pi_4-\pi_8)-(\pi_2-\pi_6)}\right)$。由于点 $\left(\dfrac{\pi_5-\pi_7+T}{(\pi_5-\pi_7)-(\pi_1-\pi_3)},\dfrac{\pi_4-\pi_8+T}{(\pi_4-\pi_8)-(\pi_2-\pi_6)}\right)$ 的迹为 0，所以该点为中心点。其余各平衡点的行列式值和迹如表 6.2 所示。

表 6.2　　　　　　　　　　系统各均衡点的行列式值和迹

平衡点	det(J)	tr(J)
X = 0，Y = 0	$(T + \pi_4 - \pi_8)(T + \pi_5 - \pi_7)$	$(T + \pi_4 - \pi_8) + (T + \pi_5 - \pi_7)$
X = 0，Y = 1	$-(T + \pi_1 - \pi_3)(T + \pi_4 - \pi_8)$	$(T + \pi_1 - \pi_3) - (T + \pi_4 - \pi_8)$
X = 1，Y = 0	$-(T + \pi_5 - \pi_7)(T + \pi_2 - \pi_6)$	$(T + \pi_2 - \pi_6) - (T + \pi_5 - \pi_7)$
X = 1，Y = 1	$(T + \pi_1 - \pi_3)(T + \pi_2 - \pi_6)$	$-(T + \pi_1 - \pi_3) - (T + \pi_2 - \pi_6)$

从表 6.2 中可以看出，平衡点是否为 ESS 取决于各参数，根据弗里德曼的理论可得出以下结论：

（1）当 $T + \pi_5 - \pi_7 > 0$，$T + \pi_1 - \pi_3 > 0$，$T + \pi_2 - \pi_6 > 0$ 时，（X = 1，Y = 1）的 det(J) > 0 且 tr(J) < 0，所以是 ESS。

（2）当 $T + \pi_5 - \pi_7 < 0$，$T + \pi_1 - \pi_3 > 0$，$T + \pi_2 - \pi_6 > 0$ 时，（X = 1，Y = 1）的 det(J) > 0 且 tr(J) < 0，所以是 ESS。

（3）当 $T + \pi_5 - \pi_7 > 0$，$T + \pi_1 - \pi_3 < 0$，$T + \pi_2 - \pi_6 > 0$ 时，（X = 0，Y = 1）的 det(J) > 0 且 tr(J) < 0，所以是 ESS。

（4）当 $T + \pi_5 - \pi_7 > 0$，$T + \pi_1 - \pi_3 > 0$，$T + \pi_2 - \pi_6 < 0$ 时，（X = 1，Y = 0）的 det(J) > 0 且 tr(J) < 0，所以是 ESS。

（5）当 $T + \pi_5 - \pi_7 < 0$，$T + \pi_1 - \pi_3 < 0$，$T + \pi_2 - \pi_6 > 0$ 时，（X = 0，Y = 1）的 det(J) > 0 且 tr(J) < 0，所以是 ESS。

（6）当 $T + \pi_5 - \pi_7 < 0$，$T + \pi_1 - \pi_3 > 0$，$T + \pi_2 - \pi_6 < 0$ 时，所有点为鞍点。

（7）当 $T + \pi_5 - \pi_7 > 0$，$T + \pi_1 - \pi_3 < 0$，$T + \pi_2 - \pi_6 < 0$ 时，（X = 0，Y = 1）和（X = 1，Y = 0）的 det(J) > 0 且 tr(J) < 0，所以是 ESS。

（8）当 $T + \pi_5 - \pi_7 < 0$，$T + \pi_1 - \pi_3 < 0$，$T + \pi_2 - \pi_6 < 0$ 时，（X = 0，Y = 1）的 det(J) > 0 且 tr(J) < 0，所以是 ESS。

6.2.4　结论与建议

本节建立考虑监管部门补贴下的两类回收渠道经营主体演化博弈模型，并通过稳定性分析可知，监管部门补贴额度与两个回收处理商群体在不同情况下收益之间的关系决定了回收处理商Ⅰ和回收处理商Ⅱ两个群体最终的博弈演化方向。在以下情况时，监管部门补贴能够有效引导两个回收处理商群体分别做出"提升回收处理水平"和"企业化转型"的决策：当监管部门补贴 T 大于（回收处理商Ⅱ采取"企业化转型"策略的前提下）回收处理商Ⅰ采取"维持现状"和"提升回收处理水平"之间的收益差，且监管部门补贴 T 大于在两种前提下（回收处理商 II 采取"企业化转型"策略和"维持现状"策略时）回收处理商 I 采取"提升回收处理水平"策略的收益之差。因此，监管部门需适当提高补贴力度，促进两类回收处理上分别采取"提升回收处理水平"和"企业化转型"的决策，从而达到电子废弃物能够进行绿色处理的目的。

6.3 随机惩罚下非正规回收商与正规回收企业的演化博弈

6.3.1 模型构建及假设

为方便演化博弈模型的建立和分析，对博弈主体和变量进行以下假设：

假设 1：在该演化博弈系统中，一方是非正规回收群体；另一方是正规回收企业。二者的策略空间均为（合作，不合作）。由于有限理性的存在，双方会不断进行学习和模仿，通过观察对方的合作策略进行自身策略的调整和优化。

假设 2：非正规回收群体由 n 个非正规回收商组成，假定 n 个非正规回收商相互独立，且每个非正规回收商回收时所采取的策略相一致。

假设 3：假设 π_A 与 π_B 表示单个非正规回收商和正规回收企业均采取不合作策略时，即参与双方独立经营时的基本收益。当双方合作成功时将会获得超额收益，表示为 ΔK。θ 为非正规回收群体参与共同回收处理时的收益系数，$0 < \theta < 1$，因此非正规回收群体在合作过程中的超额收益为 $\theta \Delta K$，正规回收企业的超额利益为 $(1 - \theta) \Delta K$。参与双方的协同合作过程需要投入一定的成本，非正规回收群体和正规回收企业的合作成本分别可表示为 nC_A 和 C_B。除此之外，博弈方可能会遭受由于对方违约所造成的信任风险，进而导致一定程度的收益损失，可用 S_A 和 S_B 表示。R 表示正规回收企业或非正规回收群体采取合作策略时，政府给予的奖励金额。P 表示当政府一旦发现非正规回收商不愿意与正规回收企业共同进行回收处理时，对单个非正规回收商收取的惩罚费用。而单个非正规回收商坚持独立经营时被政府发现并采取惩罚措施的系数为 ε，其中随机变量 ε 满足伯努利分布，即 $p(\varepsilon = 0) = 1 - \beta$，$p(\varepsilon = 1) = \beta$。

在以上假设的基础上，得出非正规回收群体和正规回收企业合作博弈的收益矩阵，如表 6.3 所示。

表 6.3 非正规回收群体和正规回收企业博弈的收益矩阵

		非正规回收群体	
		合作	不合作
正规回收企业	合作	$\pi_B - C_B + (1-\theta)\Delta K + R$ $n(\pi_A - C_A) + \theta\Delta K + R$	$\pi_B - C_B - S_B + R$ $n\pi_A - \beta nP$
	不合作	π_B $n(\pi_A - C_A) - S_A + R$	π_B $n\pi_A - \beta nP$

在博弈的初始阶段，假设非正规回收群体选择合作策略的概率为 X，选择不合作策略的概率为 $1-X$；正规回收企业选择合作策略的概率为 Y，选择不合作策略的概率为 $1-Y$。

则电子废弃物非正规回收群体选择合作策略的期望收益为：

$$E_{GY} = Y[n(\pi_A - C_A) + \theta\Delta K + R] + (1-Y)[n(\pi_A - C_A) - S_A + R]$$
$$= Y(\theta\Delta K + S_A) + n(\pi_A - C_A) - S_A + R$$

电子废弃物非正规回收群体选择不合作策略的期望收益为：

$$E_{GN} = E(Q_{GN}) = Y(n\pi_A - E(P)E(\varepsilon)) + (1-Y)(n\pi_A - E(P)E(\varepsilon))$$
$$= n\pi_A - \beta nP$$

电子废弃物非正规回收群体采取混合策略的平均期望收益为：

$$\overline{E_G} = XE_{GY} + (1-X)E_{GN} = XY[\theta\Delta K + S_A] + X[n(\pi_A - C_A) - S_A + R]$$
$$+ (1-X)[n\pi_A - \beta nP]$$
$$= XY[\theta\Delta K + S_A] + X(R - S_A - nC_A + \beta nP) + n\pi_A - \beta nP$$

电子废弃物正规回收企业选择合作策略的期望收益为：

$$E_{RY} = X[\pi_B - C_B + (1-\theta)\Delta K + R] + (1-X)(\pi_B - C_B - S_B + R)$$
$$= X[(1-\theta)\Delta K + S_B] + \pi_B - C_B - S_B + R$$

电子废弃物正规回收企业选择不合作策略的期望收益为：

$$E_{RN} = X\pi_B + (1-X)\pi_B = \pi_B$$

电子废弃物正规回收企业采取混合策略的平均期望收益为：

$$\overline{E_R} = YE_{RY} + (1-Y)E_{RN} = XY[(1-\theta)\Delta K + S_B] + Y(R - C_B - S_B) + \pi_B$$

依据演化博弈的原理，可以构建政府补贴和随机惩罚下电子废弃物非正规回收群体和正规回收企业选择合作策略时的系统复制动态方程：

$$\frac{dX}{dt} = X(E_{GY} - \overline{E_G}) = X(1-X)[(\theta\Delta K + S_A)Y - nC_A - S_A + \beta np + R]$$

$$(6.40)$$

$$\frac{dY}{dt} = Y(E_{RY} - \overline{E_R}) = Y(1-Y)\{[(1-\theta)\Delta K + S_B]X + R - C_B - S_B\}$$

$$(6.41)$$

6.3.2　演化稳定策略分析

1. 非正规回收群体的演化稳定策略

令 $F(X) = \dfrac{dX}{dt}$，对式（6.40）求导可得：

$$\frac{dF(X)}{dX} = (1 - 2X)[(\theta\Delta K + S_A)Y - nC_A - S_A + \beta nP + R] \qquad (6.42)$$

记 $Y_0 = \dfrac{S_A + nC_A - R - \beta np}{\theta\Delta K + S_A}$，则 $\dfrac{dF(X)}{dX} = (1 - 2X)(Y - Y_0)(\theta\Delta K + S_A)$，根据不同参数的取值范围对复制动态方程进行稳定性分析：

（1）当 $Y = Y_0$ 时，等式 $F(X) = 0$ 恒成立，意味着在此区间内，所有的 X 取值点均处于稳定状态。

（2）当 $Y \neq Y_0$ 时，可以分成以下三种情况进行讨论：

①当 $S_A + nC_A - R - \beta np > \theta\Delta K + S_A$ 时，$X = 0$ 是演化稳定策略，即随着时间的推移，有限理性的非正规回收群体会选择不与正规回收企业达成合作关系，依然坚持原有的回收方式，且非正规回收群体的策略选择与正规回收企业互不相关。

②当 $\beta nP + R < S_A + nC_A < \theta\Delta K + S_A + \beta nP + R$ 时，非正规回收群体的稳定趋势是由正规回收企业合作策略 Y 概率大小决定的。

③当 $S_A + nC_A < \beta nP + R$ 时，$X = 1$ 为演化稳定策略，有限理性的非正规回收群体会选择与正规回收企业合作，共同通过正规回收渠道对电子废弃物进行回收处理。

2. 正规回收企业的演化稳定策略

令 $F(Y) = \dfrac{dY}{dt}$，对式（6.41）求导得：

$$\frac{dF(Y)}{dY} = Y(E_{RY} - \overline{E_R}) = (1 - 2Y)\{[(1 - \theta)\Delta K + S_B]X + R - C_B - S_B\}$$

$$(6.43)$$

记 $X_0 = \dfrac{C_B + S_B - R}{(1 - \theta)\Delta K + S_B}$，则 $\dfrac{dF(Y)}{dY} = (1 - 2Y)(X - X_0)[(1 - \theta)\Delta K + S_B]$，根据复制动态方程中不同参数的取值情况进行稳定性分析：

（1）当 $X = X_0$ 时，等式 $F(Y) = 0$ 恒成立，即所有 Y 点均处于稳定状态。

（2）当 $X \neq X_0$ 时，可分成三种情况讨论：

①当 $C_B + S_B - R > (1 - \theta)\Delta K + S_B$ 时，$Y = 0$ 是稳定策略，即有限理性的正规回收企业经过长期演化后不会倾向采取合作策略。

②当 $R < C_B + S_B < (1 - \theta)\Delta K + S_B + R$ 时，正规回收企业策略选择的稳定趋势是由非正规回收群体行为策略 X 的概率大小决定的。

③当 $C_B + S_B < R$ 时，$Y = 1$ 为演化稳定策略，表明正规回收企业会趋于采取合作策略，共同回收处理电子废弃物。

3. 混合策略的演化稳定性分析

根据非正规回收群体和正规回收企业之间混合策略的博弈，可以发现当且仅当 $0 \leq \dfrac{C_B + S_B - R}{(1 - \theta)\Delta K + S_B} \leq 1$，$0 \leq \dfrac{S_A + nC_A - R - \beta np}{\theta\Delta K + S_A} \leq 1$ 成立时，系统演化路径包含以下几个均衡点，即：A(0，0)、B(0，1)、C(1，0)、D(1，1)、$O\left(\dfrac{C_B + S_B - R}{(1 - \theta)\Delta K + S_B}, \dfrac{S_A + nC_A - R - \beta np}{\theta\Delta K + S_A}\right)$。该混合系统的雅克比矩阵如下所示：

$$J = \begin{bmatrix} (1 - 2X)(U_1 Y - V_1) & X(1 - X)U_1 \\ Y(1 - Y)U_2 & (1 - 2Y)(U_2 X - V_2) \end{bmatrix}$$

其中，$U_1 = \theta\Delta K + S_A$，$U_2 = (1 - \theta)\Delta K + S_B$，$V_1 = S_A + nC_A - R - \beta np$，$V_2 = C_B + S_B - R$。$0 < V_1 < U_1$ 且 $0 < V_2 < U_2$。

将各个局部稳定点分别代入该雅克比矩阵，得到其行列式 Det 和迹 Tr 的值。根据雅克比矩阵特征值的性质可得到，当 Det > 0 且 Tr > 0 时，为不稳定点；当 Tr = 0 时，为中心点；当 Det > 0 且 Tr ≤ 0 时，为稳定点。由此推断各个局部均衡点的性质分别如表 6.4 所示。

表 6.4　　　　　　　局部平衡点的稳定性分析

稳定点	Det(J)	符号	Tr(J)	符号	结果
X = 0，Y = 0	$V_1 V_2$	+	$-V_1 - V_2$	−	ESS
X = 0，Y = 1	$(U_1 - V_1)V_2$	+	$U_1 - V_1 + V_2$	+	不稳定点
X = 1，Y = 0	$V_1(U_2 - V_2)$	+	$V_1 + U_2 - V_2$	+	不稳定点
X = 1，Y = 1	$(V_1 - U_1)(V_2 - U_2)$	+	$V_1 - U_1 + V_2 - U$		ESS
X = X_0，Y = Y_0	$\dfrac{(U_1 - V_1)(U_2 - V_2)V_1 V_2}{U_1 U_2}$	+	0		中心点

从表 6.4 中可以得出，该系统复制动态方程组中有一个中心点 O，两个不稳定点 B(0，1)、C(1，0)，两个均衡点 ESSA(0，0)、D(1，1)，即当

系统处于稳定状态时，正规回收企业和非正规回收群体长期演化的均衡结果可能趋于竞争关系，也可能趋于合作关系。可以用一个坐标平面图来刻画正规回收企业和非正规回收群体在回收过程中策略选择的演化路径，如图6.12所示。

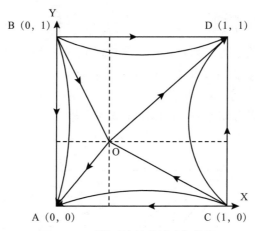

图 6.12　系统动态演化博弈相位图

从图 6.12 可以发现，中心点 O 与两个不稳定点 B 和 C 的连线 BOC 为两种不同演化趋势的分界线。当初始状态位于临界线的左下方 ABOC 区域时（面积为 M），系统收敛于（不合作，不合作）的稳定策略。反之，博弈双方将选择（合作，合作）的演化稳定策略。由此可见，该演化系统中博弈双方的行为是由初始状态 O 的位置决定的，初始状态一旦发生变动，不仅会改变不同演化趋势的变动区域，同样也会改变双方经过长期博弈选择不同策略的概率。

6.3.3　数值仿真

根据上述分析可以发现，博弈双方是否合作与以下几个决策变量相关：政府补贴 R 和随机惩罚 P、双方选择合作所获得的超额收益 ΔK、合作成本（nC_A，C_B）以及合作风险损失（S_A，S_B）。

为使分析过程更加简便，假设非正规回收群体与正规回收企业合作时所产生的成本相等（即 $nC_A = C_B$），双方合作风险损失也一致（即 $S_A = S_B$）。设定各参数的初始值为：$nC_A = C_B = 14$，$S_A = S_B = 4$，$\Delta K = 50$，$\theta = \frac{1}{2}$，$R = 2$，$P = 3$，$n = 2$，$\beta = \frac{1}{3}$，此时的中心点 O 坐标值为 $\left(\frac{16}{29}, \frac{14}{29}\right)$。下面分别对

这几个主要参数进行数值分析。

1. 超额收益 ΔK 的影响

假设其他参数保持不变，可以通过改变超额收益值的大小，来分析中心点 O 的运动轨迹，将其分别取值为：30、40、60、80，求出相对应的中心点 $O_1\left(\frac{16}{19}, \frac{14}{19}\right)$、$O_2\left(\frac{2}{3}, \frac{7}{12}\right)$、$O_3\left(\frac{8}{17}, \frac{7}{17}\right)$、$O_4\left(\frac{4}{11}, \frac{7}{22}\right)$，如图 6.13 所示，可以看到，超额收益 ΔK 取值越大，点 O 越趋向于 A（0，0），从而导致 M 面积增大，即非正规回收群体与正规回收企业采取（不合作，不合作）策略的概率更大。相反，ΔK 取值越小，则点 O 越向 D（1，1）靠拢，N 面积随之增大，此时博弈双方会更倾向于采取（合作，合作）策略。

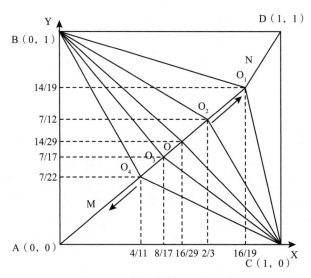

图 6.13　超额收益 ΔK 的影响

2. 合作成本 C_A、C_B 的影响

假设其他参数不变，对合作成本 C_A 和 C_B 分别取值 4、10、18、24，此时不同合作成本下点 O 的坐标为 $O_1\left(\frac{6}{29}, \frac{4}{29}\right)$、$O_2\left(\frac{12}{29}, \frac{10}{29}\right)$、$O_3\left(\frac{20}{29}, \frac{18}{29}\right)$、$O_4\left(\frac{26}{29}, \frac{24}{29}\right)$，如图 6.14 所示。合作成本越高，点 O 越倾向于 D（1，1）点，即非正规回收群体与正规回收企业选择合作的积极性越低，而随着合作成本 C_A 和 C_B 的减少，点 O 会逐渐向 A（0，0）靠拢，此时博弈双方才有合作的可能。

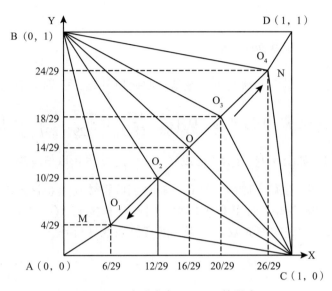

图 6.14 合作成本 C_A、C_B 的影响

3. 合作风险损失 S_A、S_B 的影响

在其他参数保持稳定的状态下，对合作风险损失分别取值：1、3、6、8，可以得到所对应的中心点 O 的变动情况，即 $O_1\left(\dfrac{13}{29}, \dfrac{11}{29}\right)$、$O_2\left(\dfrac{15}{29}, \dfrac{13}{29}\right)$、$O_3\left(\dfrac{18}{29}, \dfrac{16}{29}\right)$、$O_4\left(\dfrac{20}{29}, \dfrac{18}{29}\right)$，如图 6.15 所示。从点 O 的运动轨迹可以看出，S_A 和 S_B 越大，点 O 越接近 D(1, 1)，从而导致博弈双方选择竞争的倾向越强烈。

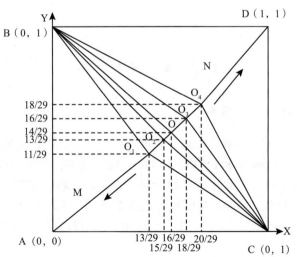

图 6.15 合作风险损失 S_A、S_B 的影响

4. 政府补贴 R 的影响

在其他参数不变的情况下，逐渐调整政府补贴，分别取值为：$\dfrac{1}{2}$，1，3，5，求出中心点 O 的坐标：$O_1\left(\dfrac{35}{58}, \dfrac{31}{58}\right)$、$O_2\left(\dfrac{17}{29}, \dfrac{15}{29}\right)$、$O_3\left(\dfrac{15}{29}, \dfrac{13}{29}\right)$、$O_4\left(\dfrac{13}{29}, \dfrac{11}{29}\right)$，如图 6.16 所示。可以看到，政府补贴 R 取值越小，点 O 越向 D（1，1）靠拢，也就意味着，无论非正规回收群体还是正规回收企业，都将选择不合作的策略。而 R 取值越大，则点 O 越接近 A（0，0），导致 N 面积越来越大，这表明博弈双方有更大的意愿采取（合作，合作）的演化稳定策略。

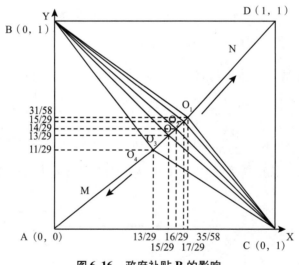

图 6.16　政府补贴 R 的影响

5. 随机惩罚 P 的影响

对中心点 O 的坐标表达式进行数值模拟，可以发现，其他参数不变时，若政府对非正规回收商采取的随机惩罚金额 P 增加，其所对应的中心点 O 的坐标值将随之增大，此时点 O 越会向 A（0，0）靠近，即非正规回收群体和正规回收企业经过长期不断博弈后最终都会选择采取合作策略。反之，P 越小，则点 O 越会远离 A（0，0），此时非正规回收群体与正规回收企业更倾向于竞争关系。

6.3.4　结论与建议

本节运用演化博弈理论，构建了非正规回收群体与正规回收企业在政府补贴和随机惩罚下的复制动态模型，并对参与合作双方的策略选择与演化稳定性进行了分析，最后在此基础上进行了数值模拟，进一步对非正规回收群体与正规回收企业合作行为的影响因素展开讨论，得到如下结论：

（1）非正规回收群体与正规回收企业选择合作策略的概率与合作的超额收益和政府补贴及随机惩罚呈正相关，与合作成本和合作风险损失呈负相关。

（2）非正规回收群体与正规回收企业采取混合策略时，系统演化路径具有周期性特征。当且仅当非正规回收商选择合作策略的概率大于 $\dfrac{C_B + S_B - R}{(1-\theta)\Delta K + S_B}$，且正规回收企业选择合作策略的概率大于 $\dfrac{S_A + nC_A - R - \beta np}{\theta \Delta K + S_A}$ 时，博弈双方才会达到合作共赢的理想状态。

通过对上述数值模拟的结果进行讨论和分析，非正规回收群体和正规回收企业最终能否演化到（合作，合作）均衡状态，与该模型初始参数的合理配置有着密切的关系，基于此提出如下几点政策性建议：

（1）要想实现非正规回收群体和正规回收企业之间的长期合作和共赢，关键在合作双方能够保证创造良好的超额收益。因此，在实践中，就要求合作双方尽可能提高资源的互补程度，实现信息、技术、产品等各方面的协同效应，进而最大限度地创造超额收益，以保证双方形成良好的合作伙伴关系。

（2）合作成本与系统合作共赢的演化路径呈反比，为了使博弈双方的合作关系更牢靠，可采取如下措施：一是要求合作双方提高自主创新水平，最大限度地降低合作过程中的技术成本；二是提高合作双方的信息获取与整合能力，以实现减少信息搜寻成本的目的，进而全方位提高双方的合作效率。

（3）由于非正规回收群体和正规回收企业之间的信任水平越高，采取合作的一方面临违约的概率越小，双方更容易形成稳健的合作关系。因此合作双方需要加强沟通与协调，共建良好的合作氛围。同时构建企业间的信誉评价体系和合作风险监督系统，为双方的合作提供保障。

（4）为了让非正规回收商与正规回收企业达成持久的合作关系，政府一方面应重点打击小商贩、非法拆解户等非正规回收商，科学制定随机惩罚额度；另一方面要激励正规合法的回收机构，给予相应的经济补贴。与此同时，政府应完善和落实废旧电子产品回收的相关法律法规，严格制定我国电子废弃物的报废标准，并付诸实施。

6.4 本 章 小 结

本章基于国内电子废弃物绝大多数由非正规回收渠道经营主体回收处理的现状,假定目前电子废弃物回收处理行业中主要有正规渠道和非正规渠道的两类经营主体进行市场竞争,并且正规回收渠道经营主体无法在和非正规回收渠道经营主体的竞争中取得优势。为了改善正规回收主体面临的困境,对两类经营主体进行博弈分析,探讨影响主体策略选择的重要决策变量,并对非正规企业、正规企业和政府政策给出参考依据和方向。

为了探索两类回收渠道经营主体在不同条件下的竞争结果,通过建立完全市场机制下的静态博弈和考虑监管部门补贴条件下的演化博弈模型,分析两类回收渠道经营主体在不同经营策略下的演化稳定趋势。结果表明:在静态博弈模型中,单纯依靠两个回收渠道的经营主体的博弈不会得到理想的结果,所有的策略组合都会有至少一方抵制,因此有必要引入监管部门力量对市场进行干预;当引入监管部门的补贴后,在特定的数值范围内,监管部门补贴能够有效引导两类回收渠道经营主体做出"提升回收处理水平"和"企业化转型"的理想决策组合,监管部门补贴的有效性取决于在回收处理商Ⅱ采取"企业化转型"策略的前提下回收处理商Ⅰ采取"维持现状"的收益和"提升回收处理水平"的收益,以及回收处理商Ⅱ采取"维持现状"策略时回收处理商Ⅰ采取"提升回收处理水平"策略的收益。

构建了补贴和随机惩罚下非正规回收群体与正规回收企业的复制动态模型,并对参与合作双方的策略选择与演化稳定性进行了分析,再进行数值模拟,进一步对非正规回收群体与正规回收企业合作行为的影响因素展开讨论,得到的结论和建议如下:

(1)由于非正规回收群体与正规回收群体能否顺利开展合作的关键在于合作的超额收益和政府补贴是否能够成为足够诱发双方合作的动机,而合作成本与风险又成为阻碍双方合作的重要障碍。在政策上,要求回收群体尽可能改善双方在信息、技术等方面的共享机制,创造最大限度地超额收益,促使双方能够形成可靠的合作伙伴关系。

(2)对企业而言,合作成本的大小决定了合作能否长久不衰。合作双方应不断提升自身创新能力,降低合作成本,提高合作效率。同时,企业要不断推动构建信誉体制机制,让良好的信誉造就长久的合作共赢状态。

(3)对政府而言,严厉打击非法电子废弃物经营主体能够有效促进非正规回收群体向正规转型,另外,对正规经营主体提供科学合理的补贴可以增强正规经营主体的积极性。

第 3 篇

系统演化专题

第3章

人才与管理

第7章

回收处理系统演化的
供应链协调原理

7.1 考虑政府引导激励的回收渠道决策模型

本节在考虑政府引导激励的前提下研究我国现行四种回收处理模式的回收处理渠道决策模型及其最优参数，以期为电子废弃物回收管理政策研究提供参考。

7.1.1 基本假设与变量定义

综合我国现实电子废弃物回收市场现状，总结出参与电子废弃物回收处理的行为主体主要有生产商（M）、经销商（D）、消费者（C）、第三方回收企业（T）、专业处理企业（R）等。根据我国电子废弃物回收处理实践，本研究主要考虑如图 7.1 所示的四种回收处理情形，即生产商回收模式（MDC－CMR）、经销商回收模式（MDC－CDR）、第三方回收模式（MDC－CTR）以及专业处理企业回收模式（MDC－CR）。综合四种回收处理情形，为便于模型的建立和求解过程，以下对废弃物回收处理渠道和各相关变量分别进行假设和定义。

1. 基本假设

假设 1：所有电子废弃物由生产商负责回收，或者由生产商委托其他主体回收，被回收的电子废弃物都由专业处理企业进行处理。

假设 2：电子废弃物回收处理后的最终流向为材料再利用或无害化处理。

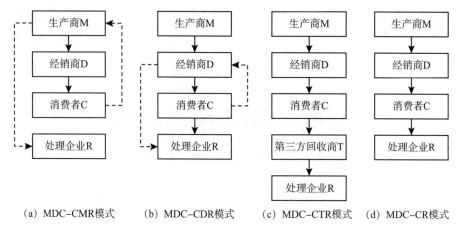

 (a) MDC–CMR模式 (b) MDC–CDR模式 (c) MDC–CTR模式 (d) MDC–CR模式

图7.1 电子废弃物回收处理的四种常见模式

假设3：不考虑对第三方回收商和专业处理企业等进行征税。

假设4：假设电器电子产品的需求函数和电子废弃物的供给函数均为简单线性函数。

假设5：由于企业规模、专业化程度及渠道差异等原因，不同主体的回收成本不同。

假设6：不考虑政府用于引导激励所投入资金的成本收益分析。

假设7：各类电器电子产品均通过经销商进行销售，即不考虑直销情形。

假设8：不考虑消费者使用或交投电器电子产品时所获得的方便性、满足感等间接收益，而只考虑直接经济收益。

2. 变量定义

记 $I = \{M, D, C, R, T\}$ 为电子废弃物回收处理的利益相关主体集合；$U = \{M_1, M_2, M_3, M_4\}$ 为回收处理模式集合，M_1、M_2、M_3、M_4 依次代表 MDC – CMR、MDC – CDR、MDC – CTR 及 MDC – CR 模式；π_Z^V 为 Z 模式下主体 V 的收益。

记 P_{iZ}^m 为 Z 模式下产品 i 的单位批发价格；P_{iZ}^d 为 Z 模式下产品 i 的单位零售价格；P_{iZ}^r 为 Z 模式下回收方向消费者支付的单位回收价格；P_{iZ}^p 为 Z 模式下处理方向回收方支付的单位转移价格；P_i^c 为产品 i 中再循环材料的销售价格。

记 C_i^m 为产品 i 的单位生产成本；C_i^d 为产品 i 的单位销售成本；C_{iV}^r 为主体 V 回收产品 i 的单位回收成本；C_i^p 为产品 i 的单位处理成本；r_i^c 为产品 i 的材料再循环比例；C_i^a 为产品 i 无害化处理部分的单位处理成本。W_i^r 为生产商向其他回收主体支付的产品 i 的单位委托回收费用；ε_1 为生产商的税收比例；ε_2 为经销商的税收比例。

记 Q_{iz} 为产品 i 的需求量，假设 $Q_{iz} = a_i - b_i P_{iz}^d$，其中 a_i 为市场最大的可能需求，b_i 为产品零售价格的敏感系数，且 $a_i > 0$，$b_i > 0$；Q_{iz}^r 为电子废弃物 i 的供给量，供给函数为 $Q_{iz}^r = a_i^r + b_i^r P_{iz}^r$，其中 a_i^r 为市场最小的可能供给（表示在社会上存在着一定数量的消费者主动无偿返还使用后的产品数量，a_i^r 越大，说明消费者的环保意识越高），b_i^r 为电子废弃物回收价格的弹性系数，且 $a_i^r > 0$，$b_i^r > 0$，一般有 $Q_{iz} > Q_{iz}^r$。

记 S_i^c 为政府给予生产商的产品 i 的单位回收补贴；S_i^r 为政府给予处理企业的产品 i 的单位处理补贴；S_{iz} 为 Z 模式下政府支出的总补贴费用，显然有 $S_{iz} = (S_i^c + S_i^r) Q_{iz}^r$；$\tau_Z$ 为 Z 模式下的回收率，易见 $\tau_Z = \dfrac{Q_{iz}^r}{Q_{iz}}$。

7.1.2　回收渠道决策模型的建立与求解

在电器电子产品生产和销售过程中，生产商是价格的制定者，经销商是价格的跟随者。生产商在制定产品批发价时，会预料到经销商的可能反应。经销商基于生产商的决定，制定产品零售价。同样，在电子废弃物回收处理过程中，处理方是价格的制定者，回收方是价格的跟随者。处理方在制定产品转移价格时，会预料到回收方的可能反应。回收方基于处理方的决定，制定产品回收价格。因此，批发价格 P_{iz}^m 和零售价格 P_{iz}^d、转移价格 P_{iz}^p 和回收价格 P_{iz}^r 之间构成 Stackelberg 博弈关系，彼此通过价格博弈达到均衡。在 7.1.2 中将分别对 MDC - CMR 模式（生产商回收）、MDC - CDR 模式（经销商回收）、MDC - CTR 模式（第三方回收）和 MDC - CR 模式（处理企业回收）等四种回收渠道决策进行博弈模型的建立，分别计算，得到不同模式下的回收率、生产商利润、经销商利润、消费者的收益、专业处理企业的利润等最优参数。

1. MDC - CMR 决策情形（生产商回收）

在 MDC - CMR 模式下，生产商所生产的电器电子产品经由经销商销售给消费者使用之后，由生产商负责电子废弃物回收，最后交由专业处理企业进行最终回收处理。因此，生产商收益由产品销售利润、回收补贴、处理方支付的转移价格收入、生产商向消费者支付的回收价格、回收成本等组成，即

$$\pi_{iM_1}^M = (1 - \varepsilon_1)(P_{iM_1}^m - C_i^m) Q_{iM_1} + (S_i^c + P_{iM_1}^p - P_{iM_1}^r - C_{iM_1}^r) Q_{iM_1}^r \quad (7.1)$$

生产商的决策变量包括批发价格 $P_{iM_1}^m$ 和回收价格 $P_{iM_1}^r$。

在 MDC - CMR 模式下，由于经销商不承担具体的回收业务，故经销

收益只包括产品销售利润，即

$$\pi_{M_1}^{D} = (1 - \varepsilon_2)(P_{iM_1}^{d} - P_{iM_1}^{m} - C_i^{d})Q_{iM_1} \tag{7.2}$$

经销商的决策变量为销售价格 $P_{iM_1}^{d}$；

专业处理企业的收益包括由生产商所支付的委托处理费用、由政府奖励的电子废弃物处理补贴、产品处理成本、再利用材料的销售收益、不可回收部分的无害化处理成本以及向回收方支付的转移价格，即

$$\pi_{M_1}^{R} = [P_i^{e}r_i^{c} - C_i^{a}(1 - r_i^{c}) - C_i^{p} + S_i^{r} - P_{iM_1}^{p}]Q_{iM_1} \tag{7.3}$$

专业处理企业的决策变量为转移价格 $P_{iM_1}^{p}$；

至于 MDC – CMR 模式下的消费者收益，则为：

$$\pi_{M_1}^{C} = P_{iM_1}^{r}Q_{iM_1}^{r} \tag{7.4}$$

经销商为了实现收益最大化需要满足 $\frac{\partial \pi_{M_1}^{D}}{\partial P_{iM_1}^{d}} = 0$，于是可求出 $P_{iM_1}^{d}$。专业处理企业收益最大化则要满足 $\frac{\partial \pi_{M_1}^{R}}{\partial P_{iM_1}^{p}} = 0$，于是可求出 $P_{iM_1}^{p}$。生产商收益最大化需要同时满足 $\frac{\partial^2 \pi_{M_1}^{M}}{\partial P_{iM_1}^{m2}} < 0$，$\frac{\partial^2 \pi_{M_1}^{M}}{\partial P_{iM_1}^{r2}} < 0$，$\frac{\partial^2 \pi_{M_1}^{M}}{\partial P_{iM_1}^{m2}}\frac{\partial^2 \pi_{M_1}^{M}}{\partial P_{iM_1}^{r2}} > \left(\frac{\partial^2 \pi_{M_1}^{M}}{\partial P_{iM_1}^{m} \partial P_{iM_1}^{r}}\right)^2$，$\frac{\partial \pi_{M_1}^{M}}{\partial P_{iM_1}^{m}} = 0$ 及 $\frac{\partial \pi_{M_1}^{M}}{\partial P_{iM_1}^{r}} = 0$，于是可求出批发价格 $P_{iM_1}^{m}$ 和回收价格 $P_{iM_1}^{r}$。

最终求得 MDC – CMR 模式下的回收率、生产商的利润、经销商的利润、消费者的收益、专业处理企业的利润等最优参数如表7.1所示。

2. MDC – CDR 决策情形（经销商回收）

MDC – CDR 模式下，生产商将废旧电器电子产品回收及废旧产品处理外包给其他主体，其中，经销商负责商品销售以及从消费者手中回收废旧电器电子产品，而技术上更为专业的处理企业则负责对经销商所回收的废旧电器电子产品进行专业的回收处理。MDC – CDR 模式下，生产商的决策变量为批发价格 $P_{iM_2}^{m}$，生产商收益为：

$$\pi_{M_2}^{M} = (1 - \varepsilon_1)(P_{iM_2}^{m} - C_i^{m})Q_{iM_2} + (S_i^{c} - W_i^{r})Q_{iM_2}^{r} \tag{7.5}$$

经销商的决策变量为销售价格 $P_{iM_2}^{d}$、回收价格 $P_{iM_2}^{r}$，经销商收益为：

$$\pi_{M_2}^{D} = (1 - \varepsilon_2)(P_{iM_2}^{d} - P_{iM_2}^{m} - C_i^{d})Q_{iM_2} + (P_{iM_2}^{p} + W_i^{r} - P_{iM_2}^{r} - C_{iD}^{r})Q_{iM_2}^{r} \tag{7.6}$$

专业处理企业的决策变量为转移价格 $P_{iM_2}^{p}$，收益为：

$$\pi_{M_2}^{R} = [P_i^{e}r_i^{c} - C_i^{a}(1 - r_i^{c}) - C_i^{p} + S_i^{r} - P_{iM_2}^{p}]Q_{iM_2}^{r} \tag{7.7}$$

消费者收益为 $\pi_{M_2}^{C} = P_{iM_2}^{r}Q_{iM_2}^{r}$。MDC – CDR 模式下的求解思路与前述 MDC – CMR 决策情形类似，详细求解结如表7.1所示。

表 7.1　不同电子废弃物回收模式下的最优结果

	MDC-CMR 模式	MDC-CDR 模式	MDC-CTR 模式	MDC-CR 模式
P_{iz}^{d*}	$\dfrac{3a_i + b_i(C_i^d + C_i^m)}{4b_i}$	$\dfrac{3a_i + b_i(C_i^d + C_i^m)}{4b_i}$	$\dfrac{3a_i + b_i(C_i^d + C_i^m)}{4b_i}$	$\dfrac{3a_i + b_i(C_i^d + C_i^m)}{4b_i}$
P_{iz}^{m*}	$\dfrac{a_i - b_i(C_i^d - C_i^m)}{2b_i}$	$\dfrac{a_i - b_i(C_i^d - C_i^m)}{2b_i}$	$\dfrac{a_i - b_i(C_i^d - C_i^m)}{2b_i}$	$\dfrac{a_i - b_i(C_i^d - C_i^m)}{2b_i}$
P_{iz}^{r*}	$\dfrac{-3a_i^r + T_1 b_i^r}{4b_i^r}$	$\dfrac{-3a_i^r + T_2 b_i^r}{4b_i^r}$	$\dfrac{-3a_i^r + T_2 b_i^r}{4b_i^r}$	$\dfrac{-a_i^r + T_2 b_i^r}{2b_i^r}$
Q_{iz}^*	$\dfrac{a_i - b_i(C_i^d + C_i^m)}{4}$	$\dfrac{a_i - b_i(C_i^d + C_i^m)}{4}$	$\dfrac{a_i - b_i(C_i^d + C_i^m)}{4}$	$\dfrac{a_i - b_i(C_i^d + C_i^m)}{4}$
Q_{iz}^{r*}	$\dfrac{a_i^r + T_1 b_i^r}{4}$	$\dfrac{a_i^r + T_2 b_i^r}{4}$	$\dfrac{a_i^r + T_2 b_i^r}{4}$	$\dfrac{a_i^r + T_2 b_i^r}{4}$
τ_z^*	$\dfrac{a_i^r + T_1 b_i^r}{4}$ $a_i - b_i(C_i^d + C_i^m)$	$\dfrac{a_i^r + T_2 b_i^r}{4}$ $a_i - b_i(C_i^d + C_i^m)$	$\dfrac{a_i^r + T_2 b_i^r}{4}$ $a_i - b_i(C_i^d + C_i^m)$	$\dfrac{2(a_i^r + T_2 b_i^r)}{a_i - b_i(C_i^d + C_i^m)}$
S_{iz}^*	$\dfrac{a_i^r + T_1 b_i^r}{4}(S_i^c + S_i^r)$	$\dfrac{a_i^r + T_2 b_i^r}{4}(S_i^c + S_i^r)$	$\dfrac{a_i^r + T_2 b_i^r}{4}(S_i^c + S_i^r)$	$\dfrac{a_i^r + T_2 b_i^r}{4}(S_i^c + S_i^r)$

续表

	MDC－CMR 模式	MDC－CDR 模式	MDC－CTR 模式	MDC－CR 模式
π_Z^{M*}	$\dfrac{(1-\varepsilon_1)H^2}{8b_i}+\dfrac{(a_i^r+T_1 b_i^r)^2}{16b_i^r}$	$\dfrac{(1-\varepsilon_1)H^2}{8b_i}+\dfrac{a_i^r+T_2 b_i^r}{4}(S_i^c-W_i^r)$	$\dfrac{(1-\varepsilon_1)H^2}{8b_i}+\dfrac{a_i^r+T_2 b_i^r}{4}(S_i^c-W_i^r)$	$\dfrac{(1-\varepsilon_1)H^2}{8b_i}+\dfrac{a_i^r+T_2 b_i^r}{2}(S_i^c-W_i^r)$
π_Z^{D*}	$\dfrac{(1-\varepsilon_2)H^2}{16b_i}$	$\dfrac{(1-\varepsilon_2)H^2}{16b_i}-\dfrac{(a_i^r+T_2 b_i^r)^2}{16b_i^r}$	$\dfrac{(1-\varepsilon_2)H^2}{16b_i}$	$\dfrac{(1-\varepsilon_2)H^2}{16b_i}$
π_Z^{C*}	$\dfrac{(T_1 b_i^r-3a_i^r)(T_1 b_i^r+a_i^r)}{16b_i^r}$	$\dfrac{(T_2 b_i^r-3a_i^r)(T_2 b_i^r+a_i^r)}{16b_i^r}$	$\dfrac{(T_2 b_i^r-3a_i^r)(T_2 b_i^r+a_i^r)}{16b_i^r}$	$\dfrac{(T_2 b_i^r)^2-(a_i^r)^2}{4b_i^r}$
π_Z^{R*}	$\dfrac{(a_i^r+T_1 b_i^r)^2}{8b_i^r}$	$\dfrac{(a_i^r+T_2 b_i^r)^2}{8b_i^r}$	$\dfrac{(a_i^r+T_2 b_i^r)^2}{8b_i^r}$	$\dfrac{(a_i^r+T_2 b_i^r)^2}{4b_i^r}$
π_Z^{T*}	/	/	$\dfrac{(a_i^r+T_2 b_i^r)^2}{16b_i^r}$	/

注：$T_1 = P_i^c r_i^c - C_i^a(1-r_i^c) - C_i^p - C_{iM}^r + S_i^c + S_i^r$，$T_2 = P_i^c r_i^c - C_i^a(1-r_i^c) - C_i^p - C_{iZ}^r + S_i^r + W_i^r$，$H = a_i - b_i C_i^d - b_i C_i^m$。

3. MDC－CTR 决策情形（第三方回收）

MDC－CTR 模式下，生产商和经销商均不参与具体回收过程，而是由第三方回收商负责从消费者手中回收废旧产品，并由专业处理企业负责最终处理。因此，MDC－CTR 模式下，生产商决策变量为批发价格 $P_{iM_3}^m$，生产商收益为：

$$\pi_{M_3}^M = (1 - \varepsilon_1)(P_{iM_3}^m - C_i^m)Q_{iM_3} + (S_i^c - W_i^r)Q_{iM_3}^r \tag{7.8}$$

经销商决策变量为销售价格 $P_{iM_3}^d$，收益为：

$$\pi_{M_3}^D = (1 - \varepsilon_2)(P_{iM_3}^d - P_{iM_3}^m - C_i^d)Q_{iM_3} \tag{7.9}$$

第三方回收商的决策变量为回收价格 $P_{iM_3}^r$，收益为：

$$\pi_{M_3}^T = (P_{iM_3}^p + W_i^r - P_{iM_3}^r - C_{iT}^r)Q_{iM_3}^r \tag{7.10}$$

专业处理企业决策变量为转移价格 $P_{iM_3}^p$，收益为：

$$\pi_{M_3}^R = [P_i^c r_i^c - C_i^a(1 - r_i^c) - C_i^p + S_i^r - P_{iM_3}^p]Q_{iM_3}^r \tag{7.11}$$

消费者收益为 $\pi_{M_3}^C = P_{iM_3}^r Q_{iM_3}^r$。MDC－CTR 模式下的详细求解结果如表 7.1 所示。

4. MDC－CR 决策情形（处理企业回收）

MDC－CR 模式下，生产商和经销商都不参与具体的回收处理过程，而专业处理企业则不仅负责处理废旧电器电子产品，而且还负责从消费者手中回收废旧电器电子产品。因此，生产商决策变量为批发价格 $P_{iM_4}^m$，生产商收益为：

$$\pi_{M_4}^M = (1 - \varepsilon_1)(P_{iM_4}^m - C_i^m)Q_{iM_4} + (S_i^c - W_i^r)Q_{iM_4}^r \tag{7.12}$$

经销商的决策变量为销售价格 $P_{iM_4}^d$，经销商收益为：

$$\pi_{M_4}^D (1 - \varepsilon_2)(P_{iM_4}^d - P_{iM_4}^m - C_i^d)Q_{iM_4} \tag{7.13}$$

废弃物处理企业的决策变量为转移价格 $P_{iM_4}^r$，处理企业收益为：

$$\pi_{M_4}^R = [P_i^c r_i^c - C_i^a(1 - r_i^c) - C_i^p + W_i^r + S_i^r - C_{iR}^r - P_{iM_4}^r]Q_{iM_4}^r \tag{7.14}$$

消费者收益 $\pi_{M_4}^C = P_{iM_4}^r Q_{iM_4}^r$。详细求解结果如表 7.1 所示。

7.1.3　讨论与分析

1. 四种情形下最优参数的比较分析

根据表 7.1 所示的求解结果，当各主体的电子废弃物回收成本相同时，可以得到以下推论。

推论 1：$P_{iM_1}^{d*} = P_{iM_2}^{d*} = P_{iM_3}^{d*} = P_{iM_4}^{d*}$；$Q_{iM_1}^{r*} = Q_{iM_2}^{r*} = Q_{iM_3}^{r*} = Q_{iM_4}^{r*}$。

推论 1 表明电器电子产品的零售价以及市场需求量在四种回收处理模式下没有差异，即电器电子产品的市场需求和价格与废弃物回收处理所采用的具体模式和回收处理补贴方式没有关系，也进一步说明电子废弃物回收处理模式选择不受厂商产品定价策略及市场消费需求的影响。

推论 2：若 S_i 既定，则 $\tau_{M_1}^*$、$\pi_{M_1}^V$ 与 S_i^c、S_i^r 在 S_i 中的份额大小无关。

推论 2 表明，只要政府提供的单位补贴数额固定不变，则 MDC – CMR 模式下的回收率以及各主体的收益与补贴对象和数额大小无关。

推论 3：$W_i^r = S_i^c$ 时，$\tau_{M_1}^* = \tau_{M_2}^* = \tau_{M_3}^* = \tau_{M_4}^*/2$，$\pi_{M_1}^{M*} > \pi_{M_2}^{M*} = \pi_{M_3}^{M*} = \pi_{M_4}^{M*}$，$\pi_{M_1}^{D*} = \pi_{M_3}^{D*} = \pi_{M_4}^{D*} > \pi_{M_2}^{D*}$，$\pi_{M_1}^{R*} = \pi_{M_2}^{R*} = \pi_{M_3}^{R*} = \pi_{M_4}^{R*}$。

推论 4：$W_i^r > S_i^c$ 时，$\tau_{M_1}^* < \tau_{M_2}^* = \tau_{M_3}^*$，$\pi_{M_1}^{M*} > \pi_{M_2}^{M*} = \pi_{M_3}^{M*}$；$W_i^r < S_i^c$ 时，$\tau_{M_1}^* > \tau_{M_2}^* = \tau_{M_3}^*$。

推论 3 和推论 4 表明，如果生产商把回收补贴全部用于委托第三方回收（也即生产商不需承担回收责任），则生产商自行回收将获得更高的收益，而经销商和专业处理商也可以接受 MDC – CMR，各主体间的博弈将最终导致回收率更高的 MDC – CR 模式无法被实行。反之，若赋予生产商一定的回收责任（经济责任），则推行 MDC – CDR 和 MDC – CTR 比 MDC – CMR 模式更加助于提高回收率。然而，生产者这时更加愿意自己负责回收，而不是委托经销商或第三方回收。因此，政府部门在电子废弃物回收政策制定时，应该在生产者责任延伸制和引导激励机制的具体补贴方式之间做出适当权衡。

2. 不同激励方式对回收率和各主体收益的影响

为了更直观地解释回收处理补贴方式对回收率和各主体收益的影响，我们给出理论模型的数值分析结果。

不失一般性，取 $C_i^m = 80$，$C_i^d = 80$，$C_{iV}^r = 15$，$C_i^p = 15$，$r_i^c = 0.30$，$C_i^a = 5$，$W_i^r = 20$，$\varepsilon_1 = \varepsilon_2 = 0.17$，$a_i = 500$，$b_i = 0.10$，$a_i^r = 20$，$b_i^r = 3$，$S_i = 50$，$P_i^c = 20$。四种情形下的回收率、生产商收益、经销商收益和处理商收益在补贴总额既定的前提下，随回收补贴/处理补贴比例大小而改变的数值仿真结果，如图 7.2 所示。

根据上述算例分析结果，在单位回收数量的回收补贴和处理补贴总额既定情况下，MDC – CMR 模式下的回收率以及各主体收益与回收补贴或处理补贴所占份额大小无关（也即推论 2），而其余三种模式下的回收率和各主体收益则随回收补贴/处理补贴的比值大小变化而发生改变。由图 7.2 还可发现，在多数可行的补贴方案（即回收补贴与处理补贴的份额划分）下，对各主体最有利的回收模式往往并非回收率最高的方案。

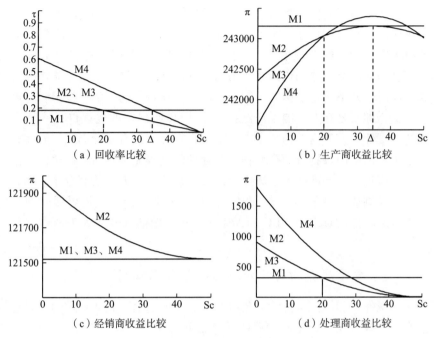

图 7.2   数值仿真结果

总之，理论上并不存在绝对占优的电子废弃物回收模式，政府部门在实施电子废弃物回收引导激励机制时，应该根据有关参数的实际经济含义做出综合权衡。

7.1.4   政策建议

截至目前，我国尚未建立完善的电子废弃物回收处理体系，电子废弃物回收处理监管也存在诸多问题，最典型的表现在于电子废弃物回收率低以及环境污染严重。着眼于通过政府引导激励以提高电子废弃物回收率，本节已重点讨论了 MDC – CMR、MDC – CDR、MDC – CTR 及 MDC – CR 四种情形下利益相关主体的回收处理决策模型，比较了四种情形下零售价、需求量、回收量、回收率及主体收益的最优参数，并通过算例分析了补贴方式对各模式下回收率和主体收益的影响。根据以上模型并结合分析结果，对废弃物回收处理模式和政府采取的引导激励机制给出政策上的建议，改善电子废弃物回收处理市场经营状况。

1. 关于电子废弃物回收处理模式

综合有关推论和数值仿真，相对而言，MDC – CMR 是回收率最稳定的模式，若赋予生产商回收废弃物的经济责任，则也是生产商愿意接受的模式。然而，MDC－CMR 并非回收率最高的回收模式，也并非最适合我国国情的电子废弃物回收处理模式。首先，面临 Rohs、WEEE 等指令形成的技术贸易壁垒，以及流通渠道强势经销商的利润挤压，许多中小企业在改造生产线的同时，并不具备承担电子废弃物回收物流责任的经济、技术和管理能力；其次，即便是在发达国家广泛推行的 EPR 所规定的也仅仅是一种广义的生产者责任，生产商承担电子废弃物回收责任可以有多种形式，而并非一定要求生产商从回收物流到废弃物最终处理的全程完全参与；再次，根据供应链管理理论，生产商把电子废弃物回收外包给第三方，从而专注于提升在产品设计及制造领域的核心竞争力，将有利于企业持续获得更多利润；最后，本节的数值仿真表明 MDC－CMR 并非对经销商和专业处理商最有利的回收模式。

2. 关于电子废弃物回收处理的引导激励机制

从环境保护和能源可持续的角度，在给予专业处理企业补贴的同时也赋予生产商回收责任（即生产者责任延伸制下的 MDC－CR 模式），则可以达到相对更高的电子废弃物回收率。然而，该政策情境下生产商、经销商、专业处理企业和第三方回收企业均更加偏好自行回收。只有制定综合完善的激励机制，针对有关主体的回收处理补贴才能产生激励效果。为此，提出以下建议。

（1）基于制度的引导激励。建议在强化生产者责任延伸制度的同时，探索并逐步推行电子废弃物回收责任分担政策。一方面，给予经销商、回收商和专业处理企业以资金补贴和政策优惠，促进相应主体积极参与电子废弃物回收处理，从而提高回收率；另一方面，还应明确赋予生产商、经销商、处理企业和消费者等主体参与规范化电子废弃物回收的法律、实体及经济责任。

（2）基于对象的引导激励。我国目前的电子废弃物回收管理体系对于经销商、回收商、处理企业等主体较为有利，而对于电器电子产品生产企业则缺乏必要的引导激励。《废弃电器电子产品处理基金征收使用管理办法》的正式实施则将进一步挤压行业性产能过剩生产企业的微薄利润。建议今后加强对电器电子生产企业在技术革新、工艺改进等方面的引导激励，从源头上减少有害物质使用。

（3）基于过程的引导激励。电子废弃物回收处理过程需要生产商、经销商、第三方回收商及处理企业等主体的共同参与，各类主体的决策行为显然存在目标冲突，因此，应根据《废弃电器电子产品回收处理管理条例》所界定的监管部门分工，从多平台废弃物收集、第三方物流运输、多渠道基金征收、二手市场规范及信息化监管网络等方面完善电子产品废弃物回收体系。

7.2　零售商主导闭环供应链的奖惩机制

本节以闭环供应链为研究对象，分析零售商主导下奖惩机制对参与主体各决策变量的影响，期望所得结论能为企业回收再制造决策和政府实施有效的奖惩机制提供决策依据。

7.2.1　研究假设

考虑由一个制造商和一个零售商组成的闭环供应链，如图 7.3 所示。

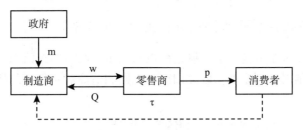

图 7.3　零售商主导下制造商回收的闭环供应链

制造商以批发价 w 将产品卖给零售商并负责废旧品的回收，零售商向制造商提出订货量 Q 并以零售价 p 出售给消费者。令 $p = w + \varepsilon$，其中 ε 相当于零售商的单位产品销售收益为零售商的决策变量（零售商决定零售价 p 实际上就是决定单位收益 ε）。零售商处于供应链的主导地位，决策顺序为零售商首先决定产品单位收益 ε 并给出订货量 Q，制造商在观察到 Q 后决定批发价 w 和回收率 τ。

基本假设如下：

假设 1：回收的固定投资为 I，与萨瓦斯卡（Savaskan，2004）相同，令 $I = k\tau^2$，其中 k 为回收的规模系数。

假设 2：回收的废旧品都可以用于再制造，用回收品再制造新产品的单位成本为 c_r，用新材料制造新产品的单位成本为 c_m，记 $\Delta = c_m - c_r$。制造商的单位回收成本为 A，假设 $\Delta > A$，表示制造商再制造节约的单位成本大于单位回收成本。

假设 3：再制造产品与用新材料生产的新产品同质，二者的市场销售价格相同, 消费者对两者的接受程度完全相同。

假设4: 假定零售商的订货量函数为 $Q = a - b(w + \varepsilon)$, 其中 a 表示最大市场需求, b 为价格敏感系数。且市场需求量等于订货量, 即零售商不用承担销售剩余和库存不足的风险。

假设5: 闭环供应链参与主体间信息完全对称。

用 π_j^i 表示供应链成员 j 在模型 i 下的最优利润, i = NN, NR, M 分别表示无回收再制造、无奖惩机制、奖惩制造商; j = S, R, M 分别表示整个供应链、零售商、制造商。

7.2.2 闭环供应链回收再制造决策模型

现实中, 闭环供应链回收再制造决策存在多种形式, 在此, 根据制造商对回收废弃旧产品的意识和政府是否采取奖惩机制分为无回收再制造、无惩机制的闭环供应链和政府提供奖惩机制三类情形, 并对三类情形分别建模。

1. 无回收再制造的供应链决策 (NN 模型)

在无回收再制造情形下, 制造商没有从事回收再制造活动, 政府也没有实施奖惩机制引导制造商回收废旧产品。则制造商和零售商的最优利润函数分别为:

$$\max_{\varepsilon} \pi_R^{NN} = (p - w)(a - b(w + \varepsilon)) \tag{7.15}$$

$$\max_{w} \pi_M^{NN} = (w - c_m)(a - b(w + \varepsilon)) \tag{7.16}$$

此时, 是零售商主导的 Stackelberg 博弈, 决策顺序为零售商先确定产品单位收益 ε 并给出订货量函数 Q, 制造商根据 Q 和给定的 ε 确定批发价。由逆向归纳法求得最优零售价、批发价以及零售商和制造商的最优利润分别为:

$$p^{NN} = \frac{3a + bc_m}{4b} \tag{7.17}$$

$$w^{NN} = \frac{a + 3bc_m}{4b} \tag{7.18}$$

$$\pi_R^{NN} = \frac{(a - bc_m)^2}{8b} \tag{7.19}$$

$$\pi_M^{NN} = \frac{(a - bc_m)^2}{16b} \tag{7.20}$$

2. 无奖惩机制的闭环供应链决策 (NR 模型)

在无奖惩机制情形下, 制造商意识到回收废旧产品的重要价值, 积极开展回收再制造活动，而政府并没有使用奖惩机制引导制造商。那么，无奖惩机制下的决策模型为：

$$\max_{\varepsilon}\pi_R^{NR} = (p-w)(a-b(w+\varepsilon)) \tag{7.21}$$

$$\max_{w,\tau}\pi_M^{NR} = (w-c_m+(\Delta-A)\tau)(a-b(w+\varepsilon))-k\tau^2 \tag{7.22}$$

定理1：为使式（7.22）有唯一最大值，需使得 $4k>b(\Delta-A)^2$ 成立。

证明：式（7.22）的 Hesse 矩阵为 $\begin{bmatrix} -2b & -b(\Delta-A) \\ -b(\Delta-A) & -2k \end{bmatrix}$。由假设可知，$b>0$，则一阶顺序主子式 $-2b<0$，当二阶顺序主子式 $4k-b(\Delta-A)^2>0$ 时，式（7.22）的利润函数是严格凹函数有唯一最大值，证毕。

此时博弈顺序与 NN 模型相同，运用逆向归纳法求解得到无奖惩机制下的最优零售价、批发价和回收率：

$$p^{NR} = \frac{a(3k-b(\Delta-A)^2)+bkc_m}{b(4k-b(\Delta-A)^2)} \tag{7.23}$$

$$w^{NR} = \frac{a(2k-b(\Delta-A)^2)+bc_m(6k-b(\Delta-A)^2)}{2b(4k-b(\Delta-A)^2)} \tag{7.24}$$

$$\tau^{NR} = \frac{(\Delta-A)(a-bc_m)}{2(4k-b(\Delta-A)^2)} \tag{7.25}$$

3. 政府提供奖惩机制的决策（M 模型）

为协调闭环供应链引导制造商提高废旧产品回收率，考虑政府对制造商实施奖惩机制，即政府给制造商设定最低回收率 τ_0，当制造商的回收率 τ 大于 τ_0 时政府给予制造商奖惩力度为 m 的奖励，而当 τ 小于 τ_0 时，政府给予力度为 m 的惩罚。此情形下，闭环供应链决策模型为：

$$\max_{\varepsilon}\pi_R^M = (p-w)(a-b(w+\varepsilon)) \tag{7.26}$$

$$\max_{w,\tau}\pi_M^M = (w-c_m+(\Delta-A)\tau)(a-b(w+\varepsilon))-k\tau^2+m(\tau-\tau_0) \tag{7.27}$$

与上一节求解方法相同，可求得最优零售价、批发价和回收率分别为：

$$p^M = \frac{a(3k-b(\Delta-A)^2)+bkc_m}{b(4k-b(\Delta-A)^2)} - \frac{(\Delta-A)m}{2(4k-b(\Delta-A)^2)}$$
$$= p^{NR} - \frac{(\Delta-A)m}{2(4k-b(\Delta-A)^2)} \tag{7.28}$$

$$w^M = \frac{a(2k-b(\Delta-A)^2)+bc_m(6k-b(\Delta-A)^2)}{2b(4k-b(\Delta-A)^2)}$$
$$-\frac{(\Delta-A)(6k-b(\Delta-A)^2)m}{4k(4k-b(\Delta-A)^2)}$$
$$= w^{NR} - \frac{(\Delta-A)(6k-b(\Delta-A)^2)m}{4k(4k-b(\Delta-A)^2)} \tag{7.29}$$

$$\tau^{M} = \frac{(\Delta - A)(a - bc_m)}{2(4k - b(\Delta - A)^2)} + \frac{(8k - b(\Delta - A)^2)m}{4k(4k - b(\Delta - A)^2)}$$

$$= \tau^{NR} + \frac{(8k - b(\Delta - A)^2)m}{4k(4k - b(\Delta - A)^2)} \qquad (7.30)$$

7.2.3 三种情形的比较分析

将三种决策模型的求解结果归纳如表7.2所示。

表 7.2   三种回收再制造闭环供应链模型的比较

	NN – 模型	NR – 模型	M – 模型
p	$\dfrac{3a + bc_m}{4b}$	$\dfrac{a(3k - b(\Delta - A)^2) + bkc_m}{b(4k - b(\Delta - A)^2)}$	$\dfrac{a(3k - b(\Delta - A)^2) + bkc_m}{b(4k - b(\Delta - A)^2)} - \dfrac{(\Delta - A)m}{2(4k - b(\Delta - A)^2)}$
w	$\dfrac{a + 3bc_m}{4b}$	$\dfrac{a(2k - b(\Delta - A)^2) + bc_m(6k - b(\Delta - A)^2)}{2b(4k - b(\Delta - A)^2)}$	$\dfrac{a(2k - b(\Delta - A)^2) + bc_m(6k - b(\Delta - A)^2)}{2b(4k - b(\Delta - A)^2)} - \dfrac{(\Delta - A)(6k - b(\Delta - A)^2)m}{4k(4k - b(\Delta - A)^2)}$
τ	/	$\dfrac{(\Delta - A)(a - bc_m)}{2(4k - b(\Delta - A)^2)}$	$\dfrac{(\Delta - A)(a - bc_m)}{2(4k - b(\Delta - A)^2)} + \dfrac{(8k - b(\Delta - A)^2)m}{4k(4k - b(\Delta - A)^2)}$
π_R	$\dfrac{(a - bc_m)^2}{8b}$	$\dfrac{k(a - bc_m)^2}{2b(4k - b(\Delta - A)^2)}$	$\dfrac{4k^2(a - bc_m)^2 + 4k(\Delta - A)(a - bc_m)m + b^2(\Delta - A)^2m^2}{8bk(4k - b(\Delta - A)^2)}$
π_M	$\dfrac{(a - bc_m)^2}{16b}$	$\dfrac{k(a - bc_m)^2}{4b(4k - b(\Delta - A)^2)}$	$\dfrac{4k^2(a - bc_m)^2 + 4bk(\Delta - A)(a - bc_m)m + b(16k - 3b(\Delta - A)^2)m^2}{16bk(4k - b(\Delta - A)^2)} - m\tau_0$

基于表7.2的求解结果可得如下结论。

推论1：最优零售价满足 $p^M < p^{NR} < p^{NN}$。

证明略。

推论1表明在无回收再制造决策下产品零售价最高，在政府实施奖惩机制情形下零售价最低。当制造商通过回收废旧产品依靠再制造活动节约制造成本并实现更多收益时，为回收更多废旧产品，制造商会通过价格机制引导零售商降低产品零售价以实现更多产品需求；当政府给予制造商奖惩机制时，可以有效刺激制造商积极从事废旧品的回收再制造活动，因此制造商也会引导零售商降低零售价提高产品需求量，从而回收更多的废旧产品。这表明政府实施的奖惩机制对废旧产品回收和消费者都是有利的。

推论 2：最优批发价满足 $w^M < w^{NR} < w^{NN}$。

证明略。

推论 2 表明制造商批发价在政府施加奖惩机制下最低，在无回收再制造决策下最高。由于制造商得到了政府的补贴，实施回收再制造决策是有利可图的，因此制造商会降低批发价以扩大产品的市场需求量，进而回收更多的废旧产品。

推论 3：最优回收率满足 $\tau^{NR} < \tau^M$。

证明略。

推论 3 表明奖惩机制下制造商的最优回收率高于无奖惩机制情形下的最优回收率，在奖惩机制下制造商有动力提高废旧品的回收率。因为在政府施加奖惩机制情形下，较低的回收率会受到政府的处罚，而提高废旧品的回收率不但可以获得再制造成本优势，同时还可以得到政府的奖励。

推论 4：零售商的最优利润满足 $\pi_R^{NN} < \pi_R^{NR} < \pi_R^M$。

证明：易证得

$$\pi_R^{NR} - \pi_R^{NN} = \frac{(\Delta - A)^2 (a - bc_m)^2}{8(4k - b(\Delta - A)^2)} > 0$$

$$\pi_R^M - \pi_R^{NR} = \frac{(\Delta - A)(a - bc_m)m}{2(4k - b(\Delta - A)^2)} + \frac{b(\Delta - A)^2 m^2}{8k(4k - b(\Delta - A)^2)} > 0$$

即得推论 4。

推论 4 表明零售商的最优利润在无回收再制造决策下最低，在奖惩机制下最高。由推论 4 的结论可以得到一个有趣的发现，即尽管零售商没直接参与废旧产品的回收活动，但作为供应链的主导者会通过价格机制攫取制造商部分回收再制造收益。

推论 5：制造商最优利润满足 $\pi_M^{NN} < \pi_M^{NR}$；当 $\tau_0 \leqslant H$ 时，$\pi_M^M \geqslant \pi_M^{NR}$，当 $\tau_0 > H$ 时，$\pi_M^M < \pi_M^{NR}$。

证明：易证得

$$\pi_M^{NR} - \pi_M^{NN} = \frac{(\Delta - A)^2 (a - bc_m)^2}{16(4k - b(\Delta - A)^2)} > 0$$

$$\pi_M^M - \pi_M^{NR} = \frac{(\Delta - A)(a - bc_m)m}{4(4k - b(\Delta - A)^2)} + \frac{(16k - 3b(\Delta - A)^2)m^2}{16k(4k - b(\Delta - A)^2)} - m\tau_0$$

令 $H = \dfrac{(\Delta - A)(a - bc_m)}{4(4k - b(\Delta - A)^2)} + \dfrac{(16k - 3b(\Delta - A)^2)m}{16k(4k - b(\Delta - A)^2)}$，则可得命题 5 的结论。

推论 5 表明回收再制造但无奖惩情形下制造商的最优利润大于无回收再制造情形下的最优利润，回收再制造对制造商有利。奖惩机制情形下制造商利润是否提高取决于政府规定的最低回收率和奖惩力度的大小。当 $\tau_0 < H$ 时，奖惩机制下制造商的最优利润高于无奖惩情形的最优利润，此时虽然提

高废旧产品回收率会产生大量的回收成本，但政府的奖励会弥补制造商回收再制造中产生的成本。而当政府规定的最低回收率较高时，如 $\tau_0 > H$ 时，奖惩机制下制造商的最优利润低于无奖惩情形下的最优利润，此时制造商将面临两难境地：回收率较低会受到处罚，提高回收率又会产生大量的回收成本，且政府的奖励并不能弥补这一损失。

7.2.4 数值算例分析

假设各参数为：a = 100，b = 0.8，c_m = 80，Δ = 30，k = 300，A = 20，τ_0 = 0.4，m = 400，由此可以得到各决策模型的均衡解如表 7.3 所示。

表 7.3　　　　　　　　　　　　不同决策情形下的均衡解

	NN	NR	M
p	113.75	112.95	111.16
w	91.25	90.45	85.33
τ	/	0.16	0.85
π_R	202.5	216.96	286.01
π_M	101.25	108.48	116.33
π_C	303.75	325.44	402.34

由表 7.3 的计算结果可知，与无奖惩机制相比，实施奖惩机制可以降低零售价和批发价，提高废旧产品回收率，零售商和制造商的利润均有所提高。表 7.3 的结果与前面分析结论一致。

进一步可以得到奖惩机制下制造商的利润变化曲线，如图 7.4 所示。由图 7.4 可知，引入奖惩机制后，当政府规定的最低回收率较低（$\tau_0 \leq 0.4$）且奖惩力度较小时制造商的利润小于无奖惩情形，当奖惩力度较大时制造商的利润随着奖惩力度的增大而增加并大于无奖惩情形，其中直线 AB 为无奖惩机制下制造商的利润水平。当最低回收率较高时（$\tau_0 > 0.5$），制造商的利润始终小于无奖惩机制情形，此时奖惩机制对于引导制造商提高回收率是无效的。因此，奖惩力度与最低回收率的适当搭配是政府实施奖惩机制的关键。

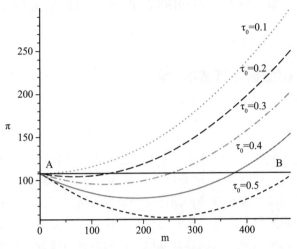

图 7.4 奖惩机制下制造商的利润变化曲线

7.2.5 研究结论

本节研究了奖惩机制对零售商主导的闭环供应链的影响，比较分析了制造商在有奖惩与无奖惩情形下的最优决策选择，可以得到以下结论：

（1）回收再制造可以降低产品的零售价和批发价，提高零售商和制造商的利润。尽管零售商没直接参与废旧产品的回收，但作为渠道的主导者可以通过价格机制攫取部分回收再制造的收益。

（2）奖惩机制的引入可以降低新产品的零售价和批发价，提高废旧品的回收率。

（3）奖惩机制下零售商的利润高于无回收再制造和无奖惩机制情形下的利润，该利润伴随着奖惩力度的增大而增加。

（4）当政府规定的最低回收率较低且奖惩力度较大时，奖惩机制下制造商的利润会大于无奖惩机制情形，此时奖惩机制是有效的；而当政府规定的最低回收率较高时，制造商所得利润比无奖惩情形下所得利润低，此时奖惩机制对于引导制造商提高回收率是无效的。

7.3 基于第三方回收的政府补贴与奖惩机制

7.3.1 模型描述与基本假设

1. 模型描述

本节研究由制造商、零售商、消费市场和第三方回收机构组成的再制造逆向供应链，其中以制造商为 Stackberg 领导者，首先确定给予第三方回收机构进行产品回收的委托费和再制造品的批发价格，而零售商和第三方回收商作为追随者根据制造商的决策制定自身的计划以使企业利益最大化。政府作为一个协调机构出现，对制造商采取一定的措施以激励回收的积极性，提高回收率。

2. 符号说明

为了便于对各相关决策变量的表述、模型建立和分析运算，将各影响决策的因素进行定义和说明，各符号及说明如下：

ω：制造商和零售商的交易价，即每单位产品的批发价

p：零售商和消费者的交易价，即每单位产品的销售价

r：第三方回收商从消费者处回收电子废弃物后给予消费者的每单位产品的回购价

b：制造商委托第三方回收商给予的每单位回收品的委托费

C_n：制造商使用新材料生产产品所需的单位成本

C_r：制造商使用回收产品进行再制造生产所需的单位成本

C_t：回收商回收产品所需的单位回收成本

3. 基本假设

假设1：假设从消费者回收的废旧品均可用于再制造，且再造品和新产品在质量、功能和功效上完全相同，并以无差别的方式进入市场进行销售。

假设2：一单位材料在理想状态下可生产一单位新产品。

假设3：制造商有足够的渠道力量支配零售商和第三方回收商，充当一个 Stackberg 领导者，所有成员按照自身利益最大化来做决策。

假设4：设市场需求 $D = a - b * p (a > 0, b > 0)$，其中 a 为市场最大的可能需求，b 为销售价格的敏感系数；设市场回收供给量 $Q = \alpha + \beta * r (\alpha >$

0，$\beta > 0$），α 为消费者自愿供给的回收量，α 越大，代表消费者的环保意识越高，β 为回收价的敏感系数。

假设 5：$\tau = \dfrac{Q(r)}{D(p)}$ 为产品的回收率，即市场供给量和市场需求量之比，也表示当期产品中再造品所占的比例，$0 \leqslant \tau_0 \leqslant 1$。

假设 6：制造商制造新产品的单位成本为 C_n，再造品的单位成本为 C_r，并且新产品的单位成本高于再造品的单位成本 $C_n > C_r$。

假设 7：政府只针对制造商采取相应的补贴和奖惩措施，s 为单位补贴，k 为单位奖惩力度，奖惩机制下 τ_0 为目标回收率，奖惩机制为 $k(\tau - \tau_0)$ $D(p)$，即若回收率 $\tau < \tau_0$，则因数量不足遭受惩罚，若回收率 $\tau > \tau_0$，则超出部分接受奖励。

假设 8：制造商从第三方回收商处每获得单位回收品，给予第三方回收商委托费 b。

假设 9：C_t 为回收产品的净成本，为了保证在无政府参与时，回收企业仍然得以生存，只考虑 $C_t < 0$ 的情况。

7.3.2　再制造逆向供应链决策模型

在变量假设完成后需要根据政府采取的不同策略，建立无政府参与的供应链模型、政府补贴机制下的供应链模型和政府奖惩机制下的供应链模型 3 种决策模型，并分别分析和说明，探索不同的政府政策下对第三方回收的策略选择所造成的影响。

1. 无政府参与下的逆向供应链模型

由于制造商可以选择利用新材料制造产品，也可以使用回收材料进行再制造，因此制造商的决策模型中应包含两部分。根据上一节定义的变量和假设，基准情形下制造商的最大化利润模型为：

$$\max_{\omega, b} \pi_M^1 : (\omega - C_n)(a - b * p) - (C_r + b)(\alpha + \beta * r) \tag{7.31}$$

回收商的决策模型为：$\max_{r} \pi_T^1 = (b - r - C_t)(\alpha + \beta * r)$ (7.32)

零售商的决策模型为：$\max_{p} \pi_D^1 = (p - \omega)(a - b * p)$ (7.33)

由于制造商是 Stackberg 领导者，因此优先决策，确定自己的最优决策，零售商和回收商根据其结果再单独制定决策。由逆向归纳法得

$$\omega_1^* = \frac{C_n}{2} - \frac{a}{2b} \tag{7.34}$$

$$b_1^* = \frac{C_t - C_r}{2} + \frac{\alpha}{2\beta} \tag{7.35}$$

$$p_1^* = \frac{C_n}{4} + \frac{a}{4b} \tag{7.36}$$

$$r_1^* = \frac{-C_t - C_r}{4} + \frac{\alpha}{4\beta} \tag{7.37}$$

$$\tau_1^* = \frac{3\alpha - \beta(C_r + C_t)}{3a - bC_n} \tag{7.38}$$

$$\pi_D^1 = \frac{(3a - bC_n)^2}{16b} \tag{7.39}$$

$$\pi_T^1 = \frac{[3\alpha - \beta(C_r + C_t)]^2}{16\beta} \tag{7.40}$$

$$\pi_M^1 = \frac{[\beta(C_r + C_t) + \alpha][\beta(C_r + C_t) - 3\alpha]}{8\beta} + \frac{(bC_n + a)(bC_n - 3a)}{8b} \tag{7.41}$$

2. 补贴机制下的逆向供应链决策模型

在 2011 年 1 月颁布的《废旧电器电子产品处理条例》中，第七条建立了用于废弃电器电子产品回收处理费用补贴的专项处理基金，根据这一条例，本研究针对回收再制造的产品进行一定的补贴，故制造商在补贴下的决策模型为：

$$\max_{\omega, b} \pi_M^2 : (\omega - C_n)(a - b * p) + (S - C_r - b)(\alpha + \beta * r) \tag{7.42}$$

回收商和零售商的决策模型不受政府补贴的影响，同式 (7.32)、式 (7.33)。

运用相同的方法求得最优解，并与基准解进行简单的数值对比，结果如下：

$$\omega_2^* = \frac{C_n}{2} - \frac{a}{2b} = \omega_1^* \tag{7.43}$$

$$b_2^* = \frac{S + C_t - C_r}{2} + \frac{\alpha}{2\beta} > b_1^* \tag{7.44}$$

$$p_2^* = \frac{C_n}{4} + \frac{a}{4b} = p_1^* \tag{7.45}$$

$$r_2^* = \frac{S - C_t - C_r}{4} + \frac{\alpha}{4\beta} > r_1^* \tag{7.46}$$

$$\tau_2^* = \frac{3\alpha + \beta(S - C_r - C_t)}{3a - bC_n} > \tau_1^* \tag{7.47}$$

$$\pi_D^2 = \frac{(3a - bC_n)^2}{16b} = \pi_D^1 \tag{7.48}$$

$$\pi_T^2 = \frac{[3\alpha + \beta\ (S - C_r - C_t)\ ]^2}{16\beta} > \pi_T^1 \tag{7.49}$$

$$\pi_M^2 = \frac{[\beta\ (C_r + C_t - S)\ + \alpha]\ [\beta\ (C_r + C_t - S)\ - 3\alpha]}{8\beta}$$

$$+ \frac{(bC_n + a)\ (bC_n - 3a)}{8b} < \pi_M^1 \tag{7.50}$$

结论 1：$b_1^* < b_2^*$，$r_1^* < r_2^*$，$\tau_1^* < \tau_2^*$，经过简单的数值比较可得到以上结论。政府的补贴政策有效地提高了制造商的回收积极性，增加回收率。制造商提高第三方回收商的委托费，由于供给函数是 r 的线性递增函数，因此回收商以更高的价格回收更多的废弃物。

结论 2：$\omega_1^* = \omega_2^*$，$p_1^* = p_2^*$，$\pi_D^1 = \pi_D^2$，$\pi_T^1 < \pi_T^2$，$\pi_M^1 > \pi_M^2$。说明政府针对制造商的回收进行一定的补贴不会影响产品在市场上的销售，维持了销售市场的稳定。由于制造商将 1/2 的政府补贴转化成了给予回收商的委托费，而回收商又将 1/4 的差额转化成回收价，促进了回收量的提高，使得回收商成了补贴政策的最大受益者。而制造商实际上获得的补贴却不能够弥补因为回收量的提升，需要支付更多的委托费和再制造材料的成本费，导致制造商利润有所下降。因此补贴政策对回收商有利。

3. 奖惩政策下的逆向供应链模型

奖惩政策不同于补贴政策，认为这是供应链成员应该履行的职责，在本研究中，供应链成员特指制造商。政府规定制造商必须达到的回收量标准，只针对超标或者不达标的数量进行奖励或惩罚，因此设定为差额和单位奖惩力度的乘积，函数表达式为 $k[\alpha - \beta r - \tau_0(a - bp)]$，$k > 0$。故制造商在奖惩措施下的决策模型为：

$$\max_{\omega,b}\pi_M^3：(\omega - C_n - k\tau_0)(a - b*p) + (k - C_r - b)(\alpha + \beta*r) \tag{7.51}$$

回收商和零售商的决策模型不受政府政策的影响，同式（7.32）、式（7.33）。

运用相同的方法求得最优解，并与基准解进行简单的数值对比，结果如下：

$$\omega_3^* = \frac{C_n}{2} - \frac{a}{2b} + \frac{k\tau_0}{2} > \omega_1^* \tag{7.52}$$

$$b_3^* = \frac{k + C_t - C_r}{2} + \frac{\alpha}{2\beta} > b_1^* \tag{7.53}$$

$$p_3^* = \frac{C_n}{4} + \frac{a}{4b} + \frac{k\tau_0}{4} > p_1^* \tag{7.54}$$

$$r_3^* = \frac{k - C_t - C_r}{4} + \frac{\alpha}{4\beta} > r_1^* \tag{7.55}$$

$$\tau_3^* = \frac{3\alpha + \beta(k - C_r - C_t)}{3a - bC_n - bk\tau_0} > \tau_1^* \qquad (7.56)$$

$$\pi_D^3 = \frac{(3a - bC_n - bk\tau_0)^2}{16b} < \pi_D^1 \qquad (7.57)$$

$$\pi_T^3 = \frac{[3\alpha + \beta(k - C_r - C_t)]^2}{16\beta} > \pi_T^1 \qquad (7.58)$$

$$\pi_M^3 = \frac{[\beta(C_r + C_t - k) + \alpha][\beta(C_r + C_t - k) - 3\alpha]}{8\beta}$$
$$+ \frac{(bC_n + bk\tau_0 + a)(bC_n + bk\tau_0 - 3a)}{8b} \qquad (7.59)$$

结论3：$b_1^* < b_3^*$，$p_1^* < p_3^*$，$r_1^* < r_3^*$，$\tau_1^* < \tau_2^*$，说明政府的奖惩机制同样能有效的促进回收率的提高。制造商为了完成政府的规定避免遭受惩罚，必须适当提高委托费以提高回收商的回收积极性。同时为了能够适当弥补增加的委托费成本，提高了产品的批发价，将部分的损失转移到零售商。奖惩机制下回收率得到了明显增长，一方面，回收价上升，更多的消费者愿意出售废弃品；另一方面，由于销价的提高，销量下降。

结论4：$\pi_D^3 < \pi_D^1$，$\pi_T^1 < \pi_T^3$，由于委托费和回收量的上升，回收商的利润得到提高，而零售商却因为销价的提高不足以弥补销量下降而带来的损失，导致利润下降。

结论5：$\pi_M^3 - \pi_M^1 = \dfrac{bk^2\tau^2 + 2bkC_n\tau_0 - 2ak\tau_0}{8} + \dfrac{\beta k^2 + 2k\alpha}{8} - \dfrac{\beta k(C_r + C_t)}{4}$，

当 $k > \dfrac{\tau_0(a - bC_n) + \beta(C_t + C_r) - \alpha}{4 * \dfrac{b\tau_0^2 + \beta}{8}}$ 时，$\pi_M^3 > \pi_M^1$，反之亦然。制造商的利润

涨跌取决于政府的奖惩力度能否弥补制造商因为提价和增加委托费而造成的额外成本，如果奖惩力度不足，则制造商就要自行承担部分的利润损失。

4. 政府补贴和奖惩机制的对比分析

由上面两节可知，补贴和奖惩机制都能够有效地提高回收率，发挥良好的协调作用，但是这两种政策有何差别，或者说能够更好地发挥协调作用，为了对比二者的作用效果，假设补贴力度 S 和奖惩力度 k 相同，即 S = k = λ。

结论6：$\tau_3^* > \tau_2^*$，由于 $\omega_3^* = \omega_2^* + \dfrac{k\tau_0}{2}$，$p_3^* = p_2^* + \dfrac{k\tau_0}{4}$，故 $D_3^* > D_2^*$，又因为 $b_2^* = b_3^*$，$r_2^* = r_3^*$，故 $Q_2^* = Q_3^*$，所以奖惩机制能够更有效、明显的提高回收率，也就是说奖惩机制更能鼓动制造商和第三方回收商的回收积极性，只是这种协调作用是通过减少市场销售量来体现的。

结论7：$\pi_D^3 < \pi_D^2$，$\pi_T^3 = \pi_T^2$，$\pi_M^3 > \pi_M^2$，奖惩机制下供应链整体的效益

更高。

回收商利润与基准情况相比，二者保持同幅度的增长，而奖惩机制下零售商的利润却比补贴机制下减少 $\dfrac{k\tau_0(bk\tau_0 + 2bC_n - 6a)}{16}$。虽然奖惩机制下制造商的利润涨跌由 k 决定，但是相比补贴机制下利润必然亏损，奖惩机制可以为这一损失弥补 $\dfrac{k\tau_0(2bC_n + bk\tau_0 - 2a)}{8}$。那么整个供应链的效益如何，谁更能有效协调供应链呢？

两种情况下，供应链利润之差为：

$$\Delta = \sum_{T,D,M} \pi^3 - \sum_{T,D,M} \pi^2 = \frac{k\tau_0(3bk\tau_0 + 6bC_n - 10a)}{16}$$
$$= 3(\pi_D^3 - \pi_D^2) + \frac{8ak\tau_0}{16} > 0$$

可知与补贴机制比，奖惩机制的供应链协调能力更强，获得更高的供应链整体效益。

7.3.3　结语与建议

本节研究了逆向供应链在政府激励机制下的协调与决策问题，建立了无政府参与的供应链决策模型、政府补贴机制下的决策模型和政府奖惩机制下的决策模型，并研究分析了补贴与奖惩机制的对比效果。通过分析研究，对比基准情况，得到以下结论：

（1）政府对制造商的补贴机制能够有效引导制造商、回收商提高回收率，并且维持了销售市场的稳定。然而，补贴机制有利于回收商、不利于制造商，制造商因为提高委托费使得剩余的补贴费用无法弥补回收再制造材料的成本，导致利润下降。

（2）政府对制造商的奖惩机制同样能够有效引导回收率的提高，但是销售市场也因此受到了影响，销售价格随奖惩力度的增加而增加，需求量也随之增加而减少。奖惩机制同样有利于回收商，不利于销售商。而制造商的利润增减取决于奖惩力度的大小，当奖惩力度足够大时，制造商的决策成本得以弥补，利润增加，反之，就要承担一定的利润损失。

（3）相较补贴机制，奖惩机制更能有效地激励供应链的回收积极性和提高供应链的整体效益。在奖惩机制下，虽然制造商的利润取决于奖惩力度的大小，但是同补贴机制相比，仍能够得到更多的效益。

本节研究发现政府使用奖惩机制不仅能够更有效的激励废弃物回收并协调供应链运作，还保持更高的供应链利益。由于奖惩机制会影响到销售市场中商品的价格，如果政府更强调销售市场的稳定性，那么补贴机制会是更好的选择。

本节研究尚有一些不足之处，例如：供应链的每一方成员都假设只有一个，然而企业是处于竞争之中的，现实中很少有企业能够完全垄断整个市场。此外，本研究也并没有将政府的决策考虑其中，而事实上政府会有自己的决策标准以权衡自身的利益得失。以上这些不足之处都是值得深入研究的方向之一。

7.4　本章小结

本章从电子废弃物回收处理的逆向/闭环供应链协调优化的角度，探讨针对电子废弃物回收参与主体的激励/约束策略。

在7.1节中，我们主要讨论了政府引导激励下的电子废弃物回收处理决策模型。结合我国电子废弃物回收处理的实践情况把电子废弃物回收处理归纳为四种模式：生产商回收、经销商回收、第三方回收和处理企业回收，并分别建立了相应回收模式下，考虑回收补贴激励的决策模型，并讨论了其最优参数。我们的研究表明，四种模式下的电器电子产品最优零售价及市场需求量均相等；当补贴额度不变时，生产商回收理模式下的电子废弃物回收率以及各主体收益与补贴对象无关；若赋予生产商一定的回收责任，则经销商回收和第三方回收模式下的回收率均高于生产商回收模式。进一步的数值分析还表明，理论上并不存在绝对占优的电子废弃物回收模式，实施生产者责任延伸下的专业处理企业回收模式可达到较高的回收率，建议从制度、对象和过程等角度完善对相关回收主体的引导激励机制。

在7.2节中，我们研究了在政府奖惩机制下零售商主导闭环供应链中各参与主体的回收决策问题，分别建立了无回收、无奖惩和有奖惩机制三种情形下的决策模型，并比较了各情形下的最优决策。研究结果表明，奖惩机制能够有效引导制造商提高回收率，促使零售商降低零售价、制造商降低批发价。与无奖惩机制相比，引入奖惩机制有利于零售商利润的提高，当政府规定的最低回收率较低且奖惩力度较大时，制造商利润提高，而当规定的最低回收率较高时，制造商利润降低。

在7.3节中，我们研究了无政府参与的供应链模型、政府补贴机制下的供应链模型和政府奖惩机制下的供应链模型，分别分析了不同机制的效果，同时进行了对比研究。研究表明：补贴和奖惩机制均能够有效的激励供应链的回收积极性，而且回收商都是最大受益者；制造商的利润随着补贴力度的提高而减少，奖惩机制下的制造商利润取决于奖惩力度的大小；较补贴机制，奖惩机制有着更高的回收率和供应链整体效益。

　　本章仅分析了两种特殊情形下的激励机制和奖惩机制，而且这两种情形下的建模方法和分析手段也十分相似，尽管如此，我们仍希望这些研究思路和结论可以为未来研究起到抛砖引玉的效果。我们建议今后对产品不确定需求、多产品组合、引入时间因素及多参与主体不对称信息下竞争等更一般情形下的电子废弃物回收处理决策模型，以及基于回收供应链协调优化的各类参与主体激励/约束机制等方面，能够展开更为深入的研究。

第8章

回收处理系统演化的序参量原理

哈肯模型是协同学中具有代表性的自组织理论,在一个开放的非线性的远离平衡状态的系统中,当外部控制变量达到一定阈值时,在随机涨落的触发下能使系统通过突变进化为新的更有序的结构。该模型认为系统内部的各种子系统、参量或因素的性质会对系统具有差异的、不平衡的影响,当控制参量的改变把系统推过线性失稳点时,这种差异和不平衡就暴露出来,于是能够区分出快变量和慢变量,其中慢变量主宰着演化进程,支配着快变量的行为,成为新结构的序参量。本节将应用哈肯模型分析电子废弃物回收处理系统的宏观演化规律。

8.1 哈肯模型简介

8.1.1 相关概念

(1)控制参量。控制参量是系统演化的外部动力,包括外部环境对系统的物质、能量、信息的输入。协同学认为,受控制变量的影响,系统内部因素的合作和竞争方式会发生改变,在控制变量的作用下会使得系统内部序参量呈现竞争、消亡等不同状态。驱动系统会经历一系列临界点最终产生各种稳定有序的状态。

(2)状态参量。在一个开放的非线性的远离平衡态的系统中,系统内部的各种子系统、参量或因素的性质和对系统的影响是有差异的、不平衡的,而这些表征系统在演化过程中所处的状态的变量就是系统的状态变量。状态变量是能够完全描述动态系统时域行为的所含变量个数最少的变量组。

(3)序参量。序参量属于状态参量,状态参量是说明系统整体性质的量,为系统的状态提供参考,序参量指对非平衡态系统的演化过程起决定作用的一个或者几个量，可以用来描述宏观系统的有序度。序参量是协同学理论中的关键概念，序参量的选取，以及如何对其进行模型建立和数学处理，进而研究整个宏观系统的演化规律，是协同学理论的重点所在。

（4）快变量和慢变量。快变量和慢变量是一对相对概念，分别又称为快弛豫参数和慢弛豫参数。当系统处于演化的临界状态时，快弛豫参数承受的阻尼相对更大，弛豫时间很短，衰弱迅速，而慢弛豫参数在临界状态不承受阻尼，也几乎不存在衰弱。因而，快弛豫参数服从慢弛豫参数，慢弛豫参数是控制系统最终结构和功能的序参量。在协同学的数学方法中，需要区分出慢变量和快变量，从而确定序参量以及研究序参量对系统演化规律的作用。

（5）绝热消去法。绝热消去法是一种实用的数学物理方法，有一套完整的数学物理模型。结合快弛豫参数和慢弛豫参数的概念，绝热消去法就是要利用数学方法消去快弛豫参数，定量地描述慢弛豫参数对快弛豫参数的支配，以及描述系统如何在序参量的支配下发生演变。从本章研究的哈肯模型来说，就是通过绝热消去法消去模型中的快变量（下面用 q_2 表示），从而得到序参量的公式。因为绝热消去法是哈肯模型计算重要的假设条件，所以可以使用绝热消去法对模型的可行性进行验证。哈肯模型的绝热消去验证条件为 $|\lambda_2| \gg |\lambda_1|$，且 $\lambda_2 > 0$。

8.1.2　哈肯模型运算过程

哈肯模型是协同学中的微观方法，是整个模型的重要部分，通过模型运算可以找到系统的线性失稳点，从而区分快弛豫参数和慢弛豫参数，利用绝热消去法消去快弛豫参数后，找出慢弛豫参数即序参量，从而定量地对系统演化进行分析。下面给出哈肯模型的数学表达：

不考虑随机涨落，假设系统由一个作用力和一个子系统构成，构建如下模型，这里 q_1、q_2 皆为状态变量

$$q_1 = -\lambda_1 q_1 - aq_1 q_2 \tag{8.1}$$

$$q_2 = -\lambda_2 q_2 + bq_1^2 \tag{8.2}$$

式（8.1）、式（8.2）中 a、b、λ_1、λ_2 为控制参数。式（8.1）、式（8.2）体现了所描述系统之间的作用关系。系统的一个定态解为 $q_1 = q_2 = 0$。假设式（8.1）不存在时，式（8.2）是阻尼系统，即 $\lambda_2 > 0$。若绝热近似条件成立（即 $\lambda_2 \gg |\lambda_1|$）。表明状态变量 q_2 是迅速衰减的快变量，因而可以采用绝热消去法令 $q_2 = 0$，得式（8.2）的近似解：

$$q_2(t) \approx \frac{b}{\lambda_2} q_1^2(t) \tag{8.3}$$

它表示子系统 2 受到子系统 1 的支配，子系统 2 随着子系统 1 变化。所以，q_1 是系统的序参量，将式（8.3）代入式（8.1），得到序参量方程为：

$$q_1 = -\lambda_1 q_1 - \frac{ab}{\lambda_2} q_1^3 \qquad (8.4)$$

把方程（8.4）的解 q_1 代入方程（8.3）求出 q_2。阻尼小、寿命长的 q_1，是序参量，主宰着系统的演化。

解是出势函数

$$V = 0.5\lambda_1 q_1^2 + \frac{ab}{4\lambda_2} q_1^4 \qquad (8.5)$$

势函数的结构特性可以表征系统的演化行为，它首先取决于控制参数 λ_1。当 $\lambda_1 > 0$ 时，方程（8.4）有唯一稳定解 $q_1 = 0$，如图 8.1 所示，系统没有建立起非零作用，不会形成新的结构。当 $\lambda_1 < 0$ 时，方程（8.4）有三个解 $q_1^1 = 0$，$q_1^2 = -\lambda_1\lambda_2 ab$，$q_1^3 = \lambda_1\lambda_2 ab$（见图 8.2）：

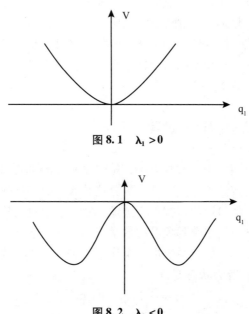

图 8.1　$\lambda_1 > 0$

图 8.2　$\lambda_1 < 0$

前一个解 q_1 是不稳定的，后两个解是稳定的，表明系统可通过突变进入新的稳态。为了应用方便，对式（8.1）、式（8.2）进行离散化处理可得：

$$q_1(k+1) = (1-\lambda_1)q_1(k) - aq_1(k)q_2(k) \qquad (8.6)$$

$$q_2(k+1) = (1-\lambda_2)q_2(k) + bq_1(k)q_1(k) \qquad (8.7)$$

式（8.6）、式（8.7）为模型递推公式，根据实际数据即可向后递推出系统演化状态的预测情况，上述两个公式在实际使用哈肯模型中被广泛运用。

8.2　参数界定与模型检验

8.2.1　电子废弃物回收系统演化的自组织特征

1. 电子废弃物回收系统的内涵

为了表明电子废弃物回收系统适合结合哈肯模型进行演化分析，首先需要对该系统的组成及运作有初步的了解。电子废弃物回收处理系统是指相当规模的社会整体环境中，所有与电子废弃物回收处理有关的各个元素所组成的有机整体。系统中包含的内容与元素非常多，包含各种主体以及与回收处理相关的客体。电子产品的生产制造者如各种生产电器的工厂，购买电子产品的消费者，废旧电子产品的回收企业，还有政府，等等都属于主体。回收处理相关的客体就是指废旧家电、废旧手机、废旧电脑等被消费者所丢弃的电子废弃物。客体经过电子废弃物的生产、使用、回收等一系列过程，通过特定的关系与主体相互联系在一起，并在电子废弃物的生产、使用、回收方面起着重要的能动作用。系统中的主体、客体与外界交互环境结合在一起，就形成了电子废弃物回收系统。

2. 电子废弃物回收系统的自组织特性

电子废弃物回收系统是由若干个相互联系、相互作用的部分，以一定的方式组成的有机整体。当前，在我国政府政策的引导下，电子废弃物回收系统中的部分群体是由政府组织进行构建的，另一部分群体是由市场经济的作用而形成的。但在市场经济的大环境下，不管是由政府组织的还是由市场自发形成的群体，都必须遵守市场经济的规律，并且要不断地创新技术、更新产业模式，以适应不断变化的外界环境。因此，电子废弃物回收体系也就具备了自我生长、自我适应、自我复制等非常典型的自组织特征。

电子废弃物回收系统的演进是从无序的终端治理发展为有序的污染防控和电子废弃物资源再利用，由旧的自组织结构向新的自组织结构进行演化的进程。电子废弃物回收系统内部的子系统性质是不相同的，其对整个自组织系统的作用也是不平衡的。控制变量是不断变化的，随着变量而改变的自组织影响把系统推过线性失稳点时，电子废弃物回收系统中这种差异和不平衡将激化并展现出来，于是能够区分出快变量和慢变量：慢变量主导着演化的进程，支配着快变量的行为，成为新结构的序参量。通过分析电子废弃物回收系统内部不同变量的相互作用而产生的演化过程，可以识别电子废弃物回收系统的演化机制。

8.2.2 模型的建立与变量的选取

了解到电子废弃物回收系统演化的自组织特征，为了进一步深入研究系统的演化过程，需要建立模型并选取相关变量。

1. 模型的建立

自组织理论是研究客观世界中自组织现象产生、演化等的理论。自组织过程就是系统内各紧密联系、相互影响的状态变量之间相互作用，这种作用可以形成一种统一的"力量"，从而使系统发生质变的过程。协同学认为系统各要素变量之间的协同是自组织过程的基础。

利用自组织理论方法，找到线性失稳点并在系统中区分出快、慢两类变量，消去快变量，得到序参量的方程。考虑电子废弃物回收系统由一个作用力和一个子系统组成，子系统中的状态变量和作用力分别用 q_1、q_2 表示（不考虑随机涨落项），那么：

$$\mathring{q}_1 = -\lambda_1 q_1 - aq_1 q_2 \tag{8.8}$$

$$\mathring{q}_2 = -\lambda_2 q_2 + bq_1^2 \tag{8.9}$$

式（8.8）、式（8.9）中 a、b、λ_1、λ_2 为控制参数。式（8.8）与式（8.9）反映两个子系统之间的相互作用。系统的一个定态解为 $q_1 = q_2 = 0$。假设当子系统（8.8）不存在时，系统（8.9）是阻尼的，即 $\lambda_2 > 0$。如果绝热近似条件成立，即 $\lambda_2 \gg \lambda_1$，则可采用绝热消去法令 $\mathring{q}_2 = 0$，得式（8.10）的近似解：

$$q_2(t) \approx \frac{b}{\lambda_2} q_1^2(t) \tag{8.10}$$

它表示子系统（8.8）支配子系统（8.9），后者随前者的变化而变化。因此，q_1 是系统的序参量，将式（8.10）代入式（8.8），得到序参量方程为：

$$\mathring{q}_1 = -\lambda_1 q_1 - ab\lambda_2 q_1^3 \tag{8.11}$$

为便于应用，将哈肯模型进行离散化，可以得到：

$$q_1(k+1) = (1-\lambda_1) q_1(k) - aq_1(k) q_2(k) \tag{8.12}$$

$$q_2(k+1) = (1-\lambda_2) q_2(k) + bq_1(k) q_1(k) \tag{8.13}$$

2. 变量的选取与数据来源

（1）变量的选取。哈肯模型的运算需要两个变量，使用各地区电子废弃物正规企业回收率 I_R 来表示利益分配层面变量，用电子废弃物综合处置率 P_R 来体现技术支持层面变量。

各地区电子废弃物正规企业回收率 I_R 是指被正规企业回收的电子废弃物的量与所有被回收的电子废弃物总量之比。电子废弃物回收系统的健康、稳定发展具备自组织特征，很大程度上取决于回收体系是否科学，也就是电子废弃物应当规模化、规范化、科学化地被正规的、技术能力强的企业回收。在我国电子废弃物回收系统中，大量的资源流入小作坊或者个体商家，而这些小型的企业因为处理技术不过关，不仅浪费了大量的可再生资源，还在拆解的过程中造成环境的二次污染。回收不充分造成的二次污染往往比生产时产生的污染更严重，提高了环境治理的成本，使系统向不健康的方向成长。

电子废弃物综合处置率 P_R 是指在一定区域与时间内，得到合理处置的电子废弃物的量与所有的电子废弃物总量之比，它能充分反映某一时段内某一地区对电子废弃物的综合处理能力，从而利用科技进步推动电子废弃物回收处理的规模化、规范化和科学化。所以，电子废弃物综合处置率直观反映了电子废弃物回收处理的技术水平。

电子废弃物正规企业回收率和电子废弃物综合处置率这两个变量基本反映了电子废弃物回收系统的本质特征，并契合哈肯模型变量选取的本质要求。因此，基于哈肯模型的自组织理论，针对电子废弃物正规企业回收率和电子废弃物综合处置率这两个变量的建模，可以比较直观地反映出电子废弃物回收系统演化的一般特性。

（2）数据来源。为了能揭示电子废弃物回收系统的演化特征，以及对未来演进趋势的预测能够贴合现状从全国各省市环境保护厅及国家统计局企业联网直报平台获取了我国 15 个省、市的电子废弃物综合处置率及行业利润等数据，经过筛选去除数据不全的省份，最后选取北京、上海、浙江、广东、重庆、四川、贵州、甘肃等 13 个省份的数据，运用这些数据来反映我国电子废弃物回收系统的基本现状。通过数据筛选与处理，我国 13 个省份在 2013 年第三季度和第四季度的电子废弃物正规企业回收率和综合处置率的具体数据如表 8.1 所示。

表 8.1　　　　　　我国 13 个省份 2013 年下半年的电子废弃物
正规企业回收率和综合处置率

省份	电子废弃物正规企业回收率		电子废弃物综合处置率	
	2013 年第三季度	2013 年第四季度	2013 年第三季度	2013 年第四季度
北京	0.061887333	0.064370833	0.397721666	0.42930907
山西	0.014582333	0.018282833	0.294221318	0.334017086
上海	0.069224167	0.073975500	0.396845995	0.336868266
浙江	0.067738500	0.068902167	0.396570144	0.380771691
福建	0.000175167	0.000390500	0.400000000	0.388049509
山东	0.139589833	0.142340500	0.360974952	0.349584698
河南	0.083427000	0.088112000	0.383756258	0.362689275
湖北	0.146853333	0.147215500	0.175161159	0.175085586
广东	0.001538333	0.002720000	0.396858072	0.364213948
重庆	0.046460833	0.047416167	0.345538357	0.335081793
四川	0.021553333	0.020027000	0.328255490	0.282627098
贵州	0.012402667	0.010763500	0.441012685	0.393981950
甘肃	0.030415833	0.034772333	0.396427299	0.333789614

资料来源：根据各省份环境保护厅公布的废旧电器电子产品拆解处理情况、国家环境保护部公布的各省市正规回收企业名单及企业提供的废旧电器电子产品拆解处理报告研究整理。

8.2.3　电子废弃物回收处理系统的演化分析

1. 系统演化特征分析

假设电子废弃物正规企业回收率 I_R 为序参量，即以 I_R 为 q_1，以 P_R 为 q_2，根据式（8.12）和式（8.13）得到电子废弃物回收演化方程：

$$I_R(k+1) = (1-\lambda_1)I_R(k) - aI_R(k)P_R(k) \qquad (8.14)$$

$$P_R(k+1) = (1-\lambda_2)P_R(k) + bI_R^2(k) \qquad (8.15)$$

根据 2013 年第三、四季度我国 13 个省份的电子废弃物正规企业回收率及综合处置率的数据，通过 Eviews 5.0 进行计算得到：

$$I_R(k+1) = \underset{(35.548)}{0.971}I_R(k) + \underset{(1.673)}{0.148}I_R(k)P_R(k) \qquad (8.16)$$

$R^2 = 0.998$，$F = 3382.54$。其中，拟合优度 $R^2 = 0.998$，十分接近 1，说明回归效果良好，F 检验的显著性概率接近 0，回归效果显著。此方程可以较好地反映系统中变量之间的关系，结果的可信度也相对较高（括号中数字为 t 检验值，下同）：

$$P_R(k+1) = \underset{(4.787)}{0.796P_R(k)} + \underset{(0.188)}{0.293(I_R(k))^2} \tag{8.17}$$

$R^2 = 0.787$，$F = 18.494$。其中，拟合优度 $R^2 = 0.787$，表明回归效果较好，F 检验的显著性达到 0.000437，回归效果良好，此方程可以较好地反映系统中变量之间的关系，结果的可信度高。由式（8.16）、式（8.17）中的系数，通过以上计算得 $\lambda_1 = 0.028$，$\lambda_2 = 0.204$。由结果可知 $\lambda_2 > \lambda_1 > 0$，则 q_2 是快速衰减的快变量，即 P_R 是比 I_R 变化快的状态量，I_R 为阻尼小、衰减慢的序参量，与假设一致。

将 $a = -0.148$，$b = 0.293$ 代入式（8.12）可得反映 P_R 和 I_R 相互作用的微分方程组：

$$\mathring{I}_R = -0.028I_R - 0.148P_RI_R \tag{8.18}$$

$$\mathring{P}_R = -0.204P_R + 0.293I_R^2 \tag{8.19}$$

令 $\mathring{P}_R = 0$，求得序参量方程的稳定态解：

$$P_R \approx \frac{b}{\lambda_2}I_R^2 = \frac{0.293}{0.204}I_R^2 = 1.436I_R^2 \tag{8.20}$$

可以看出，P_R 随着 I_R 的变化而改变，将式（8.20）代入式（8.18），可以得序参量方程：

$$\mathring{I}_R = -0.028I_R + 0.213I_R^3 \tag{8.21}$$

由式（8.21）的相反数进行积分，可以求得势函数：

$$F = 0.014I_R^2 - 0.05325I_R^4 \tag{8.22}$$

令 $\mathring{I}_R = 0$，可以得到序参量方程的两个定态解：

$$I_R = \pm\sqrt{\frac{0.028}{0.213}} = \pm 0.3626$$

势函数 F 的二阶导数为：

$$\frac{d^2F}{d(I_R)^2} = 0.028 - 0.639I_R^2 \tag{8.23}$$

把所求的定态解 $I_R = \pm 0.3626$ 代入式（8.23），可得：

$$\frac{d^2F}{d(I_R)^2} = -0.056 < 0$$

说明 I_R 的势函数在 $I_R = \pm 0.3626$ 这两点处拥有极大值，如图 8.3 所示。势函数 F 的图形趋势反映了电子废弃物回收系统的演进趋势，当状态参量（q_1，q_2）和控制参量（a，b，λ_1，λ_2）发生变化时，电子废弃物回收系统的势函数也会随之产生变化，由之前的稳定态变为不稳定态。从势函数的图像可以看到，在电子废弃物回收机制中，电子废弃物正规企业回收率和综合处置率两个变量会发生非零作用，形成新的稳定态解 $I_R = \pm 0.3626$。换句话说，在稳定态解处，电子废弃物回收系统形成了新的有序结构，而从式

（8.14）、式（8.15）可知，此时系统演化的支配变量（也就是序参量）是电子废弃物正规企业回收率。

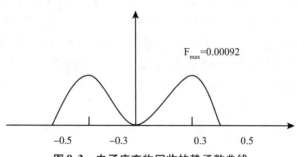

$F_{max}=0.00092$

图 8.3　电子废弃物回收的势函数曲线

2. 未来演化状态预测

根据式（8.14）和式（8.15）的递推关系，结合已有的统计数据推算出电子废弃物正规企业回收率和综合处置率的预测数据，如图 8.4 和图 8.5 所示。

根据图 8.4 所示，各省份的电子废弃物正规企业回收率会有一个短暂的上升过程，到达极点后将会一直下降。这个极点的意义就是当前回收系统结构的发展极限。其中，北京、上海、山东、湖北到达极点的时间要比其他省份长（数据显示将在 2014 年第三季度到达极点），说明这四个省份的回收系统相对完善，容纳极限比较大。但是由于这些省份经济发达，电子废弃物在近几年空前增多，增速高于其他省份，因此需要更优的回收系统。所以在条件不变情况下，后期的电子废弃物正规企业回收率会下降。总体而言，现阶段的回收系统结构很快就会到达极限，升级完善之举迫在眉睫。

根据图 8.5 所示，各省份的电子废弃物综合处置率快速下降，其中北京、上海、山东、湖北四省份的下降速度要比其他省份快得多。近年来，智能电子设备的消费热潮空前高涨，导致电子废弃物达到前所未有的数量，但是，回收企业的增长速度和处理技术的进步速度相对滞后，造成电子废弃物相对过剩。然而，正规企业回收率和综合处置率的降低，说明随着电子废弃物越来越多，整个电子废弃物回收系统迫切需要升级。这个阶段对应于图 8.3 的势函数曲线，在状态变量和控制变量发生改变时，对现有电子废弃物回收系统的特定结构来说，已经到达或者即将到达发展极限。因此，现有结构必须发生变化，系统需要达到另一个稳定状态。随着技术的创新、政策的改良，电子废弃物回收系统必须进行结构升级，因为只有更先进的结构才可以容纳更高的发展极限。

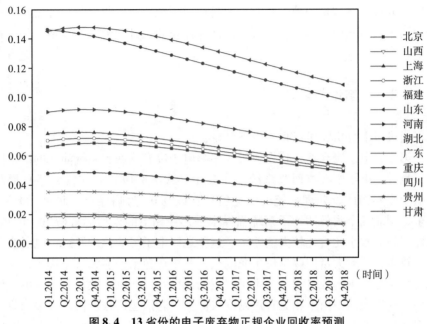

图 8.4　13 省份的电子废弃物正规企业回收率预测

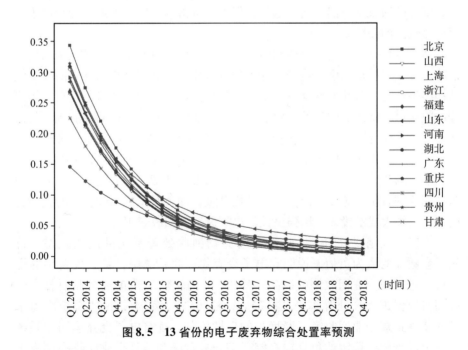

图 8.5　13 省份的电子废弃物综合处置率预测

另外，图 8.4、图 8.5 中各省份预测数据趋势完全相同说明：在未来的几年中，作为分子的电子废弃物正规企业回收数量和综合处置数量在目前回收体系下变动不大，而作为分母的电子废弃物总量呈增速发展。因此，若干年后，分母高速增长而分子相对稳定将造成正规企业回收率和综合处置率趋势相同，也就是说，通过改变现有的回收体系和提升分解技术以增大分子势在必行。

8.2.4　结论与建议

通过以上分析，可以得到以下结论。

第一，电子废弃物正规企业回收率是电子废弃物回收系统演化的决定因素，也就是电子废弃物回收系统的序参量。式（8.14）和式（8.15）揭示了电子废弃物回收处理系统的演进特征：以 0.05 为临界点，北京、上海、山东、湖北四个省份达到了系统临界水平，在剩下的未达标省份里，广东、福建与临界水平还有比较大的差距。这些地区电子工业比较发达，电子废弃物比较多，同时大量回收单位鱼龙混杂，其中还包括许多私人小作坊，这些小作坊企业在拆解的过程中产生了严重的污染。以北京中关村为例，电子废弃物在这里集结，由于相关管理制度较健全，管制也比较严格，许多回收企业都通过了有关部门的审批准入，形成了结构比较稳固的回收渠道。而广东、福建的回收率虽然有增长趋势，但是基础薄弱，回收渠道结构相比于北京还有较大的差距。

从预测数据来看，要想达到临界点，不能任其自然发展，必须采取相应措施。更重要的是，已经达到临界点的省份如果不立即升级已有的回收系统结构，那么随着时间的推移终将下滑到临界点以下。因此，对于广东、福建等回收渠道基础薄弱的省份，建议有关部门加强监管，严格回收的流程与标准。对各方面皆不合格、不规范的小规模企业和作坊式企业要加强监督管理，不能放任自流造成严重的环境污染；对正规回收处理企业，需要提供一定程度上的政策扶持和政策引导。对于回收渠道基础较好的北京、上海、山东、湖北等省份，应加快回收系统结构升级，加大对正规回收企业的扶持力度，适当加大成本投入，增强全民的电子废弃物回收意识。

第二，控制变量的值反映电子废弃物回收处理系统的演化状态。首先，参数 a 的值为负值，说明在电子废弃物回收系统中，综合处置率的提高可促进正规企业回收率的提高；其次，b 为正值反映正规企业回收率的提高可以促进综合处置率提高；最后，λ_1 和 λ_2 为正数，说明系统内尚未建立使得正规企业回收率不断增长的良性机制，现有电子废弃物回收系统是一个逐步趋于稳定的负反馈系统，综合处置率和正规企业回收率都极不理想。因此，要加快建立良性机制促进正规企业回收率增长从而促使综合处置率的提高。

从预测数据来看，电子废弃物综合处置率越来越低，北京、上海、山东、湖北等省份的下降速度明显快于其他省份，由此说明了技术创新落后于废弃物的增速。因此，在规范回收体系的同时还要重视提高综合处置率，鼓励成立拥有高新技术的回收企业。从这些降速较快的省份开始，加强技术研发投入，融合国内外最先进的技术，提升分拣与处理水平，尝试更符合现状的回收方法，构建更加广泛的回收体系与回收网络。同时，要求地方支持培育、建立正规回收企业，从政策、资金、技术上三管齐下，为优质回收企业提供良好的生长土壤。

第三，我国电子废弃物回收处理产业目前还处于发展阶段，而且电子废弃物回收处理产业亟待转型升级。基于哈肯模型的分析表明，我国多数省份电子废弃物回收处理系统即将达到的临界值都较为悲观，临界值所代表的电子废弃物回收处理产业的发展水平都十分不理想。要使我国电子废弃物回收处理情况出现根本性好转，必须大力提高电子废弃物正规企业回收率，因此，如何促使非正规回收渠道向规范化经营模式转变是我国电子废弃物回收管理政策研究的重要课题。

8.3　本 章 小 结

本章以电子废弃物回收处理系统为研究对象，以我国电子废弃物回收处理现状为背景，运用自组织理论的哈肯模型协同学，构建了电子废弃物回收系统的哈肯模型，对电子废弃物回收处理系统的宏观演化规律进行了定量分析。研究表明，正规企业回收率是电子废弃物回收处理系统的序参量，而电子废弃物综合处置率则是另一重要状态参量。总体而言，我国电子废弃物回收系统的发展趋势不容乐观，全国各省份的电子废弃物回收处理系统的发展速度跟不上电子废弃物增量的步伐，离势函数的结构进化点相距甚远。建议在提升正规企业回收率的同时也要重视综合处置率的提高，对不发达地区提高重视程度，建设偏远地区的电子废弃物回收处理基础设施。通过技术创新与结构升级来提高综合处置率，更好地发挥电子废弃物回收系统正规企业回收率与综合处置率的协同作用，推进电子废弃物回收处理系统从无序向有序演化。

第9章

回收处理系统演化的动力学原理

系统动力学（System Dynamics，SD）也称为系统动态学（港澳台地区通常译为系统动态学），是美国麻省理工学院（MIT）的弗雷斯特（Forrester）教授在1956年创造的一种计算机仿真模型。系统动力学最初主要是面向企业管理领域，用来解决企业、组织和社会中动态性复杂的问题。系统动力学是过程导向的研究方法，着重于高阶、非线性与多环的动态复杂系统。1971年，弗雷斯特在《世界动态学》（World Dynamics）中宣称SD可讨论世界性问题，因而引起全球的关注；1972年，梅多斯（Meadows）在罗马俱乐部（the Club of Rome）发表研究报告《成长的极限》（The Limits to Growth：A Report for the Club of Rome's Project on the Predicament of Mankind），应用系统动力学方法分析探讨全球未来一个世纪人口增长与工业关系。现今系统动力学的研究发展不再是只局限于早期的企业管理模式上的应用，而是广泛地应用于商业、经济、生产制造、金融、能源供给、人口、医学、教育、科技、军事、环境等领域。近年来，运用系统动力学建模方法对废弃物的回收处理进行仿真模拟，以便寻求现实问题解决方案的研究越来越多，这些成果为本章研究电子废弃物回收处理系统演化的动力学原理，并基于系统动力学模型进一步对回收管理政策进行情景的模拟提供了借鉴。

9.1 系统动力学建模

9.1.1 建模思路

1. 建模目的及研究假设

使用系统动力学方法建立电子废弃物回收处理系统的仿真模型，其目的在于比较分析不同情景下的电子废弃物回收处理效果，从而优选针对各参与主体的激励/管制策略组合。建模与分析过程如下：首先，通过定性分析，建立因果关系图；然后，根据实践情况运用系统动力学方法进行系统建模，最后，利用系统动力学仿真软件进行政策情景模拟与分析。

通过对电子废弃物回收处理现实系统的仿真模拟，以电子废弃物回收处理基金（废弃电器电子产品处理基金）的征收和使用为中心，研究激励各类利益相关主体积极参与到电子废弃物生态化回收处理的策略选择，给出相关政策，以达到提高电子废弃物的生态化回收率的目的。

现实中的电子废弃物回收处理系统十分复杂，包括的因素非常多，如果全都考虑在内，这会使仿真模型无法建立或有效运行，也会失去仿真的意义。因此有必要对模型建立进行一定的假设，本章接下来的系统动力学建模都基于以下假设：

（1）假设系统只考虑一种报废电器的回收处理，这里选取房间空调器作为研究对象；

（2）假设消费者手中的电子废弃物均进入回收环节，或者最终流向专业回收商进入生态化回收处理，或者流向非正规回收渠道中；

（3）假设专业处理企业对电子废弃物均进行无害化的生态回收处理；

（4）假设非法拆解处理企业回收到的电子废弃物都有一定的价值，不予考虑没有回收价值的那部分电子废弃物；

（5）假设专业处理企业的无害化处理电子废弃物的能力是充足的，即不考虑环保处理能力缺乏的问题。

2. 回收处理系统的构成要素

电子废弃物回收处理系统作为一个动态、复杂的系统，涉及的变量种类复杂，但我们可以通过对系统参与主体的成本利润分析，来反映回收处理系统的整体运行状态。因此，围绕回收处理基金的征收和使用，以各类参与主体的利润为连接纽带，我们从以下五个角度对电子废弃物回收处理系统进行重要构成要素的概述，即处理基金的征收和使用、处理商利润来源与构成、回收小商贩利润来源与构成、消费者利润来源与构成和生产商利润来源与构成。

（1）处理基金。废弃电器电子产品处理基金是我国为促进废弃电器电子产品回收处理而设立的政府性基金。设立电子废弃物回收处理基金，对于建立促进废弃电器电子产品回收处理的长效机制具有重要意义，不仅有利于推动生产者承担相应的废弃电器电子产品回收处理责任，而且可以支持处理企业实现产业化经营，建立起有效的约束和激励机制，调动生产者、回收经营者和处理企业等各方面参与废弃电器电子产品回收处理的积极性，形成电器电子产品从生产、销售到回收、处理的良性循环机制。因此，研究处理基金的征收和使用的具体策略成了模型构建的首要任务。

（2）处理商。电子废弃物的正确处理，不仅可以有效地减少对环境的危害，还是电子废弃物再利用的过程。然而目前我国电子废弃物交由专业处理企业处理的比例很低，大部分的处理企业都处于"吃不饱"的状态，因没有了回收处理量的保证，导致处理企业也就没有利润可言，电子废弃物就得不到相应的专业环保处置。因此，分析并找出影响处理商利润的因素，是系统构建的重要任务。

（3）回收小商贩。如何促使回收小商贩将回收到的电子废弃物交由有资质的专业处理企业进行处理是环保处理的一个关键。而回收小商贩处置电子废弃物的出发点就是经济利润，因此分析回收小商贩的利润来源与构成也是系统构建的关键任务。

（4）消费者。随着我国电子废弃物数量的不断增加，消费者作为电器电子产品的使用者和电子废弃物的产生者，是决定电子废弃物最终处理流向的重要因素，激励消费者参与电子废弃物环保回收处理，是促进我国电子废弃物回收处理环保产业化的重要途径之一。因此，分析影响消费者参与回收的主要因素，找到激励消费者将报废的电器电子产品主动交由正规回收处理商进行处置的措施，也是构建模型的关键。

（5）生产商。电器电子产品生产商在法律法规和税收政策的调控下，综合考虑自身经济利益和企业社会责任，确定其参与电子废弃物回收处理的力度。现行《废弃电器电子产品处理基金征收使用管理办法》规定，对电视机、电冰箱、洗衣机、房间空调器和微型计算机5类产品生产者和进口的收货人或者其代理人征收基金。同时，为了鼓励电器电子产品生产者采用绿色设计和使用环保材料，降低废弃电器电子产品拆解处理难度和成本，还规定"对采用有利于资源综合利用和无害化处理的设计方案以及使用环保和便于回收利用材料生产的电器电子产品，可以减征基金"。因此，分析影响生产商参与电子废弃物回收处理力度的主要因素，找到鼓励生产商促进电子电器产品绿色环保设计和生产，从源头上降低电子电器废弃物的回收处理成本的措施，同样是构建模型的关键。

3. 子系统划分

各类主体回收处理电子废弃物的出发点是实现自身经济利益的最大化，因此激励各类主体生态回收的系统动力学建模主要依据各类不同参与主体对自身利益最大化的追求特性，因此，可以归纳为以下5个方面进行考虑：一是从处理基金征收与使用的角度出发，进行征收与补贴政策调控策略设计，充分发挥系统动力学政策实验室的作用；二是从处理商利润最大化的角度研究电子废弃物的回收处理过程；三是从回收小商贩利润最大化的角度研究电子废弃物的回收处理过程；四是从消费者利润最大化的角度研究电子废弃物的回收处理过程；五是从生产商利润最大化的角度研究电子废弃物的回收处理过程。

基于上述指导思想，以利润为链接各主体的纽带，拟建立的系统动力学模型划分为处理基金子系统、处理商利润子系统、回收小商贩利润子系统、消费者利润子系统和生产商利润子系统，共五个子系统。

9.1.2　仿真模型

本研究采用 Vensim 软件进行系统动力学模型的构建与仿真模拟。之所以选择 Vensim 软件是因为 Vensim 软件具有可视化、文件化的特点，能够实现与最佳动态系统模型的接口功能。建模过程包括：使用 Vensim 建立仿真的模型，采用可视化的各式箭头来联结各种速率变量、辅助变量及常量等，并将各变量之间的因果反馈关系以方程式的形式导入到模型中。本节将对处理基金子系统、处理商利润子系统、回收小商贩利润子系统、消费者利润子系统、生产商利润子系统 5 个子系统分别构建仿真模型，最后形成系统总模型。

1. 处理基金子系统

因果反馈回路图是探究系统内动态行为形成内因的一个重要工具，也是描述因果反馈关系的一种模型。因果反馈回路图中包括多条因果反馈环或者因果链，每条反馈环或者因果链都有各自的极性，要么为正（+）要么为负（–），正号（+）表明，箭头指向的相关变量将随着箭头源头的变量取值的增加而增加，随箭头源头的变量取值的减少而减少；而负号（–）则表示变量取值与源头变量取值存在相反的变化方向。

从理论探讨的角度，我们假设处理基金的征收主要来自对生产商的基金征收以及回收小商贩的环保费用的征收，而处理基金的使用则主要对消费者的补贴或者处理商的补贴。向生产商或者回收小商贩征收基金费用，会增加生产商或回收小商贩的成本，可能导致产量、销售量或非正规回收处理量的减少，反过来基金费用的征收也随之减少。而政府给予处理商或者消费者一定的补贴，以直接增加其经济收益，提高正规回收处理量，激励其环保处理电子废弃物的行为。

综上所述，处理商利润的入树结构模型如图 9.1 所示。

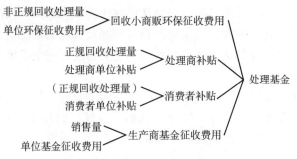

图9.1 处理基金子系统入树结构模型

依据以上从处理基金征收来源与使用的理论角度分析可知，处理基金子系统中主要包括了两个正反馈回路以及两个负反馈回路，如图9.2所示。

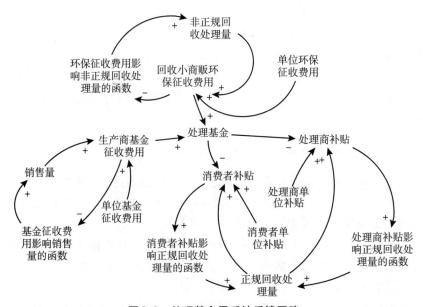

图9.2 处理基金子系统反馈回路

正反馈环1："处理商补贴" → + "处理商补贴影响正规回收处理量的函数" → + "正规回收处理量" → + "处理商补贴"。

"处理商补贴"增加，与其呈正相关关系的"处理商补贴影响正规回收处理量的函数"也随着增加，进而"正规回收处理量"也得到提高，这一正反馈使"处理商补贴"逐步增大。

正反馈环2："消费者补贴" → + "消费者补贴影响正规回收处理量的函数" → + "正规回收处理量" → + "消费者补贴"。

"消费者补贴"增加，与其呈正相关关系的"消费者补贴影响正规回收处理量的函数"也随着增加，进而"正规回收处理量"也得到提高，这一正反馈将使得"消费者补贴"逐步增大。

负反馈环1："生产商基金征收费用"→−"基金征收费用影响销售量的函数"→+"销售量"→+"生产商基金征收费用"。

"生产商基金征收费用"增加，与其呈负相关关系的"处理商补贴影响正规回收处理量的函数"会降低，进而"销售量"相应减少，这一负反馈使得"生产商基金征收费用"逐步降低。

负反馈环2："回收小商贩环保征收费用"→−"环保征收费用影响非正规回收处理量的函数"→+"非正规回收处理量"→+"回收小商贩环保征收费用"。

"回收小商贩环保征收费用"增加，与其负相关关系的"环保征收费用影响非正规回收处理量的函数"会降低，进而"非正规回收处理量"相应减少，这一负反馈将使得"回收小商贩环保征收费用"逐步降低。

依据以上关于处理基金子系统主要变量的分析，可以构建如图9.3所示的处理基金子系统存量流量图。

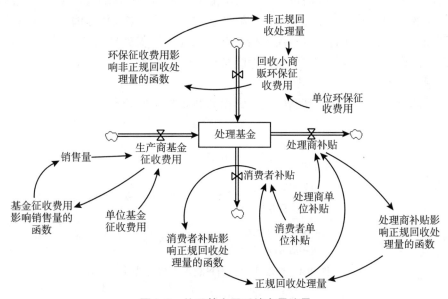

图9.3　处理基金子系统存量流量

上述变量须满足下列等式：

回收小商贩环保征收费用 = 单位环保征收费用 * 非正规回收处理量

处理商补贴 = 处理商单位补贴 * 正规回收处理量

消费者补贴 = 消费者单位补贴 * 正规回收处理量

生产商基金征收费用＝单位基金征收费用＊销售量

处理基金＝回收小商贩环保征收费用＋生产商基金征收费用－处理商补贴－消费者补贴

正规回收处理量＝处理商补贴影响正规回收处理量的函数＋消费者补贴影响正规回收处理量的函数

非正规回收处理量＝环保征收费用影响非正规回收处理量的函数

其他变量的取值及初始值确定将在9.2节中具体说明。

2. 处理商利润子系统

本章中，处理商是指有资质的对电子废弃物进行专业环保处理的企业。处理商作为电子废弃物回收处理整个过程的终端，主要的利润来源包括政府给予的处理补贴、可再利用材料的销售收入以及处理成本的支出等。政府对处理商进行补贴主要是为了帮助处理商走出"吃不饱"的困境，提高电子废弃物的正规回收处理量，最终增加社会经济效益以及环境效益。处理商利润增加的情况下，就更有资金去引入先进环保的处理设备，会提高处理商自身的处理技术，进而提高再利用材料的品质和再利用材料回收效率，而品质越高的再利用材料，相应的销售价格就会越高，反过来又可以增加处理商的利润。此外，处理商成本不仅包括初期引入先进环保处理设备的固定成本，还包括设备体系运营成本以及处理废弃物的变动成本，以处理商成本系数来表示。

综上所述，处理商利润的入树结构模型如图9.4所示。

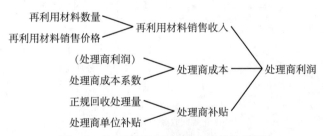

图9.4　处理商利润子系统入树结构模型

依据以上从处理商所得利润和成本角度进行分析可知，处理商利润子系统中主要包括了两个正反馈回路，如图9.5所示。

正反馈环1："处理商利润"→＋"处理技术"→＋"再利用材料品质"→＋"再利用材料销售价格"→＋"再利用材料销售收入"→＋"处理商利润"。

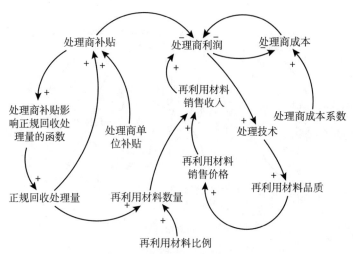

图 9.5　处理商利润子系统反馈回路

当"处理商利润"增加时，处理商就有足够的资金引进先进的处理设备或者技术，以提高电子废弃物回收的"处理技术"，进而对废弃物能进行专业的环保处置。当"处理技术"提高时，对电子废弃物的处理越彻底，越能提高"再利用材料品质"，而"再利用材料品质"提高时，相对的出售给生产商或者供应商的"再利用材料销售价格"就会提高，"再利用材料销售收入"随之增加，"再利用材料销售收入"是处理商利润的来源之一，因此这一正反馈环最终会使得"处理商利润"提高。

正反馈环 2："处理商利润"→ −"处理商成本"→ −"处理商利润"。

"处理商成本"是影响处理商利润的因素之一，处理商成本提高，"处理商利润"会降低，利润低会导致处理商没有足够的资金引入先进环保的处理设备或者技术，因此，处理商的成本会相应提高，使得"处理商利润"又降低。

依据以上关于处理商利润子系统的主要影响变量的分析，可以构建出如图 9.6 的处理商利润子系统存量流量图。

上述变量须满足下列等式：

处理商利润 = 再利用材料销售收入 + 处理商补贴 − 处理商成本

处理商成本 = 处理商利润 * 处理商成本系数

再利用材料销售收入 = 再利用材料数量 * 再利用材料销售价格

再利用材料数量 = 再利用材料比例 * 正规回收处理量

其他变量的取值及初始值确定将在 9.2 节中具体说明。

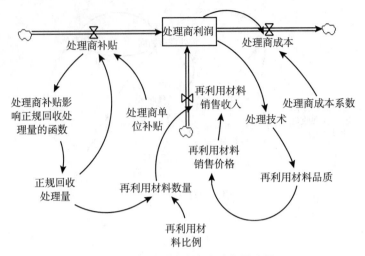

图 9.6　处理商利润子系统存量流量

3. 回收小商贩利润子系统

在我国，大部分电子废弃物被回收小商贩回收，之后被非法拆解，这不仅严重污染了环境，也浪费了丰富的可再生资源。回收小商贩一般将回收到的电子废弃物交由非法拆解商进行处置，非法拆解商在拆解处置电子废弃物的过程中，往往会随意掩埋、焚烧或者丢弃无利用价值的部分，而这些无利用价值部分产生的有毒有害物质会严重污染土壤、空气以及水资源等。

回收小商贩在电子废弃物回收处理过程中处于回收环节，其主要利润来源涉及废旧电器处理收入、回收小商贩回收成本以及环保费用。由于废旧电器的再利用价值很高，因此废旧电器处理收入是回收小商贩利润的主要来源，而回收小商贩回收废旧电器需要付出一定的回收成本，即给消费者一定的经济补偿，由此可知当市场回收价格越高时，回收到的电子废弃物的数量越多。此外，政府为了规范电子废弃物的回收处理管理，激励回收小商贩将回收到的电子废弃物交由专业处理商处置，可采取向回收小商贩征收环保费用，降低非正规回收处理的数量。因此，环保征收费用也会影响到回收小商贩的利润。

综上所述，回收小商贩利润的入树结构如图 9.7 所示。

依据以上从回收小商贩所得利润和成本角度进行分析可知，回收小商贩利润子系统中主要包括了一个负反馈回路，如图 9.8 所示。

负反馈环 1："非正规回收处理量"→＋"环保征收费用"→＋"环保征收费用影响非正规回收处理量的函数"→－"非正规回收处理量"。

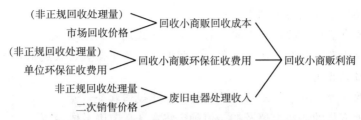

图9.7　回收小商贩利润子系统入树结构模型

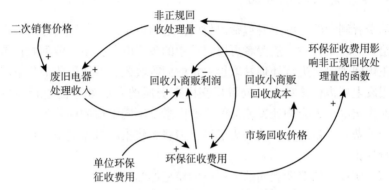

图9.8　回收小商贩利润子系统反馈回路

回收小商贩受经济利益的驱使加大对电子废弃物的回收,使"非正规回收处理量"增加,政府为了规范电子废弃物的回收处理管理,会提高对回收小商贩的"环保征收费用",环保费用与非正规回收处理量呈负相关的关系,因此会降低"非正规回收处理量"。

依据以上关于回收小商贩利润子系统主要影响变量的分析,可以构建如图9.9所示的回收小商贩利润子系统流图。

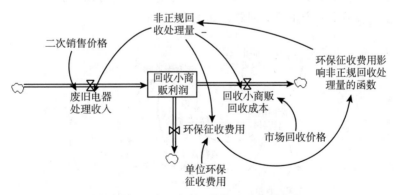

图9.9　回收小商贩利润子系统存量流量

上述变量须满足下列等式：

废旧电器处理收入＝二次销售价格＊非正规回收处理量

回收小商贩利润＝废旧电器处理收入－回收小商贩回收成本－回收小商贩环保征收费用

回收小商贩成本＝市场回收价格＊非正规回收处理量

其他变量的参数取值及初始值确定将在9.2节中具体说明。

4. 消费者利润子系统

消费者利润的来源主要包括出售废旧电器电子产品获得的经济补偿以及政府给予的政策补贴。消费者可以将手中的废弃电器交由专业回收商或者通过非正规回收渠道进行处理并取得一定的回收收入，专业回收商一般将所回收的报废电器进行简单分类处置后交由有资质的专业处理商进行最后的处理，而决定电子废弃物处置流向的主要因素是不同渠道的回收价格差距。政府给予消费者一定的补贴就是为了激励消费者将报废电器交由正规回收处理商进行处置。

综上所述，消费者利润的入树结构模型如图9.10所示。

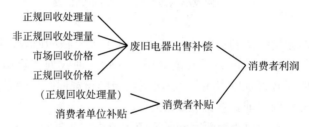

图9.10　消费者利润子系统入树结构模型

依据以上从消费者所得利润和成本角度进行分析可知，消费者利润子系统中主要包括了一个正反馈回路，如图9.11所示。

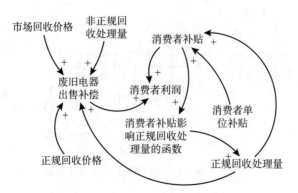

图9.11　消费者利润子系统反馈回路

正反馈环 1："消费者补贴"→ +"消费者补贴影响正规回收处理量的函数"→ +"正规回收处理量"→ +"消费者补贴"。

政府为了激励消费者参与到电子废弃物的环保回收处理过程中，会对消费者给予一定的补贴奖励，"消费者补贴"增加，消费者补贴是消费者利润的来源之一，消费者的利润会增加，利润最大化的原则下，消费者会选择可以使其获利最大的方式对电子废弃物进行处置，因此，"消费者补贴"与"正规回收处理量"呈正相关的关系，"消费者补贴"增加会提高电子废弃物的"正规回收处理量"，而这一正反馈环最终会使得"消费者补贴"又提高。

依据以上关于消费者利润子系统主要影响变量的分析，可以构建如图 9.12 的消费者利润子系统存量流量图。

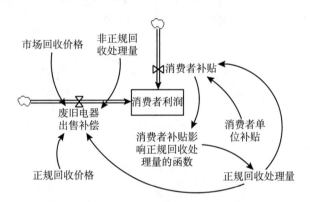

图 9.12 消费者利润子系统存量流量

上述变量须满足下列等式：

消费者利润 = 废旧电器出售补偿 + 消费者补贴

废旧电器出售补偿 = 市场回收价格 * 非正规回收处理量 + 正规回收价格 * 正规回收处理量

其他变量的参数取值及初始值确定将在 9.2 节中具体说明。

5. 生产商利润子系统

生产商电子废弃物回收决策的出发点是自身利益最大化，生产商的利润影响因素主要包括电器电子产品的销售收入以及生产商基金征收费用。生产商在电器电子产品生产和销售环节中获得了相应的利润，理应成为电子废弃物回收处理费用的主要承担者。为此，生产商或者进口商根据其生产量和销售量，依据市场份额缴纳相应的处理基金费用。需要注意的是，生产商缴纳的处理基金费用会随着时间的推进和市场环境的变化而作一定程度的动态调整，比如生产商逐渐考虑产品的绿色设计等有助于产品生命周期末端的回收处理，随着时间的推进电子废弃物的回收处理方便性和环保性都能得以最大限度地实现，此时将降低或减免对生产商的处理基金征收标准。

综上所述，生产商利润子系统的入树结构模型如图9.13所示。

图9.13 生产商利润子系统入树结构模型

依据以上从生产商所得利润和成本角度进行分析可知，生产商利润子系统中主要包括了一个负反馈回路，如图9.14所示。

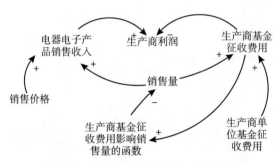

图9.14 生产商利润子系统反馈回路

负反馈环1："生产商基金征收费用"→＋"生产商基金征收费用影响销售量的函数"→－"销售量"→＋"生产商基金征收费用"。

政府为了规范及激励生产商参与电子废弃物的生态回收处理，向生产商征收一定的处理基金，"生产商基金征收费用"增加时，由于生产商基金征收费用是影响生产商利润的因素之一，生产商会通过价格转移机制将增加的成本转移到消费者身上，根据供给需求曲线的规律，价格上升，相应的销售量会减少，因此，"生产商基金征收费用"与"销售量"之间呈负相关的关系，"生产商基金征收费用"会降低提高电器电子产品的"销售量"，而这一负反馈环最终会使"生产商基金征收费用"降低。

依据以上生产商利润子系统的主要影响变量的分析，可以构建如图9.15所示的生产商利润子系统存量流量图。

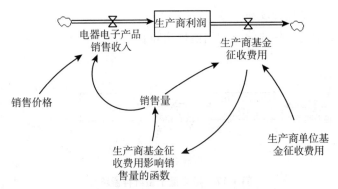

图 9.15　生产商利润子系统存量流量

上述变量须满足下列等式：

生产商利润 = 电器电子产品销售收入 − 生产商基金征收费用

电器电子产品销售收入 = 销售价格 * 销售量

销售量 = 生产商基金征收费用影响销售量的函数

其他变量的参数取值及初始值确定将在 9.2 节中具体说明。

　　此外，模型中还包括了一个辅助子系统，即报废量子系统，电子废弃物的报废量主要取决于电器电子产品的购买速率、消费者使用的电器电子产品数量以及电器电子产品使用寿命。随着电器电子产品更新换代速度的提高，消费者淘汰电器电子产品的速度也不断加快，电子废弃物的报废量也在不断增加，因此报废量的大小会对整个模型产生整体性的影响。此外，由于废弃电器电子产品处理基金的征收和使用，电子废弃物的回收率也会有相应变化，因此研究不同政策情景下回收率的变化情况，可以考察政策工具的具体实施效果。

　　报废量子系统的入树结构模型如图 9.16 所示。

图 9.16　报废量子系统入树结构模型

　　依据以上关于报废量子系统主要影响变量的分析，可以构建如图 9.17 所示的报废量子系统存量流量图。

　　上述变量须满足下列等式：

消费者家中电器使用数量 = 购买速率 − 报废速率

报废速率 = 消费者家中电器使用数量 * 电器使用寿命

报废量 = 报废速率

回收率 = 正规回收处理量/报废量

其他变量的参数取值及初始值确定将在 9.2 节中具体说明。

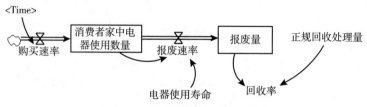

图 9.17 报废量子系统存量流量

6. 系统总模型

为了弥补各子系统难以直观反映整个电子废弃物回收系统的缺陷，需要构造系统的总体模型，并将各个子系统模型建立在 Vensim – PLE 窗口中，合成一个总模块。此外，也可以利用 Vensim – PLE 提供的各种功能，对各个子系统模型分别进行测试与应用。

通过上面的分析，可以建立电子废弃物回收系统仿真模型的存量流量图，如图 9.18 所示。

9.2 参数界定与模型检验

9.2.1 参数界定

选取房间空调器作为电子废弃物回收处理对象，水平变量初始值以 2009 年为基准。本章所使用的数据主要来源于中国统计年鉴、相关文献、产业在线网络数据等各种渠道，对各个子系统模型的相关参数进行初始赋值，界定次序基本上按照子模型的构建顺序进行。系统动力学模型的详细方程式见附录。为了利于得到相关函数关系，同时以电子废弃物处理市场现状的特征为依据，分别对处理基金子系统、处理商利润子系统、回收小商贩利润子系统、消费者利润子系统、生产商利润子系统等各自所涉及的参数进行参数界定。

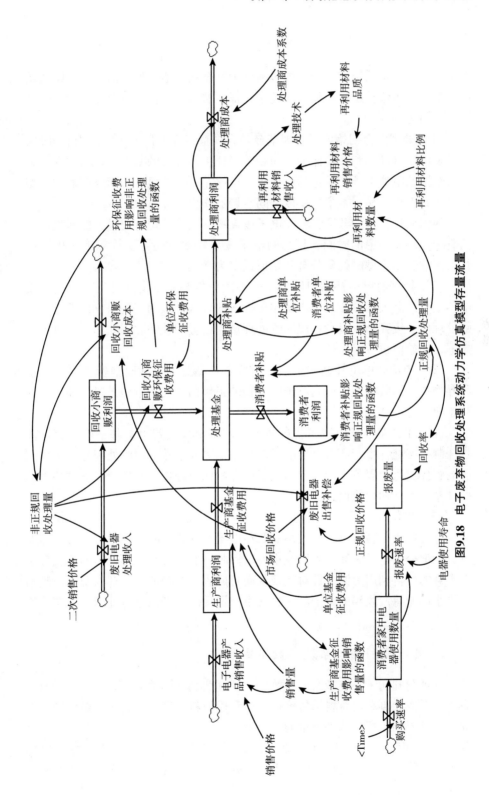

图9.18 电子废弃物回收处理系统动力学仿真模型存量流量

1. 处理基金子系统参数界定

处理基金子系统涉及的参数包括处理基金初始值、处理商单位补贴初始值、消费者单位补贴初始值、单位基金征收费用初始值以及单位环保征收费用初始值等。

（1）处理基金初始值。处理基金是为规范废弃电器电子产品回收处理，促进资源综合利用和环境保护，向相关责任主体征收的基金。目前纳入基金征收范围的电器电子产品包括电视机、电冰箱、洗衣机、房间空调器和微型计算机共五类产品。本章主要以房间空调器作为研究对象。

随着处理基金的开征，将对电子废弃物的回收处理有着重大的影响。但基金入库还需一定的时间，目前的电子废弃物回收还主要依靠市场机制运行，因此，本模型的处理基金初始值设定为0元。

（2）处理商单位补贴初始值。处理商单位补贴是指针对目前我国报废电器电子产品大部分流入小作坊非法拆解的现状，激励正规回收处理企业回收处理电子废弃物，提高正规回收处理量而设置的补贴。因此，目前市场主导下，初始值也设定为0元。

（3）消费者单位补贴初始值。消费者补贴是为了激励消费者参与电子废弃物环保回收处理，提高电子废弃物的正规回收处理量而设置的补贴。其初始值设定为0元。

（4）单位基金征收费用初始值。单位基金征收费用是基于生产商延伸责任制的实施，生产商对电器电子产品生命周期末端的回收处理必须承担相应的责任，为了规范生产商参与电子废弃物回收处理，向生产商征收的单位处理基金。其初始值设定为0元。

（5）单位环保征收费用初始值。单位环保征收费用是针对目前我国电子废弃物回收处理市场，回收小商贩在电子废弃物回收处理中占据着主导地位，大部分的电子废弃物被回收小商贩回收并非法拆解处理，污染环境且浪费丰富的可再利用资源，针对此现状而对回收小商贩征收的环保费用，激励回收小商贩将回收到的电子废弃物交由有资质的处理商进行处理。其初始值设定为0元。

2. 处理商利润子系统参数界定

处理商利润子系统涉及的参数包括处理商利润初始值、处理技术、处理商成本系数、再利用材料销售价格、再利用材料品质、再利用材料比例、处理商补贴影响正规回收处理量的函数等。

（1）处理商利润初始值。处理商利润包括政府给予的处理补贴、处理电子废弃物销售再利用材料的收入以及处理成本的支出等。初期，政府不干涉电子废弃物回收处理市场的运作，因此政府给予的处理补贴初始值为 0元，而一台房间空调器的正规回收价格大概在 300 元左右，经处理后的再利用材料价值大概在 280 ~ 350 元，若暂时不考虑处理电子废弃物而支出的运输成本、处理成本和环保成本等，平均处理每台房间空调器的处理商利润大概在 - 20 ~ 50 元，本研究取 35 元。据统计，2009 年电视机、电冰箱、洗衣机、空调、电脑 5 类家电报废量近 6689.51 万台，其中空调大约 356.94 万台，而根据相关问卷的调查可知，66.73% 左右的消费者倾向于将废旧家电卖给回收小商贩，11.19% 的消费者表示会直接扔掉废旧家电，因此大约有22.08% 的废旧家电流入专业处理商进行处置，因此处理商利润的初始值设定为 35 * 3569400 * 22.08% = 27584323.2 元。

（2）处理技术系数。将处理商利润转换成处理技术，两者呈正相关的关系。而处理技术则会影响到再利用材料品质、再利用材料销售价格，亦呈正相关关系，最后进而影响到再利用材料销售收入及处理商利润。处理技术参数的确定如图 9.19 所示。

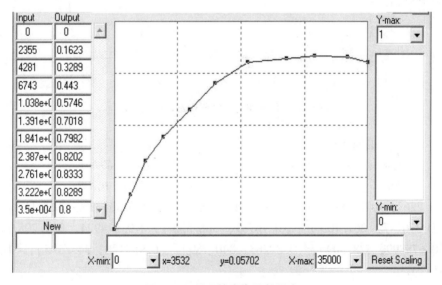

图 9.19　处理技术表函数设定

其方程组如下：

处理技术 = WITH LOOKUP（处理商利润）

Lookup = ([(0, 0) - (30000000, 1)] , (0, 0) , (1651380, 0.179825) , (3119270, 0.324561) , (4862390, 0.460526) , (6697250, 0.587719) , (8807340, 0.723684) , (1247710, 0.828947) , (1568810, 0.916667) , (1880730, 0.951754) , (22110100, 0.973684) , (24403700, 0.97807) ,

（26789000，0.986842），（30000000，1））。

（3）处理商成本系数。假设处理商处理电子废弃物的成本变动主要是受污染成本及防治污染成本的影响，而引入先进处理设备的固定成本保持不变，设定处理商成本系数为1.5。

（4）再利用材料销售价格。再利用材料销售价格会受到再利用材料品质的影响，再利用材料品质越高，再利用材料销售价格也越高，二者呈正相关的关系。再利用材料销售价格参数的确定如图9.20所示。

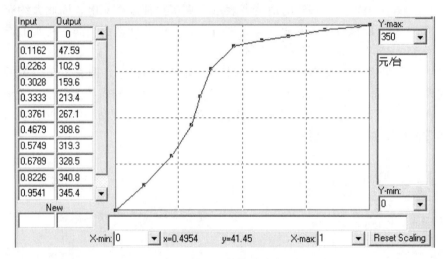

图9.20　再利用材料销售价格表函数设定

其方程组如下：

再利用材料销售价格 = WITH LOOKUP（再利用材料品质）

Lookup = （［（0，0）–（1，350）］，（0，0），（0.116208，47.5877），（0.2263，102.851），（0.302752，159.649），（0.333333，213.377），（0.376147，267.105），（0.46789，308.553），（0.574924，319.298），（0.678899，328.509），（0.82263，340.789），（0.954128，345.395），（1，350））。

（5）再利用材料品质。再利用材料品质会受到处理商的处理技术的影响，处理技术越高，再利用材料品质越高，二者呈正相关的关系。再利用材料品质参数的确定如图9.21所示。

其方程组如下：

再利用材料品质 = WITH LOOKUP（处理技术）

Lookup = （［（0，0）–（1，1）］，（0，0），（0.0611621，0.157895），（0.12844，0.29386），（0.198777，0.460526），（0.232416，0.552632），（0.296636，0.688596），（0.385321，0.802632），（0.529052，0.899123），

（0. 666667，0. 934211），（0. 761468，0. 947368），（0. 856269，0. 960526），
（0. 948012，0. 960526），（1，0. 982456））。

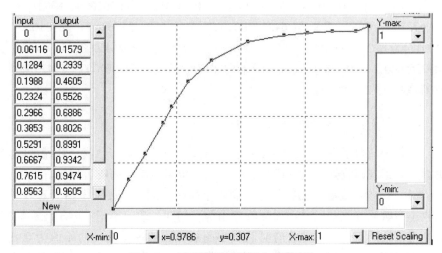

图 9. 21　再利用材料品质表函数设定

（6）再利用材料比例。参考相关文献，将再利用材料比例设定为 0.8。

（7）处理商补贴影响正规回收处理量的函数。正规回收处理量会受到
处理商补贴的影响，处理商补贴越高，正规回收处理量越高，二者呈正相关
的关系。处理商补贴影响正规回收处理量的函数，可以通过观察 2009 年实
施家电"以旧换新"政策后报废家电的回收处理效果，综合各方面的因素
加以确定。处理商补贴影响正规回收处理量的函数的确定如图 9. 22 所示。

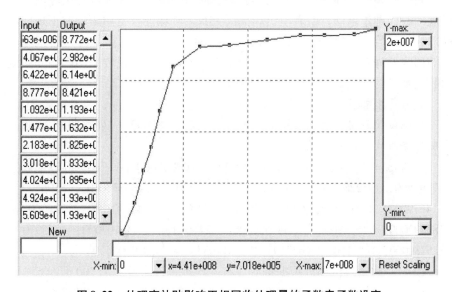

图 9. 22　处理商补贴影响正规回收处理量的函数表函数设定

其方程组如下：

处理商补贴影响正规回收处理量的函数 = WITH LOOKUP（处理商补贴）

Lookup = （［（0，0）– （700000000，20000000）］，（8562690，87719.3），（40672800，2982460），（64220200，6140350），（87767600，8421050），（109174000，11929800），（147706000，16315800），（402446000，18947400），（492355000，19298200），（560856000，19298200），（640061000，19473700），（700000000，20000000））。

3. 回收小商贩利润子系统参数界定

回收小商贩子系统涉及的参数包括回收小商贩利润初始值、环保征收费用影响非正规回收处理量的函数、二次销售价格、市场回收价格等。

（1）回收小商贩利润初始值。回收小商贩利润包括废旧电器处理收入、回收小商贩回收成本以及环保征收费用等。初期，政府不干涉电子废弃物回收处理市场的运作，因此政府对回收小商贩征收的环保费用初始值为 0 元，而一台房间空调器的非正规回收价格（即市场价格）大概在 500 元左右，经简单拆解后二次销售价格大概在 700～800 元，若暂时不考虑简单处理废旧电器而支出的运输成本、处理成本等，平均处理每台房间空调器的回收小商贩利润大概在 200～300 元，本研究取为 200 元。

根据 2009 年房间空调器的报废量及回收小商贩的回收比例，将回收小商贩利润的初始值设定为 200 * 3569400 * 66.73% = 476372124 元。

（2）环保征收费用影响非正规回收处理量的函数。非正规回收处理量会受到回收小商贩环保征收费用的影响，回收小商贩环保征收费用越高，非正规回收处理量越低，二者呈负相关的关系。环保征收费用影响非正规回收处理量的函数，可以通过观察 2009 年实施家电"以旧换新"政策后报废家电的回收处理效果，综合各方面的因素加以确定。环保征收费用影响非正规回收处理量的函数的确定如图 9.23 所示。

其方程组如下：

环保征收费用影响非正规回收处理量的函数 = WITH LOOKUP（回收小商贩环保征收费用）

Lookup = （［（0，0）– （700000000，20000000）］，（0，20000000），（47094800，19122800），（134862000，18947400），（233333000，18596500），（314679000，1771930），（381040000，16666700），（447401000，13859600），（483792000，11578900），（541590000，8245610），（595107000，4385970），（635780000，1842110），（678593000，614035），（700000000，0））。

（3）二次销售价格。根据调查，将二次销售价格设定为 700 元/台。

（4）市场回收价格。根据调查，将市场回收价格设定为 500 元/台。

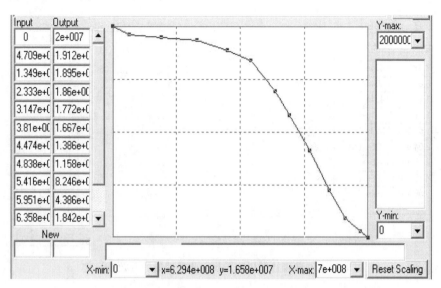

图 9. 23　环保征收费用影响非正规回收处理量的函数表函数设定

4. 消费者利润子系统参数界定

消费者利润子系统涉及的参数包括消费者利润初始值、消费者补贴影响正规回收处理量的函数、正规回收价格等。

（1）消费者利润初始值。消费者利润包括出售废旧电器电子产品获得的经济补偿以及政府给予的政策补贴。据统计，2009 年报废的空调大约为356. 94 万台，而市场调查可知，66. 73% 左右的消费者倾向于将废旧家电卖给回收小商贩，11. 19% 的消费者表示会直接扔掉废旧家电，因此大约有22. 08% 的废旧家电流入专业处理商进行处置。初期，政府不干涉电子废弃物回收处理市场的运作，因此政府对消费者的政策补贴初始值为 0 元，而市场回收价格设定为 500 元/台，正规回收价格设定为 300 元/台。因此消费者利润的初始值设为 500 * 3569400 * 22. 08% + 300 * 3569400 * 66. 73% = 1108619946 元。

（2）消费者补贴影响正规回收处理量的函数。正规回收处理量会受到消费者补贴的影响，消费者补贴越高，正规回收处理量越高，二者呈正相关的关系。消费者补贴影响正规回收处理量的函数，可以通过观察 2009 年实施家电"以旧换新"政策后报废家电的回收处理效果，综合各方面的因素加以确定。消费者补贴影响正规回收处理量函数的确定如图 9. 24 所示。

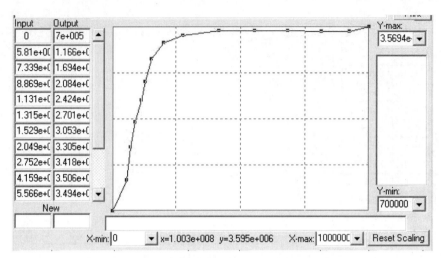

图 9.24　消费者补贴影响正规回收处理量的函数表设定

其方程组如下：

消费者补贴影响正规回收处理量的函数 = WITH LOOKUP（消费者补贴）

Lookup = （[（0，700000）－（100000000，3569400）]，（0，700000），
（5810400，1165650），（7339450，1694220），（8868500，2084360），
（11315000，2424160），（13149800，2701030），（15290500，3053410），
（20489300，3305110），（27522900，3418380），（41590200，3506470），
（55657500，3493890），（68501500，3493890），（81345600，3481300），
（92354700，3481300），（100000000，3569400））。

（3）正规回收价格。根据市场调查，可将正规回收价格设定为 300
元/台。

5. 生产商利润子系统参数界定

生产商利润子系统涉及的参数包括生产商利润初始值、生产商基金征收
费用影响销售量的函数等。

（1）生产商利润初始值。生产商利润包括电器电子产品的销售收入以
及生产商基金征收费用。初期，政府不干涉电子废弃物回收处理市场的运
作，因此政府对生产商征收的基金费用初始值为 0 元。而 2009 年全国销售
房间空调器为 6560.9 万台，根据型号的不同，销售价格分布在 1800 ~
10000 元不等，本研究取平均销售价格为每台 3000 元/台，因此生产商的初
始利润值设定为 3000 * 65609000 = 196827000000 元。

（2）生产商基金征收费用影响销售量的函数。销售量会受到生产商基金征收费用的影响，生产商基金征收费用越高，会影响到销售量，但销售量不仅受到基金征收费用的影响，还受到其他诸如需求量的影响，因此综合考察可以看出生产商基金征收费用的征收会使销售量的增长速率降低，但总体上销售量还是在上升。生产商基金征收费用影响销售量的函数，可以通过观察 2009 年实施家电"以旧换新"政策后电器电子产品的销售量变化情况，综合各方面的因素加以确定。生产商基金征收费用影响销售量的函数的确定如图 9.25 所示。

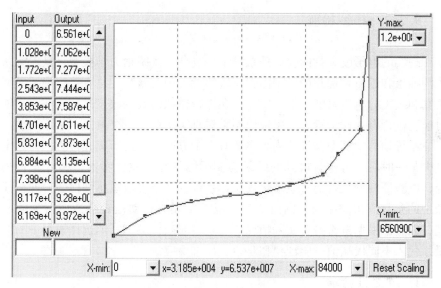

图 9.25　生产商基金征收费用影响销售量的函数表函数设定

其方程组如下：

消费者补贴影响正规回收处理量的函数 = WITH LOOKUP（消费者补贴）

Lookup =（[[（0，65609000）-（84000，120000000）]，（0，65609000），（10275.2，70618700），（17724.8，72765700），（25431.2，74435600），（38532.1，75867000），（47009.2，76105500），（58311.9，78729600），（81174.3，92804500），（81688.1，99722700），（84000，120000000））。

此外，报废量子系统涉及的参数包括：报废量初始值，电器使用寿命，消费者家中电器使用数量初始值，购买速率。

①报废量初始值。2009 年电视机、电冰箱、洗衣机、空调、电脑 5 类家电报废量近 6689.51 万台，其中空调大约 356.94 万台，因此报废量初始值设定为 3569400 台。

②电器使用寿命。电器使用寿命设定为 10 年。

③消费者家中电器使用数量初始值。根据国家统计年鉴的数据可知，2009 年消费者拥有房间空调器的数量为 8078.25 万台。因此消费者家中电器使用数量初始值设定为 80782500 台。

④购买速率。2009 年房间空调器的销售数量为 6560.9 万台，2010 年为 9473.5 万台，2011 年 11345.5 万台，因此

购买速率 = WITH LOOKUP（Time）

Lookup = （［（2009，6560.9）- （2011，200000000）］，（2009，65609000），（2010，94735000），（2011，113455000））。

9.2.2　模型检验

现实的电子废弃物回收处理系统十分复杂，系统动力学模型只是现实系统的抽象和近似。构建的模型能否有效的代表现实系统，这直接决定了模型仿真和政策分析质量的高低。因此，在进行模拟仿真和政策试验之前，必须对模型进行有效性检验，以验证模型是对真实系统的一个良好"表示"。

系统动力学模型验证的内容主要有三个方面：一是历史性检验，即选定过去某一时段，将仿真得到的结果与实际结果相对比，考察这两者是否吻合，以验证模型是否能有效地代表实际系统。二是参数敏感性检验，即将模型中的参数值在合理的范围内变动，观察参数的变动是否会造成行为的改变，以验证模型是否符合实际情况。三是极端条件测试，即选择模型中的变量，代入不同极端值，验证模型是否有异常反应。

1. 历史性检验

本节主要选取了三个关键变量进行仿真模拟，将模拟结果与实际数据进行对比，以检验该模型的拟合程度。选取的三个关键变量分别是产品销售量、报废量及消费者家中电器使用数量。假若仿真模拟结果与实际数据值之间的相对误差在 5% 以内，则表明该模型是有效的。历史性检验的起止时间为 2009 ~ 2011 年，时段为 3 年。

（1）销售量。以 2009 年的销售量为基期，图 9.26 为房间空调器销售量在 2009 ~ 2019 年的仿真值。

结合真实数据，得出房间空调器销售量模拟数据与历史数据之间的误差对比，如表 9.1 所示。从表 9.1 中，可知房间空调器销售量模拟值与实际值的误差对比都控制在 5% 以内，由此可以判断该模型的拟合程度较好。

```
┌─────────────────────────────────────────────────┐
│ ━ ⊡ ☰ ⊟ ⊟  Table Time Down          □ X │
│ Time (Year)    "销售量"       销售量              │
│ 2009          Runs:        6.5609e+007           │
│ 2010          Current      9.231925e+007         │
│ 2011                       1.231555e+008         │
│ 2012                       1.983451e+008         │
│ 2013                       2.564179e+008         │
│ 2014                       2.897065e+008         │
│ 2015                       3.675435e+008         │
│ 2016                       3.999857e+008         │
│ 2017                       4.675968e+008         │
│ 2018                       9.297834e+008         │
│ 2019                       9.954197e+008         │
└─────────────────────────────────────────────────┘
```

图9.26　销售量的仿真值

表9.1　　　　　　　　　销售量模拟数据与历史数据对比分析

年份	销售量		
	统计值（台）	模拟值（台）	误差（％）
2009	65609000	65609000	0
2010	94735000	92319257	−2.55
2011	123155500	119593990	−2.90

（2）报废量。以2009年的报废量为基期，图9.27为房间空调器报废量在2009～2019年的仿真值。

```
┌─────────────────────────────────────────────────┐
│ ━ ⊡ ☰ ⊟ ⊟  Table Time Down          □ X │
│ Time (Year)    "报废量"       报废量              │
│ 2009          Runs:        4.043e+006            │
│ 2010          Current      6.488725e+006         │
│ 2011                       7.251664e+006         │
│ 2012                       8.346784e+006         │
│ 2013                       7.896345e+006         │
│ 2014                       8.542134e+006         │
│ 2015                       8.908436e+006         │
│ 2016                       9.154378e+006         │
│ 2017                       9.786256e+006         │
│ 2018                       9.890723e+006         │
│ 2019                       1.095678e+007         │
└─────────────────────────────────────────────────┘
```

图9.27　报废量的仿真值

结合真实数据，得出房间空调器报废量模拟数据与历史数据之间的误差对比，如表9.2所示。从表9.2中可知，房间空调器报废量模拟值与实际值的误差对比都控制在5%以内，由此可以判断该模型的拟合程度较好。

表9.2　　报废量模拟数据与历史数据对比分析

年份	报废量		
	统计值（台）	模拟值（台）	误差（%）
2009	4043000	4043000	0
2010	6706000	6488725	-3.24
2011	7513900	7251664	-3.49

（3）消费者家中使用电器（房间空调器）数量。以2009年的消费者家中房间空调器数量为基期，图9.28为消费者家中电器使用数量在2009～2019年的仿真值。

Table Time Down

Time (Year)	"消费者家中电器使用数量" Runs: Current	消费者家中电器使用数量
2009		8.07825e+007
2010		1.088747e+008
2011		1.369669e+008
2012		1.465423e+008
2013		1.539812e+008
2014		1.651297e+008
2015		1.699943e+008
2016		1.720178e+008
2017		1.789034e+008
2018		1.803217e+008
2019		1.885691e+008

图9.28　消费者家中电器使用数量的仿真值

结合真实数据，得出消费者家中电器使用数量模拟数据与历史数据之间的误差对比，如表9.3所示。从表9.3中，可知消费者家中电器使用数量模拟值与实际值的误差对比都控制在5%以内，由此可以判断该模型的拟合程度较好。

从分析中可以看出，以产品销售量、报废量及消费者家中电器使用数量作为关键变量的历史性检验中，三个关键的模拟值与实际值的误差都控制在5%以内，因此证实了模型具有较好的拟合度。

表 9.3　　　　消费者家中电器使用数量模拟数据与历史数据对比分析

年份	消费者家中电器使用数量		
	统计值（台）	模拟值（台）	误差（%）
2009	80782500	80782500	0
2010	108874700	104868111	−3.68
2011	136966900	131721067	−3.83

2. 参数敏感性检验

参数敏感性测试主要用于对模型中某个或某些参数估计，或者是对系统中的某些结构把握得不是很准确情况下的测试。实际中，参数敏感性检验用得非常多，因为对现实系统建立模型的过程中，模型不一定能够完全反应现实世界，所以一般需要通参数敏感性检验加以分析和改进。此外，参数对系统行为的影响是不同的，有些参数的变化对系统行为的影响很敏感，有些则不敏感，所以只要集中精力求证和推敲那些敏感的参数和结构，就可以用较小的投入换取较满意的结果。

市场回收价格对于各个参与主体的利润影响都是较大的，因此，本章主要通过市场回收价格参数进行系统动力学模型的参数敏感性检验。将市场回收价格由 500 元/台变为 600 元/台，即平均价格提高 100 元/台时，观察变量非正规回收处理量的变化如图 9.29 所示。

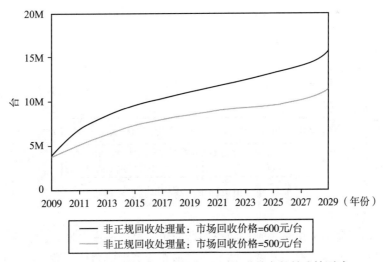

图 9.29　市场回收价格平均提高 100 元/台的参数敏感性测试

从仿真结果可以看出，市场回收价格平均提高 100 元/台时，回收小商贩的非正规回收处理量高于初始状态，即市场回收价格提高后，消费者基于自身利益最大化的原则更愿意将手中的电子废弃物交由回收小商贩回收处理，这是符合现实的，由此判断该模型的参数敏感性检验通过。

3. 极端条件测试

极端条件测试主要是用来检测模型中的方程是否稳定可靠，是不是在任何极端情况下都能反映现实系统的变化规律或者决策者的意愿。极端条件测试的方法是通过模型对冲击所做出的反应来判断。所谓冲击，是指把模型中的某个变量或某几个变量（包括参数）置于极端情况，如取"0"或者取无穷大等，模拟、观察系统行为的反应，看其有没有现实中不可能出现的反应。

我们主要选取了房间空调器的平均使用寿命作为测试变量，观察消费者家中电器使用数量在房间空调器的平均使用寿命取极端值时的变化情况，以此做出对模型有效性的合理判断。假设房间空调器的平均使用寿命为 1 年和 20 年，进行极端条件测试。观察变量消费者家中电器使用数量的变化如图 9.30 所示。

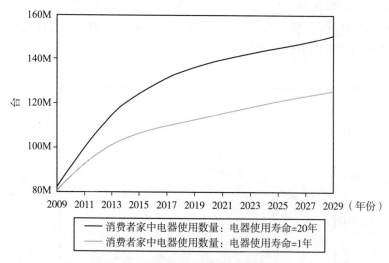

图 9.30　电器使用寿命的极端条件检验

使用寿命为 1 年时，则房间空调器的正常报废速率是增大的，在消费者购买房间空调器的速率不变的情况下，消费者家中电器使用数量减少；使用寿命为 20 年时，则房间空调器的正常报废速率减小，在消费者购买房间空调器的速率不变的情况下，消费者家中电器使用数量增加。从仿真结果图中可以看出，该模型能够较好地反应这一现实规律，由此判断模型的极端条件测试通过，可以用来进行政策模拟分析。

4. 模型诊断结论

按照 9.2.2 节所介绍的模型变量参数界定与模型检验程序和方法，选取房间空调器作为研究对象，水平变量初始值以 2009 年为基准，使用的数据主要来源于中国统计年鉴、相关文献、产业在线网络数据等各种渠道，对各个子系统模型的相关参数进行初始赋值，参数界定次序大致按照五个子系统模型的构建顺序进行。

所进行的系统动力学模型验证的内容主要有三个方面，一是历史性仿真检验，选取了电器产品的销售量、报废量及消费者家中电器使用数量三个关键变量进行检验。通过模拟验证，这三个关键变量的仿真模拟结果与实际数据值之间的相对误差均在 5% 以内，表明所建立的模型是有效的。二是参数敏感性检验，主要通过市场回收价格参数进行参数敏感性的检验，通过观察不同市场回收价格下的非正规回收处理量的变化，可以发现变化规律是符合现实的，由此判断该模型的参数敏感性检验通过。三是极端条件检验，主要选取了房间空调器的平均使用寿命作为测试变量，观察消费者家中电器使用数量在房间空调器的平均使用寿命取极端值时的变化情况，仿真结果表明模型能够较好地反映现实规律，由此判断模型的极端条件测试通过，可以用来进行政策模拟分析。

根据以上分析，模型已通过历史性检验、参数敏感性检验和极端条件检验，证明了模型的有效性，即模型是对真实系统的一个良好"表示"，表明了模型的仿真和政策分析具有较高的质量和意义。

9.3　政策情景模拟

9.3.1　情景假设与政策设置

1. 情景假设

为了比较执行不同的征费和补贴政策对电子废弃物回收处理市场效益的影响，假设有两种情景，分别对这两个情景设置不同的政策变数，模拟回收处理市场的变化情况。情景假设如下：

情景一：无政府管制情景。由于电子废弃物拆解后的零部件和材料具有较高的经济价值，政府无管制情景下，回收小商贩的回收量大大高于正规回收处理商的回收量，大部分电子废弃物流入回收小商贩及非法拆解处理作坊中，电子废弃物的生态回收处置率较低。本情景主要研究无政府政策调控下，正规回收处理商与非正规回收处理商的业务量变化。

情景二：有政府管制情景。电子废弃物回收处理市场在市场机制运行下非法拆解情况普遍存在，环境问题日益突出，政府介入和电子废弃物回收管制成为必然，政府的涉入将会导致电子废弃物回收市场结构发生变化。本情景研究主要探讨政府执行不同的征费对象和补贴对象政策对电子废弃物回收处理效益的影响。

2. 政策变量

假设不同情景后，需要进行相应的政策设置，本研究主要探讨相同补贴或基金征收费用标准下不同的征费对象及补贴对象对电子废弃物回收处理市场效益的影响，因此将单位基金征收费用、单位环保征收费用、处理商单位补贴、消费者单位补贴等作为可控制的变量，而将正规回收处理量及回收率作为观察变量，观察不同政策设置下电子废弃物回收处理市场的效益情况。不同情景下的政策设置分别如下：

情景一的政策设置为：自然趋势方案，也即模拟市场机制下的电子废弃物回收处理市场的运行情况。自然趋势方案下，各变量按目前的变化趋势和变化率自然发展，主要依靠系统内部的制约因素起作用，不施加任何人为调控。

情景二的政策设置包括四种政策方案，如表9.4所示。需要说明的是，征费和补贴的标准是根据2012年7月1日国家环保总局等六部委颁布实施的《废弃电器电子产品处理基金征收使用管理办法》中明确规定的对房间空调器的征费和补贴的标准来确定的。

表9.4　　　　　　　　　　　　　政策设置说明

政策	说明	方程参数设置
自然趋势方案	不施加任何人为调控	基金征收费用＝0元/台； 环保征收费用＝0元/台； 处理商单位补贴＝0元/台； 消费者单位补贴＝0元/台
政策一（向生产商征费，对处理商补贴）	向生产商征收电器电子产品费用7元/台，对专业处理商专业处理电子废弃物给予35元/台的补贴	基金征收费用＝7元/台； 环保征收费用＝0元/台； 处理商单位补贴＝35元/台； 消费者单位补贴＝0元/台

续表

政策	说明	方程参数设置
政策二（向回收小商贩征费，对处理商补贴）	向回收小商贩征收非法拆解处理的电子废弃物7元/台，对专业处理商专业处理电子废弃物给予35元/台的补贴	基金征收费用＝0元/台；环保征收费用＝7元/台；处理商单位补贴＝35元/台；消费者单位补贴＝0元/台
政策三（向生产商征费，对消费者补贴）	向生产商征收电器电子产品费用7元/台，对消费者主动将手中的报废电器交由专业处理商处理的行为给予35元/台的补贴	基金征收费用＝7元/台；环保征收费用＝0元/台；处理商单位补贴＝0元/台；消费者单位补贴＝35元/台
政策四（向回收小商贩征费，对消费者补贴）	向回收小商贩征收非法拆解处理的电子废弃物7元/台，对消费者主动将手中的报废电器交由专业处理商处理的行为给予35元/台的补贴	基金征收费用＝0元/台；环保征收费用＝7元/台；处理商单位补贴＝0元/台；消费者单位补贴＝35元/台

9.3.2　政策模拟分析

以政府有无管制行为为依据，设定两个不同的政府管制情景，即无管制情景和有管制情景，根据两个不同的管制情景设定不同的政策后可以对这两个情景进行模拟分析，分析如下。

1. 无管制情景模拟

无管制情景模拟下的系统模拟分析指的是自然趋势方案下电子废弃物回收处理现实系统的一个模拟分析。自然趋势方案即政府不施加任何人为调控，各变量按目前的变化趋势和变化率自然发展，主要依靠系统内部的制约因素起作用。

以正规回收处理量和回收率的变化来刻画不同政策方案变化下的政策效果。正规回收处理量和回收率越高，说明政策效果越好，反之亦然。图9.31和图9.32分别显示的是未施加任何调控政策情况下的2009~2029年的正规回收处理量以及回收率的变化情况。

从图9.31和图9.32可以看出，无管制情景下，正规回收处理量从2009~2029年的数量大致稳定在100万~180万台，回收率大致保持在22%~30%。若不施加任何调控政策，正规回收处理量以及回收率总体保持在一个较低的水平，长期来看正规回收处理量并没有太大的提升，甚至还有下降的趋势，说明如果没有施加任何政策，在市场机制作用下，正规回收处理商由于成本高、回收渠道窄等种种原因，回收处理电子废弃物的业务量始终比回收小商贩的业务量要低很多。这也提示政府，如果要提高电子废弃物的环保回收处理情况，必然需要制定相应的调控政策，可以通过一定的财政补贴政策等措施改善目前电子废弃物的回收处理状况。

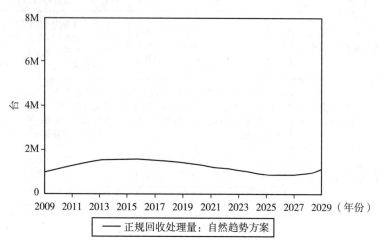

图 9.31　自然趋势方案下的正规回收处理量变化

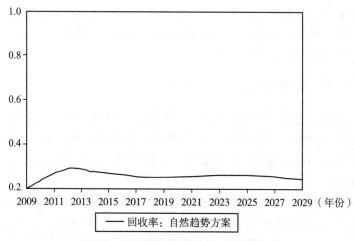

图 9.32　自然趋势方案下的回收率变化

2. 有管制情景模拟与政策分析

　　有管制情景模拟下的系统模拟分析是对四种不同征费/补贴政策组合下电子废弃物回收处理系统的一个模拟分析。图 9.33 和图 9.34 分别显示的是施加了四种不同政策情况下的 2009～2029 年的正规回收处理量以及回收率的变化情况。

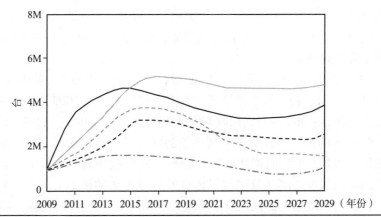

图 9.33 不同政策情景下正规回收处理量

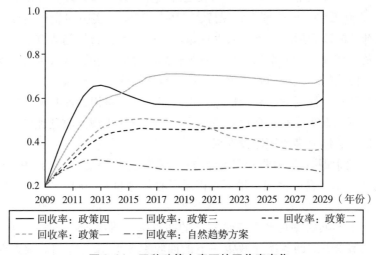

图 9.34 四种政策方案下的回收率变化

（1）政策一（向生产商征费，对处理商补贴）。从图 9.33 和图 9.34 可以看出，在政策一情景下，正规回收处理量从 2009～2029 年的数量大致在 100 万～370 万台，回收率大致保持在 22%～45%。实施向生产商征费、对处理商补贴的政策后，正规回收处理量以及回收率比自然趋势方案的情形有了一定程度的改善，正规回收处理量在 2012～2021 年上升后又呈现下降趋势，长期来看正规回收处理量在政策实施初期有一定程度的改善，但长期来看正规回收处理量提升的幅度不是太理想。而回收率跟正规回收处理量的变化趋势有点区别，这主要是因为每年报废量的大小不同导致的，这也说明正规回收处理量只是衡量政策实施效果的一个角度,从回收率的变化情况可以看出政策一实施后,回收率比自然趋势方案下的回收率有了改善,但长期来看有下降的趋势。

(2)政策二(向回收小商贩征费,对处理商补贴)。从图9.33和图9.34可以看出,在政策二情景下,正规回收处理量从2009~2029年的数量大致在100万~360万台,回收率大致保持在22%~40%,2009~2021年政策二情景下的回收率比政策一情景下的回收率大约低5%,而从2021年以后政策二情景下的回收率比政策一情景下的回收率高10%左右。政策二情景下的正规回收处理量及回收率比自然趋势方案的情形有了一定程度的改善,短期内比政策一的调控效果要差,但长期来看,其政策实施效果会比政策一情景要好。虽然政策二情景下的正规回收处理量以及回收率总体上来看比政策一有一定程度的改善,但可以发现改善幅度还不是太理想。

(3)政策三(向生产商征费,对消费者补贴)。从图9.33和图9.34可以看出,在政策三情景下,正规回收处理量从2009~2029年的数量大致在100万~500万台,回收率大致保持在22%~72%。实施向生产商征费、对消费者补贴的政策后,正规回收处理量以及回收率比自然趋势方案、施加政策一以及施加政策二方案的情形下有了较高程度的改善,该政策初期实施效果,正规回收处理量和回收率改善的速率也比较快,长期来看,政策实施效果在上升到一定程度后会趋于稳定。正规回收处理量以及回收率总体上来看在实施政策三方案后有较高程度的改善,可以发现正规回收处理量和回收率提升的幅度总体上来说还比较理想。

(4)政策四(向回收小商贩征费,对消费者补贴)。从图9.33和图9.34可以看出,在政策四情景下,正规回收处理量从2009~2029年的数量大致在100万~440万台,回收率大致保持在22%~66%,2009~2015年政策四情景下的回收率比政策三情景下的回收率大概高6%,而从2015年以后政策四情景下的回收率比政策三下的回收率要低12%左右。政策四情景下的正规回收处理量及回收率比自然趋势方案的情形有很大的改善,短期内比政策三的效果要好,但长期来看,政策四的实施效果与政策三相比存在差距。正规回收处理量以及回收率总体上来看在政策四情景实施阶段有了较高程度的改善,但可以发现正规回收处理量和回收率提升的幅度从长期来看相对政策三有一定差距。

根据不同政策下正规回收处理量和回收率的模拟分析可知,实施不同的基金征费/补贴政策对电子废弃物的回收处理市场将产生不同的影响,下面对上述分析进行简单总结。

①在自然趋势方案下,即不实施任何约束/激励政策时,正规回收处理量和回收率总体保持在一个较低的水平,电子废弃物的回收处理状况很不

乐观。

　　②向生产商征费，对处理商补贴时（即政策一），正规回收处理量及回收率比自然趋势方案下有所改善，但提升的幅度还不算太理想，而且该政策的近期效果显著优于远期效果。

　　③向小商贩征费，对处理商补贴时（即政策二），正规回收处理量及回收率比自然趋势方案的情形有改善，近期内其政策效果不如向生产商征费对处理商补贴，但长期来看，其政策效果优于向生产商征费对处理商补贴的政策方案。

　　④向生产商征费，对消费者补贴时（即政策三），正规回收处理量以及回收率比自然趋势方案、政策一方案和政策二方案都有了较高程度的改善，而且该政策三初期实施效果、正规回收处理量和回收率的改善速率也比较快，长期来看，该政策的实施效果在上升到一定程度后会趋于稳定，且正规回收处理量以及回收率的提升幅度比较理想。

　　⑤向小商贩征费，对消费者补贴时（即政策四），正规回收处理量及回收率比自然趋势方案的情形也有很大程度的改善，近期内其政策效果比政策三还要好，但从长期来看，该政策的实施效果将经历一个持续的衰减阶段，因此，向小商贩征费对消费者补贴的政策在中远期都不如向生产商征费对消费者补贴的政策方案。

　　此外，在政策设计时还必须注意到，不同方案的基金征费和补贴政策，其实施难度也不一样。向生产商征费相对容易，而向小商贩征费较难；向处理商补贴容易，而向消费者补贴较难。总体上，政策实施难度从低到高排序为：政策一＜政策三＜政策四＜政策二。

　　综上所述，基于系统动力学方法的处理基金征费/补贴政策情景分析小结，如表9.5所示。

表9.5　　　　　　　　　　政策情景分析小结

政策情景	政策效果分析			
	正规回收处理量	回收率	政策实施难度	建议实施时期
自然趋势方案	很低	很低	—	—
政策一：向生产商征费，对处理商补贴	比自然趋势方案有所改善，但提升幅度不太理想	比自然趋势有所改善，但提升幅度不太理想	容易	—
政策二：向回收小商贩征费，对处理商补贴	近期比政策一要低，但远期比政策一要高	近期比政策一要低，远期比政策一要高	比较难	—

政策情景	政策效果分析			
	正规回收处理量	回收率	政策实施难度	建议实施时期
政策三：向生产商征费，对消费者补贴	比政策一、二都要高	比政策一、二都要高	比较容易	中、远期
政策四：向回收小商贩征费，对消费者补贴	短期内比政策三要高，但中、远期比政策三要低	短期内比政策三要高，中远期比政策三要低	难	近期

9.3.3　政策建议

1. 回收管理政策建议

通过 9.3.2 节对不同政策方案仿真结果分析可知，政策四近期的实行效果是最好的，但是实施难度较大，而长期来看政策三的效果更好。其他政策方案比自然趋势方案的正规回收处理量及回收率都有改善，但改善的幅度不一样。在不同时期，正规回收处理量及回收率提升的幅度是不一样的。因此，政府可以在不同时期根据电子废弃物的回收处理情况采取不同的政策方案。

结合上述仿真结果分析，对我国近期和中远期可实施的电子废弃物回收管理政策建议如下：

（1）在近期，建议实施对小商贩进行管制约束，对消费者实施补贴激励的政策策略组合。鉴于向小商贩征费在现实中很难实施，因此该政策的重点在于对消费者主动将手中的报废电器交由专业处理商处理的行为给予一定的补贴，通过对消费者的补贴来激励正规回收处理渠道的成长发展。与之同时，还须加强电子废弃物回收处理领域的环境执法，严格管制小商贩和个体拆解作坊为主的回收拆解行为，促进其专业化、生态化发展，并最终将其纳入正规回收渠道。

（2）中远期，建议实施对生产商征收处理费用，对消费者实施补贴激励的政策策略组合。长期来看，随着消费者环境意识和废弃物回收能力的提升，以及电子废弃物回收处理产业的不断发展，应该逐步减少对消费者的回收补贴，并最后确立消费者回收责任。

2. 对回收参与主体的管理/激励策略

基于前述仿真结果，建议对我国电子废弃物回收处理的相关参与主体采取以下激励/管制策略：

（1）针对专业处理商的激励/管制策略。由仿真结果可知，对专业处理企业进行补贴，对提高电子废弃物回收处理的效益有一定程度的效果，但总体来看，效益提高程度不如其他政策明显。考虑到专业处理企业需要投入较高的初始资金，许多专业处理企业在初期无法有效运营，此外专业处理企业是我国电子废弃物生态处置的主体，对电子废弃物的回收再利用及无害化处置起到重要作用，因此有必要制定行业优惠和补贴政策，激励其积极参与电子废弃物的生态处理。

具体而言，针对专业处理企业，要引导其通过兼并、重组等形式扩大经营规模，鼓励其在专业化处置业务的基础上延伸产业链，激励其积极引进或研发先进处理技术工艺。

（2）针对小商贩的激励/管制策略。从仿真结果看，如果对小商贩的回收业务予以约束，则可以显著地提高电子废弃物正规回收处理渠道的效益。因此，从促进电子废弃物回收处理产业发展的角度，必须对小商贩为主的电子废弃物回收市场予以规范。

从回收量上看，小商贩是我国目前电子废弃物回收市场的重要主体，其回收量约占总量的90%。小商贩参与废弃电器电子产品回收主要是受利益的驱使，如果小商贩回收的电子废弃物不流入非法拆解渠道，则并不产生环境污染。此外，电子废弃物回收并非小商贩的全部回收业务，他们还收集其他有价值废弃物，如纸张、塑料等。由小商贩、拾荒者所组成的城乡废弃物品回收渠道在我国已经形成为非常有影响力的网络，其回收效率、回收能力都体现出强大的竞争优势和生命力。由此可知，如果能够利用小商贩回收的网络渠道优势和回收能力，那么我国电子废弃物的回收环节和回收效率将得到根本解决。

因此，针对以小商贩为主的电子废弃物回收市场，建议实施"管制 + 激励"的政策组合，即约束回收小商贩的地下业务，禁止其从事非法拆解业务，引导上游商贩企业化经营，激励其向正规渠道转移所收集的物品，争取将小商贩回收渠道纳入电子废弃物回收管理体系。为了实现上述目标，还须针对电子废弃物的收集、运输和储藏等制订物流运输政策，通过限制电子废弃物的非法转移，约束小商贩回收渠道的无序经营。

（3）针对个体拆解作坊的激励/管制策略。电子废弃物的非法拆解户和个体拆解作坊是我国电子废弃物环境污染的主要产生途径，而且形成恶劣的国内和国际影响。对于这类非正规拆解处理主体实施严格的管制政策，具有十分重要的意义：一方面可以减少废物排放量，减轻环境污染；另一方面，打击电子废弃物的非法拆解处理，也有助于剪断小商贩回收渠道的利益纽带，促进电子废弃物回收渠道的运营模式转型。为此，有关部门须严格执行废弃电器电子产品处理资格认定与管理，加强环境执法监督和检查，减少个体拆解户非法拆解行为，促进环境绿色健康发展。

（4）针对消费者的激励/管制策略。根据仿真结果，对消费者的回收行为提供补贴，结合向生产商征收处理基金的政策，可以最大限度地提高电子废弃物的回收再利用效率。目前，我国消费者最常见且也最能接受的电子废弃物回收处理方式是将电子废弃物作为废弃品出售或者参与"以旧换新"活动，以期获得一定的经济补偿或者折扣优惠。如果对消费者主动将电子废弃物交由专业回收处理商进行处理的行为给予一定的补贴，可以极大地激励消费者参与电子废弃物回收处理。建议实施"购买时预付费"或者"押金返还"政策，若消费者后期将电子废弃物交由正规回收处理渠道，则可以赎回前期购买新电器时上交的费用。消费者预付或抵押的废弃电器电子产品处理费用，可以一部分由处理基金补贴；另一部分由消费者负担，远期要逐步减少补贴费用的比例。

（5）针对生产商的激励/管制策略。我国目前虽然没有制定出明确的生产商责任延伸制度，但在相关的法律法规或者规章制度中对 EPR 已有一定的体现。针对生产商的激励和管制策略，主要是借鉴发达国家的生产者责任延伸制度的实施经验。目前我国主要是通过向生产商征收处理基金费用来体现生产商的延伸责任，对主动实施产品环保设计，采用环保生产工艺，从源头上采用环境友善的材料及工艺，避免或者减少对环境有毒有害物质的使用的生产商，予以奖励并减免或减少处理基金的征收力度。此外，还要鼓励有条件的生产商通过处理基金付费之外的其他形式承担其生产者责任。对于自行回收或委托第三方回收、与专业处理企业联合处理或自行处理其废弃电器电子产品的生产商，可以减免对其处理基金的收费。

9.4　本章小结

以电子废弃物回收处理基金的征收和补贴为例，本章对无管制和有管制情景下的电子废弃物回收处理系统运行效果进行了系统动力学建模和仿真模拟，并对比分析了四种征费/补贴方案的政策效果。研究结果表明，向回收小商贩征费、对消费者补贴政策初期的实行效果是最好的，但长期来看向生产商征费、对消费者补贴政策的实行效果会更好，也更趋于稳定。其他政策方案比自然趋势方案的正规回收处理量及回收率都有改善，但改善的幅度不一样。在不同时期，正规回收处理量及回收率提升的幅度是不一样的。

根据系统动力学仿真结果，建议在近期、中远期应实施不同的征费/补贴政策，即近期加强对回收小商贩的约束和引导，对消费者主动将手中的报废电器交由正规回收渠道的行为给予补贴；中远期则采取向生产商征收基金费用，对消费者进行补贴并逐渐减少补贴力度。最后，从政策管制和引导激励两个方面，提出了针对专业处理商、回收小商贩、消费者、生产商等各参与主体的具体建议。

　　基于系统动力学的公共政策模拟，使用大型差分方程系统来模拟变量随时间变化的轨迹，仿真结果依赖于模型参数的具体量化假设，而且并不适用于博弈演进的动态系统，因此，系统动力学方法在实践应用中也受到了诸多质疑。基于以上原因，建议在今后的研究中，针对电子废弃物回收处理的系统建模和实验仿真应结合基于人工社会建模的计算实验方法，把电子废弃物回收处理各参与主体看作自主决策、自治运行的 Agent，对各类主体间的交互影响和发展演化过程进行实验仿真，将政策因素、资源与环境压力，以及社会反应等纳入系统演化模拟。在此基础上，将系统动力学仿真结果和多主体人工社会演化结果进行对照分析，从而更为准确地刻画电子废弃物回收处理系统演化规律，筛选促进多主体回收行为协同的政策工具组合。

附录：系统动力学模型的主要方程表达式

　　（01）INITIAL TIME = 2009 Units：Year The initial time for the simulation

　　（02）FINAL TIME = 2029 Units：Year The final time for the simulation

　　（03）SAVEPER = TIME STEP The frequency with which output is stored

　　（04）TIME STEP = 1 The time step for the simulation

　　（05）二次销售价格 = 700 Units：元/台

　　（06）再利用材料品质 = WITH LOOKUP（处理技术），（[[(0, 0) -(1, 1)]，(0, 0)，(0.0611621, 0.157895)，(0.12844, 0.29386)，(0.198777, 0.460526)，(0.232416, 0.552632)，(0.296636, 0.688596)，(0.385321, 0.802632)，(0.529052, 0.899123)，(0.666667, 0.934211)，(0.761468, 0.947368)，(0.856269, 0.960526)，(0.948012, 0.960526)，(1, 0.982456)）

　　（07）再利用材料数量 = 再利用材料比例 * 正规回收处理量 Units：台

　　（08）再利用材料比例 = 0.8 Units：** undefined **

　　（09）再利用材料销售价格 = WITH LOOKUP（再利用材料品质），（[[(0, 0) – (1, 350)]，(0, 0)，(0.116208, 47.5877)，(0.2263, 102.851)，(0.302752, 159.649)，(0.333333, 213.377)，(0.376147, 267.105)，(0.46789, 308.553)，(0.574924, 319.298)，(0.678899, 328.509)，(0.82263, 340.789)，(0.954128, 345.395)，(1, 350)）Units：元/台

　　（10）再利用材料销售收入 = 再利用材料数量 * 再利用材料销售价格 Units：元

（11）单位基金征收费用 =0 Units：元/台

（12）单位环保征收费用 =0 Units：元

（13）回收小商贩利润 =INTEG（废旧电器处理收入 − 回收小商贩回收成本 − 回收小商贩环保征收费用，4.76372e+008）Units：元

（14）回收小商贩利润影响非正规回收处理量的函数 =WITH LOOKUP（回收小商贩利润，（[（4e+008，2e+006）−（6e+008，4e+006）]，（4e+008，2e+006），（4.08563e+008，2.23684e+006），（4.16514e+008，2.40351e+006），（4.27523e+008，2.54386e+006），（4.42813e+008，2.74561e+006），（4.58104e+008，2.89474e+006），（4.80122e+008，3.09649e+006），（4.97859e+008，3.26316e+006），（5.11927e+008，3.36842e+006），（5.30887e+008，3.54386e+006），（5.48012e+008，3.66667e+006），（5.68807e+008，3.78947e+006），（5.82875e+008，3.92105e+006），（6e+008，4e+006）））Units：台

（15）回收小商贩回收成本 =市场回收价格 ∗ 非正规回收处理量 Units：元

（16）回收小商贩环保征收费用 =单位环保征收费用 ∗ 非正规回收处理量 Units：元

（17）回收率 =正规回收处理量/报废量 Units： ∗∗ undefined ∗∗

（18）处理商利润 =INTEG（再利用材料销售收入 + 处理商补贴 − 处理商成本，2.58432e+006）Units：元

（19）处理商单位补贴 =0 Units：元/台

（20）处理商成本 =处理商利润 ∗ 处理商成本系数 Units：元/台

（21）处理商成本系数 =1.5 Units： ∗∗ undefined ∗∗

（22）处理商补贴 =处理商单位补贴 ∗ 正规回收处理量 Units：元

（23）处理商补贴影响正规回收处理量的函数 =WITH LOOKUP（处理商补贴，（[（0，0）−（7e+008，2e+007）]，（8.56269e+006，87719.3），（4.06728e+007，2.98246e+006），（6.42202e+007，6.14035e+006），（8.77676e+007，8.42105e+006），（1.09174e+008，1.19298e+007），（1.47706e+008，1.63158e+007），（2.18349e+008，1.82456e+007），（3.01835e+008，1.83333e+007），（4.02446e+008，1.89474e+007），（4.92355e+008，1.92982e+007），（5.60856e+008，1.92982e+007），（6.40061e+008，1.94737e+007），（7e+008，2e+007）））Units： ∗∗ undefined ∗∗

（24）处理基金 =INTEG（回收小商贩环保征收费用 + 生产商基金征收费用 − 处理商补贴 − 消费者补贴，0）Units：元

（25）处理技术 =WITH LOOKUP（处理商利润，（[（0，0）−（3e+007，1）]，（0，0），（1.65138e+006，0.179825），（3.11927e+006，

0.324561），（4.86239e＋006，0.460526），（6.69725e＋006，0.587719），（8.80734e＋006，0.723684），（1.24771e＋007，0.828947），（1.56881e＋007，0.916667），（1.88073e＋007，0.951754），（2.21101e＋007，0.973684），（2.44037e＋007，0.97807），（2.6789e＋007，0.986842），（3e＋007，1）））Units：＊＊undefined＊＊

（26）市场回收价格＝500 Units：元/台

（27）废旧电器出售补偿＝市场回收价格＊非正规回收处理量＋正规回收价格＊正规回收处理量 Units：元

（28）废旧电器处理收入＝二次销售价格＊非正规回收处理量 Units：元

（29）报废速率＝消费者家中电器使用数量＊电器使用寿命 Units：台

（30）报废量＝INTEG（报废速率，3.5694e＋006）Units：台

（31）正规回收价格＝300 Units：元/台

（32）正规回收处理量＝INTEG（处理商补贴影响正规回收处理量的函数＋消费者，补贴影响正规回收处理量的函数，788123）Units：台

（33）消费者利润＝INTEG（废旧电器出售补偿＋消费者补贴，1.10862e＋009）Units：元

（34）消费者单位补贴＝0 Units：元/台

（35）消费者家中电器使用数量＝INTEG（购买速率－报废速率，8.07825e＋007）Units：台

（36）消费者补贴＝正规回收处理量＊消费者单位补贴 Units：元

（37）消费者补贴影响正规回收处理量的函数＝WITH LOOKUP（消费者补贴，（［（0，700000）－（1e＋008，3.5694e＋006）］，（0，700000），（5.8104e＋006，1.16565e＋006），（7.33945e＋006，1.69422e＋006），（8.8685e＋006，2.08436e＋006），（1.1315e＋007，2.42416e＋006），（1.31498e＋007，2.70103e＋006），（1.52905e＋007，3.05341e＋006），（2.04893e＋007，3.30511e＋006），（2.75229e＋007，3.41838e＋006），（4.15902e＋007，3.50647e＋006），（5.56575e＋007，3.49389e＋006），（6.85015e＋007，3.49389e＋006），（8.13456e＋007，3.4813e＋006），（1e＋008，3.5694e＋006）））Units：台

（38）环保征收费用影响非正规回收处理量的函数＝WITH LOOKUP（回收小商贩环保征收费用，（［（0，0）－（7e＋008，2e＋007）］，（0，2e＋007），（4.70948e＋007，1.91228e＋007），（1.34862e＋008，1.89474e＋007），（2.33333e＋008，1.85965e＋007），（3.14679e＋008，1.77193e＋007），（3.8104e＋008，1.66667e＋007），（4.47401e＋008，1.38596e＋007），（4.83792e＋008，1.15789e＋007），（5.4159e＋008，8.24561e＋006），（5.95107e＋008，4.38597e＋006），（6.3578e＋008，1.84211e＋

006），（6. 78593e + 008，614035），（7e + 008，0）））Units：台

（39）生产商利润 = INTEG（电器电子产品销售收入 – 生产商基金征收费用，1. 96827e + 011）Units：元

（40）生产商基金征收费用 = 单位基金征收费用 * 销售量 Units：元

（41）生产商基金征收费用影响销售量的函数 = WITH LOOKUP（生产商基金征收费用，（ [（0，6. 5609e + 007） – （84000，1. 2e + 008）]，（0，6. 5609e + 007），（10275. 2，7. 06187e + 007），（17724. 8，7. 27657e + 007），（25431. 2，7. 44356e + 007），（38532. 1，7. 5867e + 007），（47009. 2，7. 61055e + 007），（58311. 9，7. 87296e + 007），（68844，8. 13538e + 007），（73981. 6，8. 6602e + 007），（81174. 3，9. 28045e + 007），（81688. 1，9. 97227e + 007），（84000，1. 2e + 008）））Units：台

（42）电器使用寿命 = 10 Units：年

（43）电器电子产品销售收入 = 销售价格 * 销售量 Units：元

（44）购买速率 = WITH LOOKUP（Time，（ [（2009，6560. 9） – （2011，2e + 008）]，（2009，6. 5609e + 007），（2010，9. 4735e + 007），（2011，1. 13455e + 008）））Units：台/年

（45）销售价格 = 3000 Units：元/台

（46）销售量 = INTEG（生产商基金征收费用影响销售量的函数，6. 5609e + 007）Units：台

（47）非正规回收处理量 = INTEG（回收小商贩利润影响非正规回收处理量的函数 + 环保征收费用影响非正规回收处理量的函数，2. 38186e + 006）Units：台

第 10 章

回收管理系统演化的
自适应原理

随着电子废弃物数量的迅速增加和环境的日益恶化，循环经济和可持续发展早已成为时代发展的主题，而我国电子废弃物的种类和数量的迅速增加，以及海外大量电子废弃物的非法入境，给我们带来越来越沉重的处置压力。面对数量巨大的电子废弃物，我国的回收处理却效率低、环境污染重。正规回收处理企业的处理成本高、提供的回收价格低，经常入不敷出，难以在电子废弃物的回收处理中占据主导地位。非正规回收处理渠道的小商贩、个体户走街串巷，上门回收，回收价格高，处理成本低，容易使消费者的利益得到满足。但其一般都是盲目寻求最大化自身经济利益的途径，较少地考虑环境承载能力，在自家的小作坊非法处理，严重地污染了环境，破坏了人们的生存家园。与此同时，计算实验方法越来越广泛地应用到社会科学的研究领域，而电子废弃物回收处理系统作为一个典型的多主体参与的复杂系统，非常适合使用计算实验方法来进行探索。基于上述背景，本章以复杂适应系统为理论基础，使用自下而上的多智能体建模方法，对电子废弃物回收处理系统演化规律进行计算实验研究。

10.1 计算实验方法及其应用

计算实验是利用科学计算技术，模拟现实系统运转的规律，是依托计算机将现实系统转化成人工社会系统，对现实科学问题进行仿真实验研究的方法。社会科学计算实验的研究框架如图10.1所示。

计算实验的应用领域较为广泛，可以应用于因为法律、伦理、技术、实验周期等条件限制而导致无法进行实际实验的场景。从规范化科学研究的角度看，社会科学计算实验的研究范式主要包括5个方面：界定研究问题及环境、确定研究假设、建立模型框架、实现计算实验、评估与比较实验结果。

其中，最关键的是对研究对象进行概念化建模，模型一般由社会系统层次、智能主体层次、智能主体基元层次这 3 个层次组成，三个层次的描述如表 10.1 所示。

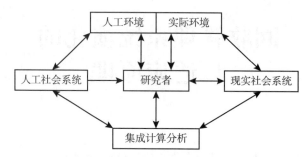

图 10.1　社会科学计算实验的研究框架

表 10.1　　　　　　　社会科学计算实验的三层模型结构

层次	描述
社会系统层次	对应于行政区域、经济系统、行业、社会组织、供应链等社会系统
智能主体层次	对应于企业、社会组织、组织中的人等独立决策单位
智能主体的基元层次	包括智能主体的记忆、认知、行为、学习、偏好等

10.1.1　复杂适应系统理论

计算实验研究是以复杂适应系统理论为基础的。钱学森（1990）提出，社会系统是一个"开放的复杂巨系统"，他认为复杂性问题实际上是由复杂系统的动力学特征产生的。20 世纪末霍兰提出 CAS（Complex Adaptive System，复杂适应系统）理论是一种复杂性科学理论。他的观点是，作为系统组成部分的"要素"是"具有适应能力的主体"。系统的整体性变化主要来源于系统内部各主体间的"适应性"，主体的行为规律是系统产生宏微观变化的源头，即"适应性造就复杂性"。

总体来说，CAS 理论主要有以下特点：把系统的构成要素看成是有生命的主体；认为主体与环境之间、主体与主体之间的相互影响和相互作用是系统演化的驱动力；为架设宏观与微观之间的桥梁提供了一种新的思路；把随机因素引入了遗传算法，这是因为主体状态、系统结构及整体行为方式都会受到随机因素的影响。

CAS 理论的组成架构蕴含宏观和微观两个方面。微观方面，就是指具有适应性的主体。系统在主体与主体之间、主体与环境之间的相互作用中发展，并不断适应环境，由此形成了系统宏观上的复杂性。复杂适应系统将宏、微观联合起来，能由微观主体的行为推演整体的宏观效应。

每个主体根据自身掌握的信息及其行为偏好做出预测与抉择，所有主体的选择行为共同影响系统的运作，同时，社会系统的发展又会影响各个主体的行为，使其不断更新行为预测规则。我们的研究重点在于剖析客观事物的进化原因、演化历程等，并力求尽最大能力精确地预测将来的状态。

所以，详细地了解 CAS 理论的思想是运用计算实验的前提条件。供应商、生产商、零售商、消费者、回收商、处理商、小商贩、小作坊等都是构成电子废弃物回收处理渠道的重要微观主体，此外，还涉及政府管理部门、行业协会、民间组织等相关参与主体，这些微观主体及其环境（市场、政府、社会公众等）组成了一个复杂的适应系统，本研究用 CAS 相关理论，根据该系统的特性采用基于 Agent 的建模方法来对该复杂适应系统进行研究。

10.1.2　基于 Agent 的建模方法

为了对复杂适应系统进行深度研究分析，需要对系统进行建模，而一般的数学模型可能无法完整地描述复杂适应系统整体的运作，因此，大多使用宏微观相结合、定性与定量相结合、逻辑推理与思辨的方法来研究复杂系统。随着计算机的科学计算能力的提高，人们发现可以把复杂系统中各个因素之间的非线性关系转化为程序，以程序的运行来模拟系统的演化，进而能对实际需要长时间演化的系统进行动态仿真，即计算机建模方法，其仿真流程如图 10.2 所示。

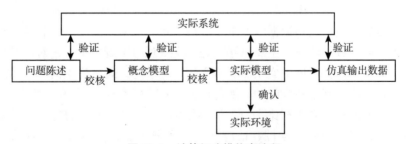

图 10.2　计算机建模仿真流程

建模仿真流程中有校核、验证和确认等操作行为，其各自的意义如下：校核，分析研究者是否能将现实问题陈述准确地转化成概念模型；验证，是为了测试在实际应用中仿真模型对现实系统的反映程度；确认，是对模型的有效性、可行性的判定。仿真模型必须与问题陈述进行校核，并验证与实际系统的契合程度，再经过最终确认才可以投入应用。

由于其建模特点，计算实验方法成为继实验、实证、数理分析之后的另一种科学研究方法，它使用由下及上的研究思路，建立仿真模型，观察各主体的行为规则与交互方式来探究系统的动态演化规律。常用的 3 种计算机建模方法有系统动力学、元胞自动机和 ABMS，它们之间的差异如表 10.2 所示。

表 10.2　　　　　　　　　　　三种建模方法的比较

模型	系统动力学	元胞自动机	ABMS
建模观点	自上而下	自下而上	自下而上
模型表现形式	一系列的方程	一系列模型构造的函数规则	多个自主的 Agent 构成，Agent 之间存在交互
参数特征	缺乏空间因素，时间、属性及要素间反馈关系都是连续的	时间、空间、状态都是离散的	时间、空间、状态都是离散的
支持网络结构	否	否	是
学习机制	无	无	有
适用领域	依赖物理规则控制的系统	复杂系统的时空演化仿真	对人类社会行为和个体决策的建模，或分布式计算

通过表 10.2 中的三个模型对比可以发现，ABMS 不论是时间、空间、状态都是离散的参数特征还是支持网络结构、具有学习机制等模型特性都与计算实验的基础理论——复杂适应系统的特点相吻合。因此，ABMS 方法不失为计算实验方法的建模首选方法。

ABMS（Agent – Based Modeling and Simulation）方法——基于 Agent 的建模与仿真，是从关系数据库产生之后最主要的建模方法之一，起源于分布式人工智能领域的研究。主要思路就是，将微观与宏观相结合，对现实系统进行抽象，在计算环境中建立需要研究的系统模型，通过模型内部主体之间的交互行为研究整个系统的动态演化行为。其建模流程如图 10.3 所示。

与传统的建模方法相比，ABMS 方法还有如下几个突出的特征：①系统中的主体具有自身的主动性、适应性、学习进化能力，不再只是被动地接受；②重点关注相关个体的交互行为和作用，自下而上地研究系统从微观到宏观的发展；③采用更契合客观实际、质变和量变相互联系的思想去探索系统发展和演化的内在规律；④克服了实证研究、统计规律的局限性，从对系统中各个互相紧密联系的层次的研究去观测实际现象。传统建模与 ABMS 方法的比较如表 10.3 所示。

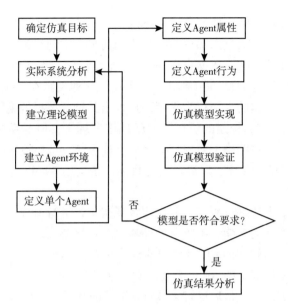

图 10.3　ABMS 流程

表 10.3　　　　　　　　　传统模型与 ABMS 方法的比较

研究方法	传统模型	ABMS 方法
系统分析与设计方式	自上而下	自下而上
模型系统的基本元素	基于方程	适应性 Agent
模拟结果对目标系统的意义	很难解释	解释能力强
系统参数的数量	少	多
环境的角色	给定环境	创建环境
建模者与模型的关系	建模者能对模型做出反应	建模者可以从模型学到知识

　　从表 10.3 的对比分析可知，ABMS 的建模方法克服了多系统参数数量、能创建环境角色、从模型中学到知识等传统模型中难以实现的功能和应用。本研究的电子废弃物回收处理系统在微观方面具有多类适应性的主体，在宏观方面存在主体与主体、主体与环境间适应与发展的复杂性特征以及需要从模型中获取知识与建议等特性，让 ABMS 方法成为分析电子废弃物回收处理系统的最佳方法。

　　ABMS 方法中模型表现形式为多个自主的 Agent 构成且 Agent 之间存在交互。这里重点指出主体 Agent 一般具有以下特性：①自主性。不受外界因素的干预，根据自身状态、对外界信息的认知及某种规则，决定自身的形态和行为。②反应性。能够通过各种通信机制，发现系统外部的环境变更，然后做出反应。③社会性。依照某种通讯规则与其他的主体发生行为交互及协调。④主动性。能够通过内部行为机制驱动而采取主动行为，有目地与外部环境交互。⑤适应性。依据自身的学习经验，为在一定程度上适应外界的环境变动而做出行为调整。⑥移动性。能遵照某种规则在系统环境中游走。⑦偏好性。依照主体的内部行为规则，显现出其行为选择的偏好。

Agent 特性越多，构建的仿真模型就越接近现实，但是系统建模的过程就越复杂。因此，在明确了研究目标之后，梳理 Agent 必须具备的特性、合理把握 Agent 建模的深度，以满足研究目标，是运用 ABMS 方法研究的症结所在。

运用 ABMS 方法进行研究，首先要将现实系统进行梳理，理清现实系统的体系结构、系统的功能、系统所处环境以及系统要实现的目标，区分系统中的不同主体，明确 Agent 仿真模型的构建对象；其次将系统的关键属性抽象出来，建立系统成员的 Agent 模型，设定主体的属性、行为偏好、交互规则及有关的限定条件；最后通过多 Agent 系统的运行，来研究系统成员个体行为对系统整体特性产生的影响，在某些情况下可以将实验结果与现实结果进行比较分析评价，通过可重复的实验来推断和总结系统最终行为产生的原因。其详细的研究思路如图 10.4 所示。

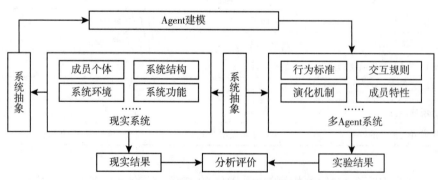

图 10.4　基于 Agent 建模的计算实验的详细研究思路

10.1.3　计算实验在环境政策领域的应用

在目前社会环境管理领域的探究中，定性分析占据主导，而数理分析、实证分析在企业环境的管理研究中占有主要位置。然而，由于计算机仿真的研究优势，有些学者采用了计算实验方法、多 Agent 技术来钻研环境问题的规律性及环境管理政策的实施效果。基于计算实验的研究，最早的是通过糖域模型的研究和扩展，分析人类财富的分配问题和探究原始经济产生的依据。

　　许多学者已经采用人工社会模型和计算实验方法来研究复杂系统的演化规律。毕贵红（2008）以 CAS 理论为基础，结合 ABMS 与系统动力学将实验结果进行对照，剖析了消费者对固体废物的回收行为与政策间的动态关系，为人们制定合理有效的政策提供建议。赵秀美（2008）为了实现水资源分配的最优化，建立了天津市水资源的 Agent 仿真模型，研究了多水源、多用户的情形下，水价的变化对用户用水的影响。王继荣（2009）使用多Agent 理论建立了系统动力学模型，来研究废旧家电回收处理的调度问题，比较分析实验结果与真实数据，为有效优化废旧家电回收再利用过程中的库存管理提供了理论依据。朱江艳（2010）建立了发电商竞价的演化博弈模型，分别分析了在不同的市场需求、不同的竞价机制、不同的最高限价等情形下，发电商报价策略的演化过程，发电商可以参考模型分析出的其竞争对手的策略偏好，重新调配自身的竞价策略，实现收益的最大化。赵剑冬（2010）借鉴了计算机科学中 Agent 技术在信息网络、软件工程、分布式计算和智能控制等方面的研究成果，结合人工社会的思想，建立了产业集群下企业竞争的 Agent 仿真模型。在仿真结论的基础上，提出了七条促进产业集群可持续发展的针对性策略，其研究成果对产业集群政策设计以及经济社会系统建模研究具有重要的意义。潘里虎和黄河清（2010）针对农民、农户这两类主体建立模型，模拟实现了在社会制度、政策措施、经济条件存在差异的情况下，两类主体对土地利用的不同决策，从而得到了人与自然交互的一些规律。金帅（2011）建立了排污权交易的计算实验模型，再结合数理分析、实践分析，立足政府的需求，研究了我国排污权交易中系统效率优化、政府监管动态演化、初始分配机制设定的有关问题。张等（Zhang et al.，2011）在分析排污权交易系统中企业主体的属性和行为规则的基础上，构建了排污权交易系统模型的结构，开发了基于 Netlogo 的排污权交易仿真模型。李真（2012）为了达到工程供应链的整体协调与优化，使用计算实验方法对工程供应链中的工期优化策略、成本优化策略、质量激励策略、工期风险控制策略、技术创新策略等问题进行了深入研究。龚承柱、李兰兰、柯晓玲等（2012）用 NetLogo 对不同种类的煤矿水害事件进行了演化模拟模型，剖析了在不同地质条件的矿区，多种因素对煤矿水害的动态演化进程的影响。刘闯、肖条军、田晨（2015）建立了由供应商、消费者、生产商组成的多 Agent 模型，研究了不同的理性消费者在谋求自身效益最大化、具有不同选择偏好的情形下，生产商的产品生产策略选择偏好。

　　总之，基于 Agent 模型的仿真方法为政策制定领域首创了兼具科学性和人性化的应用前景。盛昭瀚（2009）、张维（2010）等建议国内外研究者不断摸索计算实验等创新方法在重大复杂管理问题中的研究应用，而且做了大量应用推广工作。

总的来说，计算实验方法采用自下而上的仿真建模方法，结合演化理论、多 Agent 技术等来研究复杂社会系统的动态演化规律。目前，虽然计算实验方法尚未形成一个完善的理论体系，然而它已经深深地渗透到经济学、管理学、传播学、公共政策等社会科学领域，成为首要的研究方法。正是计算实验方法散发出的蓬勃朝气与生命力，激励着我们把这种方法应用到环境管理政策认识、设计与优化的研究中。因此，本研究的电子废弃物回收处理系统的研究就是以 CAS 理论为基础，以 ABMS 方法进行展开。

10.2　模型构建

关于电子废弃物回收处理系统的研究，传统的研究方法往往以系统成本最小化、环境影响最小化为目标，以处理设施能力、三废排放指标、最小填埋等作为约束条件，建立电子废弃物多目标、多阶段优化规划模型。研究自上而下的反馈过程，以便把电子废弃物回收处理系统的整体优化方案落实到系统内的各个层次、各个环节。这种自上而下的思路，要求电子废弃物回收处理的各类参与主体从整体利益出发，按照共同的目标来决定自己的行为。然而在市场经济环境下，企业通常独立地根据内外条件变化自主决策，它们追求的是在符合规章制度约束下的自身利益最大化，其实际行为未必符合管理者的预期设想。因此，自上而下的研究方法面临着巨大的挑战。

随着研究的深入，人们逐渐认识到电子废弃物回收处理系统是一个开放复杂的巨系统。国内外学者关于电子废弃物回收处理的实践与管理政策、各类主体回收行为模式及协调优化、回收处理系统的动力学仿真等领域已经取得了许多重要的研究成果。已经有学者用系统动力学方法模拟电子废弃物回收处理系统演化的动力学机制。但是，系统动力学方法同样是一种自上而下的方法，它忽视了系统微观行为和宏观行为之间的关系。目前，关于电子废弃物回收处理系统多主体协同演化的微观行为交互机理及宏观涌现机制方面还缺少深入的研究。

电子废弃物回收处理问题的复杂性、系统性、多样性和严峻性等特征，要求我们从复杂性的视角，对电子废弃物回收处理复杂系统的各个层面进行系统性分析。因此，本书提出使用复杂适应系统理论及 Agent 建模方法，从微观层次来研究电子废弃物回收处理系统的动态演化和政策调控仿真模型，通过建模、仿真分析揭示电子废弃物回收处理系统的演化过程、发展规律，探究改善电子废弃物回收处理系统演化的政策调控方法，并为相关决策制定提供合理的理论分析视角和新的研究工具。

10.2.1　计算实验模型研究框架

1. 电子废弃物回收处理系统的计算实验模型结构

为了能够得到电子废弃物回收处理系统的演化过程和发展规律，要对该系统的计算实验结构有清晰的了解。用计算实验方法对电子废弃物回收处理系统演化分析进行建模时，其模型结构一般有三个层次：电子废弃物回收处理系统宏观层次、参与主体层次、参与主体的基元层次，如图 10.5 所示。这三层模型结构就构成了一个完备的自演化系统。

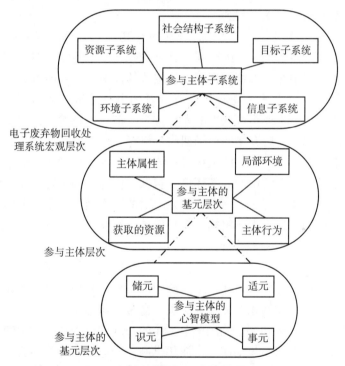

图 10.5　电子废弃物回收处理系统的计算实验模型结构

（1）电子废弃物回收处理系统宏观层次：描述整个系统的宏观特征。研究者以这个模型为背景进行演化实验，通过对该系统演化的实验现象与现实社会现象进行比对分析，实现对现实系统的管理与控制。其中：①环境子系统，描述了影响电子废弃物回收处理系统的各种因素，例如原材料市场变动、回收处理技术变动、回收渠道变动、环境容量大小等。它根据计算的需要模拟现实系统的真实情景，随着系统的不断发展而变化。②资源子系统，描述系统中所涉及的自然资源和社会资源，如土地、人力、财力、信息、设备等，主要受环境的承载量、生产资源投入等的限制。③社会结构子系统，描述系统中各个主体之间的供应和交互关系，例如，政府与回收处理企业之间的关系、系统中回收处理企业之间的关系、污染物排放量与自然环境之间的关系。④目标子系统，描述电子废弃物回收处理系统在不同时间段的目标，以及对目标进行生态化、规范化、循环化的动态调整过程。⑤信息子系统，描述系统需要关注的公共或私有信息的表达形式、传播方式及信息种类。⑥参与主体子系统，主要包括供应商、制造商、分销商、消费者、回收商、处理商、政府等，在该模型中可以根据研究目的不同构建不同类型及数量的参与主体。例如，构建具有不同电子废弃物回收处理技术水平的企业来分别对应现实中不同区域的实施条件与环境。这个子系统的功能及行为可以进一步由参与主体层次来刻画。

（2）参与主体层次：主要描述电子废弃物回收处理系统中参与主体的特征，反映与主体活动相关的要素，在此层次上通常包含：①主体的属性，描述在实验过程中相对不变的特征，如主体的标识、学习能力等，以及可能变化的特征，如政府的法规政策、消费者的电子废弃物处理行为偏好等；②可获取的资源，主要指可获得的人、资金、信息、技术等，在模型中有被全局定义的，如电子废弃物的市场回收价格等，也有被局部定义的，包括企业的处理能力、对历史决策的记忆等；③主体的局部环境，主要指主体在电子废弃物回收处理系统中的局部环境，包括主体邻居的集合、在系统中所处的地位等；④主体的行为，是主体基元层次的计算结果，是对市场环境的某种适应性反应的结果。主体根据其自身属性、可获取资源以及所处局部环境等信息综合计算出下一步的行为决策。

（3）参与主体基元层次：描述参与主体心理和行为活动的基本要素，对应单个主体的心理和行为在人工系统中的演化，是构建电子废弃物回收处理系统，研究其演化问题的最基本层次。在考虑参与主体的记忆、认知、行为、学习、偏好的基础上，关注单个主体的心理和行为在系统中的动态变化过程，能够抽象反映参与主体的自演化机制。因此，在计算实验中，参与主体为了达到自身目标，会根据环境或周围主体行为的变化，不断调整自己的活动。例如，对于电子废弃物回收处理企业来说，假定其为理性经济人，不同类型的企业，其学习能力、预测方式等都存在差异性，它在决定是否违规排放废水、废气或者采用何种处理技术时，需要对各种方案进行评价与对比分析，并以此为依据制定其生产经营策略。

2. 电子废弃物回收处理系统的计算实验研究框架

应用计算实验方法研究电子废弃物回收处理系统，采用"自上而下"

与"自下而上"相结合的思路,研究框架如图 10.6 所示。

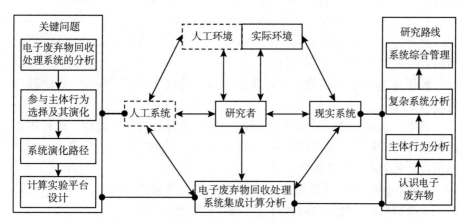

图 10.6 电子废弃物回收处理系统的研究框架

图 10.6 表明,在电子废弃物回收处理系统模型分析与设计阶段,采用先总体、后模块的"自上而下"的思路;具体研究与实现时,采用先模块、后集成的"自下而上"的思路。基于计算实验的电子废弃物回收处理复杂性研究是一个现实系统与模拟系统不断分析、验证的交互过程,也是对现实系统认识不断提高和深入的过程。它是以研究者为核心,综合运用自然科学、社会科学的多种理论与方法构造电子废弃物回收处理系统的综合集成研究框架;通过人机交互,观察模拟复合系统演化过程;通过运用虚实结合的方法将电子废弃物回收处理系统与现实系统相互比对、综合分析评价,最终总结、提炼出影响系统演化过程的关键因素与改善系统运行的关键方法,进而为政府提供更为科学的决策支持。

10.2.2 基于 MAS 的计算实验模型

1. 基于 Agent 建模的电子废弃物回收处理系统的计算实验框架

整个电子废弃物回收处理运作过程可以分为收集、拆卸、再制造、报废处理、再分销 5 个部分。在电子废弃物回收处理系统模型中,有 7 类主要的参与主体,分别是供应商 Agent、制造商 Agent、分销商 Agent、消费者(电子废弃物排放者)Agent、回收商 Agent、处理商 Agent、政府 Agent 等。

每类参与主体在电子废弃物回收处理系统中都承担着相应的活动,具体活动及模拟过程说明如下:

供应商 Agent,模拟供应商向制造商提供新的原材料的过程。

制造商 Agent，模拟采用处理好的零部件、材料和供应商提供的新材料制造产品，并将制造的新产品和采购的二次新品运输给分销商的过程。

分销商 Agent，模拟将产品运输、销售给消费者。

消费者（电子废弃物排放者）Agent，为整个逆向物流提供投入，模拟消费者的消费和废弃物产生过程。

回收商 Agent，将回收的产品集中管理，清洗、监测、分类，以供处理商进行处理。

处理商 Agent，把质量高的电子废弃物维修后运输给分销商，进行再销售；具有可再利用零部件的产品，被拆解后运送给制造商，在生产过程中再利用；其余的部分将被废弃。

政府 Agent，建立和实施规范主体行为的政策制度，同时，制定引导政策用于激励回收、处理商向着可持续的目标发展。

2. Agent 的模型

Agent 是独立异质的实体，它的设计由目标、属性、行为和决策单元 4 个方面组成。其中决策单元是 Agent 进行行为选择和学习的单元，包括知识库（行为规则、历史记录、学习规则）和决策过程（行为选择、行为评价、行为选择改进的学习）。Agent 最大的特点是根据过去的经验和条件改变、学习和适应环境，拥有比较复杂的结构和内容，这里以系统中处于关键地位的处理商 Agent 为例分别从 Agent 的目标、属性、行为和知识 4 个方面来说明。

（1）Agent 的目标。目标是 Agent 行动的指南，不同类型 Agent 有不同的目标，同类 Agent 在不同的阶段也可能有不同的目标。如处理商 Agent 一般认为是以社会利益和环境利益为主，同时追求经济效益。但有可能在某一阶段，由于法规约束不够强，企业会以牺牲环境效益或社会效益为代价换取经济利益。因此，Agent 有可能是单目标，也可能是多目标。对于多目标的 Agent，它们的行为、决策过程更加复杂，不同目标之间有时需要相互协调。

（2）Agent 的属性。属性是 Agent 特征的表现，可根据仿真的目标有选择地设定，并且随着系统和 Agent 的演变而不断变化。对于制造商 Agent 来说，生产技术上的属性有产量、单位产品原料（能量、水、电）消耗量等；经济上的属性包括成本、销售额、利润、税金等；环境属性包括污染物的种类、排放量等；社会属性有员工数量、市场份额等。属性是系统微观层面的指标，它帮助我们了解 Agent。

（3）Agent 的行为。行为是 Agent 能动性、适应性的具体表现。对于一个制造商 Agent，其行为包括对市场的判断、生产、销售、信息交流、合作等。在本系统模型框架中，Agent 行为将封装在模块中，通过输入输出流实现与其他 Agent 或者环境的交互。从行为角度看，Agent 建模过程，就是将若干个具有不同功能的模块按照一定的结构次序，以流为纽带组织起来，不同 Agent 有不同的组合内容和组合顺序。Agent 的行为之间存在一定的次序和逻辑关系。如废弃物流经一个处理商 Agent，一般都会依次经过"废弃物输入——废弃物的资源化、无害化处理——资源化产品销售和废弃物排放"。

（4）Agent 的知识。知识是指导 Agent 行为的控制信息，可以是生产技术、科学理论、政策法规、决策方法，或者是某些交互信息。在模型中，知识以"规则"的形式体现，可以是简单"IF/THEN"规则，也可以是复杂的函数映射规则。如处理商的处理过程中存在废弃物和资源化产品之间的转化关系等。由于 Agent 具有学习、记忆、推理的能力，所以 Agent 的规则不是一成不变的，会随着 Agent 的学习和经验积累不断变化和发展。

建立系统成员个体 Agent 模型时，首先确定 Agent 的目标，再将与模型仿真相关的 Agent 行为和属性抽取出来，封装在不同的模块中。Agent 的目标和知识通常以一种隐性的方式直接嵌套在行为或模型中，Agent 则是这些模块的有机组合。在仿真过程中，Agent 的活动是模块中封装的行为，在规则的指导下，调整自身属性，对输入流进行操作产生相应输出流，以实现自身内在目标的过程。而对于多目标的 Agent，它们的行为、决策过程更为复杂。

10.2.3　各类 Agent 的设计

基于计算实验模型的电子废弃物回收处理系统含有 7 类不同的主体，为了便于模型的仿真和分析，需要对供应商 Agent、制造商 Agent、分销商 Agent、消费者（电子废弃物排放者）Agent、回收商 Agent、处理商 Agent、政府 Agent 进行设计，设计内容如下。

1. 供应商 Agent

供应商 Agent，分为决策、销售、运输、结算 4 个模块，主要模拟向制造商提供原材料的过程。决策模块，模拟供应商根据相关信息和数据（生产产品所需原材料的种类、数量、价格）决定向制造商供应新的原材料或者从处理商处购进二次原材料的过程，需要考虑成本和效益的综合影响结果，一般以经济效益最大化为目标。销售模块，模拟制造商在确认原材料的质量和数量之后，供应商和制造商达成合作协议的过程。运输模块，模拟供应商根据订单进行配送的过程，涉及运输成本（运输费用、时间等）的控制。结算模块，模拟供应商的成本、效益函数，为其改进原材料库存管理、运输模式提供依据。供应商 Agent 是整个电子废弃物回收处理系统物流的起始。

2. 制造商 Agent

制造商 Agent，划分为决策、生产、销售 3 个模块，模拟将原材料加工为产品及商品流通的过程。决策模块，是中心模块，包括制订生产计划、购进原材料、确定生产工艺路线等内容，贯穿于整个 Agent 模型。生产模块，模拟根据生产计划和工艺路线将购进的原材料加工成产品的过程，要考虑设备的加工能力、产品成本、质量等问题。销售模块，模拟制造商生产的产品的流通过程，要确定营销策略、运输模式等。

3. 分销商 Agent

分销商 Agent，模拟将电子产品销售给消费者的过程，分为决策、存储、销售 3 个模块。决策模块居于主导地位，决定电子产品的购入渠道，从制造商购进新品、二次新品，或者直接向处理商采购，要综合权衡产品的成本、质量及收益。存储模块，模拟对购进产品的库存管理过程，以降低库存成本、减少库存产品损耗为目标。销售模块，模拟产品的流通、运输过程，追求成本最小化、效益最大化。

4. 消费者 Agent

消费者 Agent 包括居民、商业和工业排放者，本模型重点研究居民 Agent 的分类回收行为、公共政策和处理商之间的动态演化关系。将消费者 Agent 模型划分为消费模块、废弃物处理模块和废弃物处理决策模块，如图 10.7 所示。

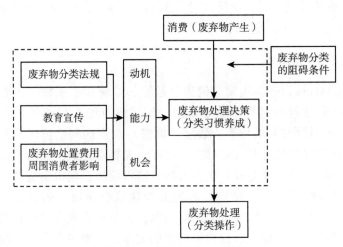

图 10.7　消费者 Agent 模型

消费模块，模拟消费者通过消费产生电子废弃物。废弃物处理模块，模拟消费者对产生的废弃物进行分类和收集处理过程。废品可能直接被非法丢弃在环境中，或经分类回收或收集后送给处理商处理。决策模块，根据环境法规、周边居民废弃物处理情况、个人分类收集的行为成本等信息，以处置便利和个人经济损失最小为目标选择废弃物处理策略。

消费者 Agent 主要模拟最终产品消费者群体通过消费产生和分类回收电子废弃物的过程。消费者 Agent 通过了解废弃物收费的价格、废弃物分类的政策法规和废弃物治理的效果，不断改进自己的行为（分类、混合、非法处置）。每个 Agent 有不同的价值判断标准，且受周围条件的限制，对相同的情景会做出不同的行为选择。经过一段时间的适应，在总体上表现出一定的废弃物分类水平，为废弃物综合处理子系统提供分类后的各种废弃物流。

根据计算能力选择一定规模的 Agent 数量，根据环境意识分为高、中、低 3 类，并为 3 类 Agent 定义不同的效用函数。效用函数的参数由 Agent 的属性组成，相关的属性可参考计划行为理论并通过问卷调查方法确定。每个 Agent 依据自己的标准，追求效用的最大化；根据环境改善的程度信息，对 Agent 非法处置废弃物的惩罚力度、自己的收入、花费的时间、所交纳的废弃物处置费、分类的方便程度等因素来计算效用函数，根据效用函数的值利用遗传算法来选择行为。根据对不同类别 Agent 的统计数据估计出分类废弃物流及其数量，混合废弃物数量和非法抛弃的数量，供后面的处理商 Agent 使用。

5. 正规回收商 Agent

正规回收商 Agent，将回收品收集起来集中管理，供处理商进行处理，分为购买、仓储、分类 3 个模块。购买模块，模拟采用"以旧换新"、流动回收、固定点回收等方式，收集电子废弃物的过程，废弃物的回收费用是重要的影响因素。仓储模块，模拟对电子废弃物的合理储存，防止污染环境和废弃物的损耗。分类模块，模拟回收商对电子废弃物清洗、检测、分类的过程，以便将废弃物运送给合适的处理商进行处理，提高资源利用率、降低环境污染。

6. 处理商 Agent

处理商 Agent 分为 7 个模块，分别对应主体的 7 个行为：信息处理、决策、废弃物/能量输入、物质/能量输出、废弃物分类/加工回用、物质/能量转化、废弃物排放，如图 10.8 所示。

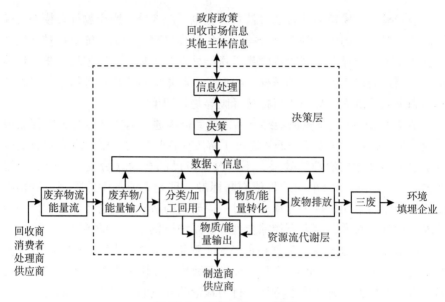

图 10.8　处理商 Agent 模型

　　模型可分为 2 层：决策层和资源流（物质流、能量流）代谢层，决策
层负责感知环境信息、信息甄别和经营生产决策，在决策信息的控制下实现
资源代谢层物质流和能量流的运动与交换，资源代谢层模拟废弃物的资源代
谢过程。

　　决策模块，贯彻整个模型，负责处理主体从外部接收的和在其内部产生
的各种信息，并做出决策，并在其他 6 个模块间进行协调。决策模块要根据
生产能力、价格补贴、处理收费价格、回收市场行情、投资等影响因素选择
主体偏好，在降低成本、增加利润、保护环境等目标间进行权衡，做出企业
经营、生产决策，选择适当的工艺路线，制定生产经营计划，控制生产经营
过程，并通过生产模块实施。基于微观主体行为的偏好决策过程，更能反映
微观主体决策时的实际状态。

　　废弃物/能量输入模块，负责模拟主体输入处理所需废弃物/能量的过
程。废弃物的来源是废弃物回收企业或其他废弃物处理企业提供的需要处理
的废弃物流。废弃物供应的数量、种类和时间是这个模块需要模拟的主要功
能，这些数据需要根据目前的废弃物处理能力、协议和生产进度由决策模块
决策后给出。

　　分类/加工回用模块，是对废弃物分类过程的模拟。分类出的物质数量、
品种和纯度是这个模块需要模拟的主要功能，这些数据的模拟由处理商的分
选技术参数和由决策模块给出的生产计划控制参数经过计算后得出。

　　物质/能量转换模块，是对废弃物的物质转化和能源转化过程的模拟。

根据输入废弃物的数量和种类，利用处理商废弃物物质转化或能量转化的技术参数（转换效率等），在决策模块生产计划控制参数的控制下模拟输出物质和能量流。

物质/能量输出模块，模拟主体与其他相关主体实现物质能量交换的过程。决策模块要根据市场行情和政府补贴价格（物质回收、能量回收价格波动）、生产成本等信息，在企业利润最大化、占领最大市场份额、环境社会等目标间权衡，制定恰当的物质、能量价格或者根据政府补贴价格和销售策略并通过物质/能量输出模块实施。

废弃物处理模块，模拟主体的污染物处理过程。这个模块与废弃物回用、物质/能量转化模块密不可分。主体产生的污染物取决于生产过程采用的工艺路线，污染物可能直接排入环境、处理后再排入环境、交由废物处理企业进行最终处理。决策模块要根据处理的成本、政策法规、周边企业的情况等信息，在经济效益、环境效益和社会效益间进行权衡，选择最佳的污染物处理方式并通过废弃物排放模块实施。

信息处理模块，负责主体之间、主体与环境之间的信息交互，包括信息的接收、识别、理解和发送。

处理商的经营管理决策利用多目标效用理论来描述，其经营政策由目标、风险偏好和效用函数的组成来决定。经营目标由一些表征企业满意度的参数来表征，如企业利润、市场份额等；企业的风险偏好由表征企业风险倾向程度的参数表征，如风险中性、风险倾向和无风险倾向。企业经营目标和风险偏好组合构成效用函数。每个 Agent 在仿真过程中都寻求效用最大化，效用函数代表了 Agent 运营的效果，由此决定 Agent 是继续目前行为路径或是寻求其他的行为路径。

7. 政府 Agent

政府 Agent 从宏观角度对整个电子废弃物回收处理系统进行管理和调节，分为统计、决策和执行 3 个模块。统计模块，负责收集整个系统内企业主体的废弃物处理和废弃物排放信息；决策模块，根据统计信息，以减少环境污染为目标，确定合适的环境管理政策，如调整排污收费、强制废弃物进行处理、对废弃物综合利用实行经济上的优惠政策、关闭不合规定的企业，甚至提供废弃物处理的新技术等，并通过执行模块实施；执行模块，通过从系统中及其他相关 Agent 获得的信息，通过政策模型和资源分配协调各主体的利益，达到可持续管理。

政府 Agent 要进行如下工作：①计算电子废弃物回收处理系统的总体成本及收益、政府财政预算和居民分担成本，计算废弃物收费价格；规定源头分类标准和惩罚办法。②按一定的方案进行财政补贴计算。③根据废弃物流量控制目标，制定各种处置收费价格，制定原生资源和再生资源的价格差，规定企业排污标准和惩罚办法。我们可以根据需要选择不同的政策及其组合进行实验。

10.3　实验仿真及分析

本节主要实现电子废弃物回收处理渠道的演化和仿真过程。根据本研究模型的特性选择了 RePast 建模平台进行模型的建立。首先，编写完整的程序，实现电子废弃物回收处理渠道演化的仿真模型；然后，借鉴现实状况，对模型设置符合实地调研数据的参数，找到模型的动态演化规律；最后，得到能够有效促进电子废弃物回收处理渠道向正规化、生态化发展的管理启示。

10.3.1　系统模型的软件实现

为了将抽象的模型具体化，本节将通过计算机编码，详细构建基于计算实验的研究平台——电子废弃物的回收处理演化系统，以方便研究者通过反复、可控的实验，研究电子废弃物回收处理渠道的动态演化趋势和各主体的行为规律。本节将电子废弃物回收处理系统模型简化为消费者 Agent、小商贩 Agent、正规回收企业 Agent 及政府 Agent 四种主体的仿真系统。

考虑到 Java 语言具有跨平台性、可移植、分布式和可靠性等优势，本研究将使用 Repast 软件，依托 Eclipse 作为开发环境，并选择面向对象的编程语言 Java 作为开发语言。使用 RePast 软件构建模型在研究中必须考虑到的元素如下：

①一个 Model 对象，负责模型的构建控制和运行控制，它既是仿真模型本身，也是模型运行的开端。

②一个 Space 对象，就是 Agent 行为的活动空间，它用来控制各个主体行为发生的具体环境。

③一个 Agent 对象，即活动在 Space 中的 Agent 行为主体对象，用来描绘各个主体的属性、行为偏好等。

在 Eclipse 中创建名为 Ewaste 的工程，在 src 文件中新建一个包 demo，接下来，在 demo 中建立 3 个 Java 类：EwasteModel，EwasteSpace，EwasteAgent。

要想实现模型，首先模型的主类 Model 要继承 SimModelImpl 类，并建立 getName 方法来返回电子废弃物回收处理仿真模型的名字，及其他需要显示的变量或名称，如图 10.9 所示。

```
┌─ EwasteModel.java ✕ ──┬─ EwasteSpace.java ──┬─ EwasteAgent.java ──┐
│    package demo;                                                    │
│                                                                      │
│ ⊖ import uchicago.src.sim.engine.Schedule;                          │
│    import uchicago.src.sim.engine.SimModelImpl;                     │
│                                                                      │
│    public class EwasteModel extends SimModelImpl{                   │
│                                                                      │
│ △⊖    public String getName(){                                       │
│            return "Ewaste Recycling";                                │
│        }                                                             │
```

图 10.9　模型初步代码

加入 begin 方法，以便初始化仿真器，并在 begin 方法中建立 buildModel、buildSchedule、buildDisplay，这 3 个方法，如图 10.10 所示。

若想彻底实现电子废弃物回收处理系统仿真模型的建立，还有 3 个必须实现的函数：①setup 函数，模型运行的起始；②getSchedule 函数，它至少需要能够返回一个 Schedule 类型的对象；③getInitParam 函数，返回需要显示的参数列表，每一个参数都要有 get 和 set 方法，分别如图 10.11 和图 10.12 所示。

接下来，加入 main 函数，导入 SimInit 包，装载电子废弃物回收处理系统的演化模型，如图 10.13 所示。

```
┌─ EwasteModel.java ✕ ──┬─ EwasteSpace.java ──┬─ EwasteAgent.java ──┐
│        }                                                            │
│ △⊖    public void begin(){                                           │
│            buildModel();                                            │
│            buildSchedule();                                         │
│            buildDisplay();                                          │
│        }                                                            │
│ ⊖    public void buildModel(){                                      │
│                                                                      │
│        }                                                             │
│ ⊖    public void buildSchedule(){                                   │
│                                                                      │
│        }                                                             │
│ ⊖    public void buildDisplay(){                                    │
│                                                                      │
│        }                                                             │
```

图 10.10　begin 方法

```
EwasteModel.java ⊠      EwasteSpace.java      EwasteAgent.java
 package demo;

⊖import uchicago.src.sim.engine.Schedule;
 import uchicago.src.sim.engine.SimModelImpl;

 public class EwasteModel extends SimModelImpl{
     private Schedule schedule;
     private int numCustmerAgents;

△⊖   public String getName(){
          return "Ewaste Recycling";
      }

△⊖   public  void setup(){

      }
```

图 10.11 setup 函数

```
△⊖       public Schedule getSchedule(){
              return schedule;
          }
△⊖       public String[] getInitParam(){
              String[] initParams={"NumCustmerAgents"};
              return initParams;
          }

 ⊖       public int getNumCustmerAgents(){
              return numCustmerAgents;
          }
 ⊖       public void setNumCustmerAgents(int na){
              numCustmerAgents=na;
          }
```

图 10.12 getSchedule、getInitParam 函数

```
  ⊖       public static void main(String[] args) {
              SimInit init=new SimInit();
              EwasteModel model=new EwasteModel();
              init.loadModel(model, "", false);
          }
```

图 10.13 装载模型

电子废弃物回收处理渠道演化仿真模型的具体流程如图 10.14 所示。

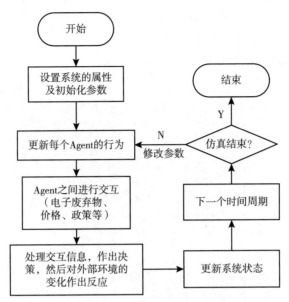

图 10.14 电子废弃物回收处理渠道演化模型的仿真流程

10.3.2 仿真实验及结果分析

模型中微观个体的主动学习能力、适应能力、与外界环境的交互活动是最终形成系统动态演化的直接驱动力。我们将计算实验的研究方法运用在探究电子废弃物的回收处理渠道演化问题中，是一个创新。多种因素的影响、参数值设置的不同，最终会产生不同的实验结果，我们需要进行多次的重复实验，来剖析仿真模型动态演化的规律。我们分别设置不同的参数值来观测电子废弃物回收处理渠道演化的过程。几次实验中，我们设置的参数比例是相同的，参数的数量不断增大，以此来逐步观测系统演化。进一步的研究可以考虑不同的参数比例、主体的数量更大等情况，来观测不同的实验结果。

1. 仿真实验 1

实验 1 中，设置 numCustmerAgents = 2000，numPedlarAgents = 250，numEnterpriseAgents = 1。

模型开始时、运行中、运行结束时的各个主体在二维世界中的分布图分别如图 10.15a、图 10.15b、图 10.15c 所示。绿色代表消费者 Agent，蓝色代表小商贩 Agent，红色的点象征着正规回收企业 Agent。正规回收企业的数量和位置一开始就随机地分散在模型中，在运行过程中保持不变。小商贩在模型运行一开始也随机地分散在模型中，在运行过程中，小商贩走街串巷，不断游走，并且不断地有小商贩退出回收、进入回收，因此小商贩的数量和位置是不断发生变化的。

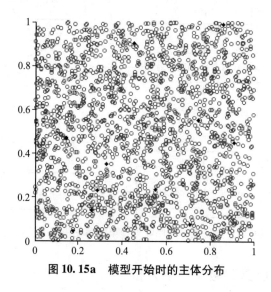

图 10.15a　模型开始时的主体分布

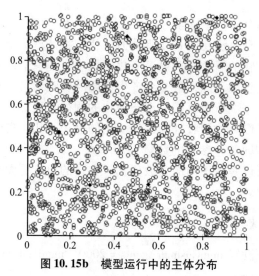

图 10.15b　模型运行中的主体分布

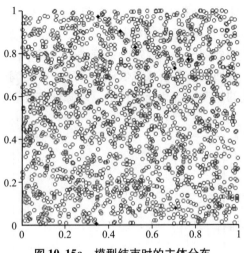

图 10.15c　模型结束时的主体分布

　　由于小商贩的价格优势，即回收价格高、处理成本低，小商贩的利润丰厚，因此，会不断有潜在的小商贩进入系统进行电子废弃物的回收。随着小商贩数量的增加，对环境和正规回收企业的发展产生一定的威胁，政府开始管制、打压小商贩，小商贩的数量继而减少。最终维持在一个比较低的平衡状态，即 3 个左右。

　　小商贩在运行的不同周期的数量变化，如图 10.15d 所示。

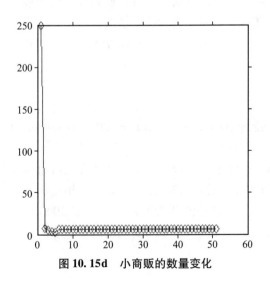

图 10.15d　小商贩的数量变化

正规回收企业在运行的不同周期中，所付出的研发投入的变化趋势如图10.16所示。模型刚开始运行时，由于小商贩在电子废弃物回收中占据主导地位，正规企业回收到的电子废弃物数量较少，但对其进行拆解、处理时，还是需要启动大型的处理设备及高端的处理技术，成本巨大，入不敷出，难以盈利。因此，正规回收企业会从降低成本入手，将利润的一部分作为研发投入，开发更先进的处理设备和处理技术，以降低其处理成本。

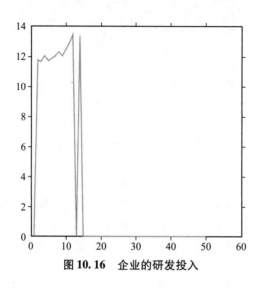

图10.16　企业的研发投入

一开始正规回收企业的利润小，研发投入也自然比较少，随着利润的增加，研发投入也在增加。当其通过研发投入，带来处理成本下降或处理后的废物价值提升，企业便会相应地减少研发投入。在利润和处理能力达到一定水平，不需要再投入研发，最终达到稳定状态。

2. 仿真实验2

实验2中，设置 numCustmerAgents = 4000，numPedlarAgents = 500，numEnterpriseAgents = 2。

模型刚开始、运行中、运行结束时，主体在二维世界中的分布，分别如图10.17a、图10.17b、图10.17c所示。实验2相比于实验1来说，3类主体的数量都有增多。尤其是消费者的数量增加了2000，因此，周围人对消费者行为的影响便比较缓慢，模型的演化也需要更多时间。

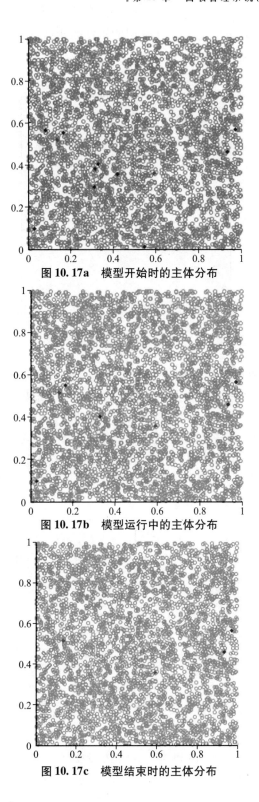

图 10.17a　模型开始时的主体分布

图 10.17b　模型运行中的主体分布

图 10.17c　模型结束时的主体分布

在模型运行过程中，小商贩不同时间周期的数量变化如图 10.17d 所示，最终小商贩的数量维持在 4 个以下。

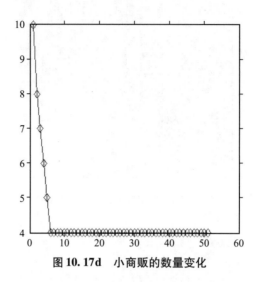

图 10.17d　小商贩的数量变化

正规回收企业在运行的不同周期中，所支付的研发投入的变化趋势如图 10.18 所示。深色的线表示企业研发投入的最大值的走势，浅色的线是企业研发投入的最小值的走势。大约前 3 个时间周期，正规企业的研发投入持续增长，其处理技术已经达到一定的水平。第 3～25 个周期，投入便缓慢增长与间断降低。第 25 个周期之后，正规企业的处理技术和设备水平已经达到理想的状态，因此企业就不需要再投入研发了。

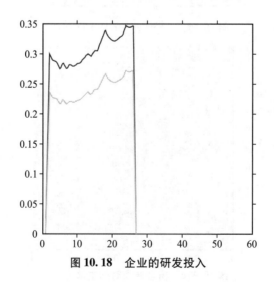

图 10.18　企业的研发投入

3. 仿真实验 3

实验 3 中，设置 numCustmerAgents = 9000，numPedlarAgents = 1250，numEnterpriseAgents = 5。

模型刚开始、运行中、运行结束时，3 类主体在二维世界中的分布图分别如图 10.19a、图 10.19b、图 4.14c 所示。相比于实验 2，消费者 Agent 的数量增加了 5000，小商贩 Agent 的数量增加了 750。

小商贩在模型运行的不同周期的数量变化，如图 10.19d 所示。小商贩在政府的管制和打压下，数量迅速减少，最终稳定在十几个左右。

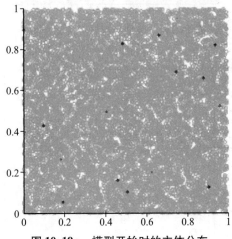

图 10.19a　模型开始时的主体分布

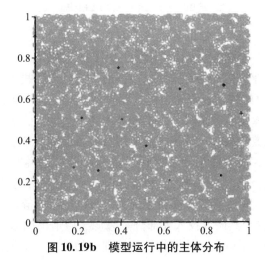

图 10.19b　模型运行中的主体分布

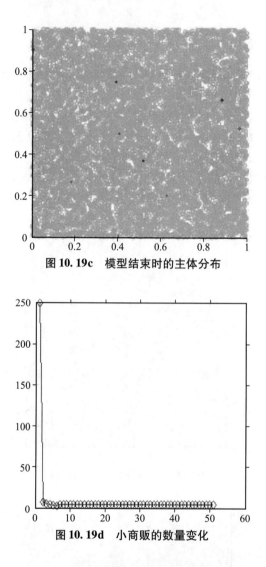

图 10.19c　模型结束时的主体分布

图 10.19d　小商贩的数量变化

　　正规回收企业在运行的不同周期中，所支付的研发投入的变化趋势如图 10.20 所示。深色的线代表正规企业研发投入的最小值走势，浅色的线代表正规企业研发投入的均值走势。图中没有出现红色的线，表示最大值走势的线。因为小商贩数量很多，正规企业要想提升自身的竞争能力，必须支付更多的研发投入，其最大值超出了模型设置的阈值。这说明小商贩的数量越多，对正规回收企业的威胁越大，企业为降低威胁程度，会投入大量资金进行研发。但由于大量的小商贩回收了绝大部分的电子废弃物，正规回收企业难为"无米之炊"，其研发投入大部分是来源于政府的财政补贴。因此，政府等管理部门在电子废弃物的回收处理管理中的意义，至关重大。

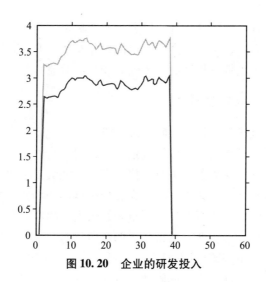

图 10.20　企业的研发投入

3 次演化实验的结果都表明，当非正规回收的小商贩大批普遍存在时，正规回收企业竞争力小，盈利困难，迫切需要政府等管理部门的财政支持。等到正规回收企业有足够的竞争力、处理技术和处理设备时，便可以回报社会，实现电子废弃物的低污染处理。同时，我们不能轻视消费者的舆论影响力。消费者生活在社会这个群体当中，其行为方式都会在一定程度上受到周围人的影响，消费者人数越多，这种影响力的完全转化就越缓慢。

10.3.3　政策建议

要想解决好电子废弃物的回收处理中繁杂而艰难的问题，我们必须付出长期的努力，为了加快电子废弃物回收处理渠道的正规化、生态化进程，结合上述电子废弃物的回收处理渠道演化仿真实验得到的结论，得出以下政策建议。

1. 激励正规回收企业

为了让正规回收渠道回收到更多的电子废弃物，政府部门需要建立正规回收处理企业的激励机制和财政补贴机制，让正规回收、拆解有利可图。政府应鼓励和支持正规回收企业对电子废弃物回收处理和资源再利用方面的技术创新，并将新技术在电子废弃物正规回收渠道中的企业中推广开来。此外，政府等相关管理部门还需要加强对正规回收处理企业的扶持力度，可以在运营资金、管理费用、税收等方面激励这些企业，或者实施低利率贷款等政策扶持这些企业。

正规回收企业面对激烈的回收竞争时，可以通过新技术的引进，大幅提升其回收处理的有效利用率，进而扩大企业的规模。与此同时，由于在环境保护方面做出贡献，企业的社会形象也会因此有所提升，这样也会取得额外的竞争优势，为企业带来长远的经济收益和社会效益。

2. 管制小商贩的发展

当今时代，电子废弃物的回收处理必将往正规化、生态化的方向不断成长。政府等有关管理部门应该根据法定条件，对进行电子废物回收处理企业的技术水平、处理设备等条件进行严格的审查。尤其是要管制和打压那些电子废弃物处理技术和设备条件并不符合正规标准的小商贩、小作坊，防止他们使用危害环境的方式进行处理，严重破坏人类的生存环境。

若要长期立足于该行业并获得一定的竞争优势，非正规回收的小商贩可以"转型"为合法正规的回收商，不仅可以避免政府的管制，还可以通过政府相关的扶持政策保证自身的收益，同时还能为整个社会的和谐、生态发展奉献自己的一份力。

3. 推动回收体系建设

完善市场准入制度，构造良好的市场环境，特别是需要强化对小商贩的监督、引导。小商贩群体的日益壮大，无疑是正规回收处理渠道良性发展的障碍；但从另一种角度看，小商贩走街串巷上门回收在很大程度上能够方便消费者对电子废弃物的处置。因此，如果能够引导小商贩转向正规化发展，或者激励正规回收企业吸收、归并小商贩，这对整个行业的发展是非常有利的。在这种情势下，正规企业可以创办专门的回收团队，打破其"食不果腹"的僵局。另外，严格按照行业的准入机制，约束处理技术不达标的小商贩进入市场。这样，一举两得，既合理利用了小商贩回收的灵活性，不会降低消费者参与回收活动的积极性，又避免了小商贩面临失业的问题，对正规渠道的成长非常关键。

4. 创建更完整的法规体系，并加强对行业的管理

企业管理者是否具备强烈的回收意识，对企业的回收实践有深切的影响。而消费者的态度会在一定程度上影响企业的决策，同时，很多企业会认真分析相关回收法律法规对企业回收行为的内在影响，斟酌是否要进行回收。

因此，迫切需要建设完整的法律法规来规范电子废弃物的回收处理。政府可以出台一些关于企业管理者、消费者行为的法律规范，鼓励企业、消费者之间相互支持和监督。

5. 拓宽信息传播渠道

周围人的回收行为会在一定程度上影响消费者的选择，所以应该加强环保宣传，提升所有消费者的生态意识、循环经济意识。使用传统媒体与新媒体相结合的形式进行宣传，融入每一个社会人生活的方方面面，倡导全民参与电子废弃物的回收；还可以多组织一些公益志愿者活动，扩大宣传范围，另外，中小学生正处在各种观念的培养时期，可以增强对青少年的环保教育，引导他们从小养成合理的回收习性，同时带动其家长的参与。简而言之，我们要使用一切力量，帮助消费者实现回收意识向回收行为的转化。

10.4　本 章 小 结

本章建立了电子废弃物回收处理渠道的 MAS 仿真模型。设置了不同的主体行为规则和主体交互规则，通过可重复的实验，不断进行实验结果与现实系统的对比分析，从微观上深入地观测各个利益相关主体的行为规律及电子废弃物的回收处理渠道的动态演化，最终为政府等相关管理部门提供建设性的政策建议。本章所构建的计算实验模型尽管对电子废弃物回收处理系统做了许多简化处理，但研究的理论价值及其实践启示仍然值得肯定。

主要参考文献

1. Ajzen I. TPB measurement: Conceptual and methodological considerations [EB/OL]. http://www. people. umass. edu/aizen/pdf/tpb. measurement. pdf. 2006, 1.

2. Aksen D, Aras N, Karaarslan A. Design and analysis of government subsidized collection systems for incentive-dependent returns [J]. *International Journal of Production Economics*, 2009, 119 (2): 308 – 327.

3. Alhumoud J M, Al – Kandari F A. Analysis and overview of industrial solid waste management in Kuwait [J]. *Management of Environmental Quality*, 2008, 19 (5): 520 – 532.

4. Atasu A, Van Wassenhove L N, Sarvary M. Efficient take-back legislation [J]. *Production and Operations Management*, 2009, 18 (3): 243 – 258.

5. Berglund, C. The assessment of households' recycling costs: The role of personal motives [J]. *Ecological Ecoomics*, 2006, 56 (4): 560 – 569.

6. Biehl M, Prater E, Realff M J. Assessing Performance and uncertainty in developing carpet reverse logistics systems [J]. *Computers & Operations Researeh*, 2007 (34): 443 – 463.

7. Biswas A, Licata J W, McKee D, Pullig C, and Daughtridge C. The recycling cycle: an empirical eXamination of consumer waste recycling and recycling shopping behaviors [J]. *Journal of Public Policy & Marketing*, 2000, 19 (1): 93 – 105.

8. Chen Y J, Sheu J B. Environmental-regulation pricing strategies for green supply chain management [J]. *Transportation Research Part E*, 2009, 45 (5): 667 – 677.

9. Corbett C J, DeCroix G A, Ha A Y. Optimal shared-savings contracts in supply chains linear contracts and double moral hazard [J]. *European Journal of Operational Research*, 2005 (163): 7 – 12.

10. Corral V, Zaragoza F. Bases socio-demographic and psychological basis of reuse behavior: a structural model [J]. *Medio Ambientey Comportamiento Humano*, 2000: 9 – 29.

11. Daniel Q, Jean C, Jean M. A multilevel analysis of the determinants of Recycling behavior in the European countries [J]. *Social Science Research*, 2001 (30): 195 – 218.

12. Darby L, Obara L. Household recycling behavior and attitudes towards the treatment of small electrical and electronic equipment [J]. *Resources, Conservation and Recycling*, 2005, 44 (1): 17 – 35.

13. Dat L Q, Linh D T T, Chou S – Y, Yu V F. Optimizing reverse logistic costs for recycling end-of-life electrical and electronic products [J]. *Expert Systems with Applications*, 2012 (39): 6380 – 6387.

14. Davis G, Morgan A. Using the Theory of Planned Behavior to determine recycling and waste minimisation behaviors: A case study of Bristol City, UK [J]. *The Australian Community Psychologist*, 2008, 20 (1): 105 – 117.

15. Fleckinger P, Glachant M. The organization of extended producer responsibility in waste policy with product differentiation [J]. *Journal of environmental economics and management*, 2010, 59 (1): 57 – 66.

16. Fleischmann M, Van Nunen J, Grave B. Integrating closed-loop supply chains and spare parts management at IBM [J]. *Institute for operations Research and the Management Sciences*, 2003, 33 (6): 44 – 56.

17. Forslind, K. H. Implementing extended producer responsibility: the case of Sweden's cars crapping scheme [J]. *Journal of Cleaner Production*, 2005, 13 (6): 619 – 629.

18. Gamba R J, Oskamp S. Factors influencing community residents participation in commingled curbside recycling programs [J]. *Environment and Behavior*, 1994, 26 (5): 587 – 612.

19. Gu Q, Ji J, Gao T. Pricing management for a closed-loop supply chain [J]. *Journal of Revenue and Pricing Management*, 2008, 7 (1): 45 – 60.

20. Guide V D R, Wassenhove L N V. Business aspects of closed – Loop supply chains [M]. Pittsburgh, PA: Carnegie Mellon University Press, 2003.

21. Guy M R, Adam D R. Recycling behavior in a London Borough: Results from large-scale household surveys [J]. *Resource, Conservation and Recycling*, 2005 (45): 70 – 83.

22. Hair J F, Black B, Babin B, Anderson R E, & Tatham R L. Multivariate data analysis (6th Edition) [M]. New Jersey: Pearson Prentice Hall, 2006.

23. Hamad C D, Bettinger R, Cooper D, Semb G. Using behavioral procedures to establish an elementary school paper recycling program [J]. *Journal of*

Environmental Systems, 1980, 10 (2): 149 – 156.

24. Hammond D, Beullens P. Closed-loop supply chain network equilibrium under legislation [J]. *European Journal of Operational Research*, 2007, 183 (12): 895 – 908.

25. Hansmann R, Bernasconi P, Loukopoulos P, et al. Justifications and self-organization as determinants of recycling behavior: The case of used batteries [J]. *Resources, Conservation and Recycling*, 2006, 47: 133 – 159.

26. Hong I – H, Yeh J – S. Modeling closed-loop supply chains in the electronics industry: a retailer collection application [J]. *Transportation Research*, 2012, 48: 817 – 829.

27. Hurtado H M, Debernardo H. Aparadigm shift in solid waste collection systems design and operation [C]. *Proceedings of the 22nd International Conference of the System Dynamics Society*, Oxford, England, 2004, July 25 – 29.

28. Johnson C Y, Bowker J M, Cordell H K. Ethnic variation in environmental belief and behavior: an examination of the New Ecological Paradigm in a social psychological context [J]. *Environment and Behavior*, 2004, 36 (2): 157 – 186.

29. Kaya O. Incentive and production decisions for remanufacturing operation [J]. *European Journal of Operational Research*, 2010, 201 (2): 442 – 453.

30. Lau K H, Wang Y. Reverse logistics in the electronic industry of China: a case study [J]. *Supply Chain Management*, 2009, 14 (6): 447 – 465.

31. Li J, Liu L, Ren J, Duan H, Zheng L. Behavior of urban residents toward the discarding of waste electrical and electronic equipment: a case study in Baoding, China [J]. *Waste Management and Research*, 2012, 30 (11): 1187 – 1197.

32. Lindhquist T. Extended producer responsibility in cleaner production [D]. Lund University, Sweden, 2000.

33. Lindhqvist T, Lifse R. Can We Take the Concept of Individual Producer Responsibility from Theory to Practice? [J]. *Journal of Industrial Ecology*, 2003 (7): 3 – 6.

34. Liu X, Tanaka M, Matsui Y. Economic evaluation of optional recycling processes for waste electronic home appliances [J]. *Journal of Cleaner production*, 2009, 17 (1): 53 – 60.

35. Mannetti L, Pierro A, Livi S. Recycling: planned and self-expressive behavior [J]. *Journal of Environmental Psychology*, 2004 (24): 227 – 236.

36. Manomaivibool P, Vassanadumrongdee S. Buying back household waste

electrical and electronic equipment: Assessing Thailand's proposed policy in light of past disposal behavior and future preferences [J]. *Resources, Conservation and Recycling*, 2012 (68): 117 – 125.

37. Mayers, C. K. Strategic, financial, and design implications of extended producer responsibility in Europe: A producer case study [J]. *Journal of Cleaner Production*, 2007, 11 (3): 113 – 131.

38. McGuire T W, Staelin R. An industry equilibrium analysis of downstream vertical integration [J]. *Marketing Science*, 2008, 27 (1): 115 – 130.

39. Milaneza B, Bührs T. Extended producer responsibility in Brazil: the case of tyre waste [J]. *Journal of Cleaner Production*, 2009, 17 (6): 608 – 615.

40. Mitra S, Webster S. Competition in remanufacturing and the effects of government subsidies [J]. *International Journal of Production Economics*, 2008, 111 (2): 287 – 298.

41. Mo H, Wen Z, Chen J. China's recyclable resources recycling system and policy: a case study in Suzhou [J]. *Resources Conservation and Recycling*, 2009, 53 (7): 409 – 419.

42. Nnorom I C, Osibanjo O. Overview of electronic waste (e-waste) management practices and legislations and their poor applications in the developing countries [J]. *Resources, Conservation and Recycling*, 2008 (52): 843 – 858.

43. OECD. Economic aspects of extended producer responsibility [R]. Paris: OECD, 2004: 1 – 296.

44. OECD. Extended producer responsibility: a guidance manual for government [R]. Paris: OECD, 2001.

45. Ogushi, Y. , Kandlikar, M. Assessing extended producer responsibility laws in Japan [J]. *Environmental Science and Technology*, 2007, 41 (13): 4502 – 4508.

46. Ojeda – Benítez S, Vega C A, Marquez – Montenegro M Y. Household solid waste characterization by family socioeconomic profile as unit of analysis [J]. *Resources, conservation and recycling*, 2008, 52 (7): 992 – 995.

47. Ongondo F O, Williams I D, Cherrett T J. How are WEEE doing? A global review of the management of electrical and electronic wastes [J]. *Waste Management*, 2011, 31 (4): 714 – 730.

48. Özdemir Ö, Denizel M, Daniel V, Guide R. Recovery decisions of a producer in a legislative disposal fee environment [J]. *European Journal of Operational Research*, 2012, 216: 293 – 300.

49. Porter M. Location, competition and economic development [J]. *Economic Development Quarterly*, 2000 (1): 15 – 34.

50. Qiang Q, Ke K, Anderson T, et al. The closed-loop supply chain network with competition, distribution channel investment, and uncertainties [J]. *Omega*, 2013, 41 (2): 186 – 194.

51. Rahman, A. M., Edwards, C. A. Economics of polluter pays principles for mitigating social costs of electricity: A search for an optimal liability share [J]. *European Journal of Law and Economics*, 2004, 17: 73 – 95.

52. Sachs, N. Planning the funeral at the birth: extended producer responsibility in the European Union and the United States [J]. *Harvard Environmental Law Review*, 2006 (30): 51 – 98.

53. Saphores J – D M, Ogunseitan O A, Shapiro A A. Willingness to engage in a pro-environmental behavior: An analysis of e-waste recycling based on a national survey of U. S. households [J]. *Resources, Conservation and Recycling*, 2012 (60): 49 – 63.

54. Savaskan R C, Bhattacharya S, Wassenhove L N. Closed – Loop Supply Chain Models with Product Remanufacturing [J]. *Management Science*, 2004, 50 (2): 239 – 252.

55. Savaskan R C, Van Wassenhove L N. Reverse Channel Design: The case of competing retailers [J]. *Management Science*, 2006, 52 (1): 1 – 14.

56. Seong Y Park, Hean T K. Modelling hybrid distribution channels: A Game theoretic Analysis [J]. *Journal of Retailing and Consumer Services*, 2003 (10): 155 – 167.

57. Song Q, Wang Z, Li J. Residents' behaviors, attitudes, and willingness to pay for recycling e-waste in Macau. *Journal of Environmental Management*, 2012 (106): 8 – 16.

58. Spicer A J, Johnson M R. Third-party demanufacturing as a solution for extended producer responsibility [J]. *Journal of Cleaner Production*, 2004, 12 (1): 37 – 45.

59. Stern P C. Toward a coherent theory of environmentally significant behavior [J]. *Journal of Social Issues*, 2000, 56 (3): 407 – 424.

60. Sthiannopkao S, Wong M H. Handling e-waste in developed and developing countries: Initiatives, practices, and consequences [J]. *Science of the Total Environment*, 2012, doi: 10. 1016/j. scitotenv. 2012. 06. 088.

61. Tonglet M, Phillips P S, and Read A D. Using the theory of planned behavior to investigate the determinants of recycling behavior: a case study from

Brixworth, UK [J]. *Resources, Conservation and Recycling*, 2004 (41): 191 – 204.

62. Torretta V, Ragazzi M, Istrate I A, et al. Management of waste electrical and electronic equipment in two EU countries: a comparison [J]. *Waste Management*, 2013 (33): 117 – 122.

63. Toyasaki, F, Boyacı T, Verter V. An analysis of monopolistic and competitive take-back schemes for WEEE recycling [J]. *Production and Operations Management*, 2010, 20 (6): 805 – 823.

64. Ulli – Beer S. Citizens' choice and public policy: A system dynamics model for recycling management at the local level [D]. Dufourstrasse: University of St. Gallen, Switzerland, 2004.

65. Ulli – Beer S, Richardson GP, Andersen DF. A SD – choice structure for policy compliance: micro behavior explaining aggregated recycling dynamics [C]. *Proceedings of the 22nd International Conference of the System Dynamics Society*, Oxford, England, 2004, July 25 – 29.

66. Wang Z, Zhang B, Yin J, Zhang X. Willingness and behavior towards e-waste recycling for residents in Beijing city, China [J]. *Journal of Cleaner Production*, 2011 (19): 977 – 984.

67. Webster S, Mitra S. Competitive strategy in remanufacturing and the impact of take-back laws [J]. *Journal of Operations Management*, 2007, 25 (6): 1123 – 1140.

68. Wee H – M, Lee M – C, Yu J C P, Wang C E. Optimal replenishment policy for a deteriorating green product: life cycle costing analysis [J]. *International Journal of Production Economics*, 2011, 133: 603 – 611.

69. Yang J, Lu B, Xu C. WEEE flow and mitigating measures in China [J]. *Waste Management*, 2008 (28): 1589 – 1597.

70. Yu J, Williams E, Ju M, Shao C. Managing e-waste in China: policies, pilot projects and alternative approaches [J]. *Resource, Conservation and Recycling*, 2010 (54): 991 – 999.

71. Zeng X, Li J, Stevels ALN, Liu L. Perspective of electronic waste management in China based on a legislation comparison between China and the EU [J]. *Journal of Cleaner Production*, 2012, doi: 10.1016/j. jclepro. 2012. 09. 030.

72. Zhang B, Zhang Y, Bi J. An adaptive agent-based modeling approach for analyzing the influence of transaction costs on emissions trading markets [J]. *Environmental Modelling & Software*, 2011, 26 (4): 482 – 491.

73. Zhao W, Ren H, Rotter V S. A system dynamics model for evaluating the alternative of type in construction and demolition waste recycling center – The case of Chongqing, China［J］. *Resources, Conservation and Recycling*, 2011 (55): 933 – 944.

74. 艾兴政、马建华、唐小我:《不确定环境下链与链竞争纵向联盟与收益分享》,载《管理科学学报》2010 年第 7 期。

75. 鲍建强、翟帆、陈亚青:《生产者延伸责任制度研究》,载《中国工业经济》2007 年第 8 期。

76. 毕贵红、王华:《城市固体废物管理的系统动力学模型与分析》,载《管理评论》2008 年第 6 期。

77. 常香云、范体军、黄建业:《基于"生产者责任延伸"的逆向物流管理模式》,载《现代管理科学》2006 年第 5 期。

78. 陈德敏:《我国循环经济立法若干问题研究》,载《现代法学》2008 年第 2 期。

79. 陈魁、姚从容:《电子废弃物的再循环利用:企业,政府与公众的角色和责任》,载《再生资源研究》2009 年第 1 期。

80. 陈小怡、李世建、何建敏:《WEEE 和 RoHS:欧盟双绿指令下我国相关行业的困境与对策》,载《国际贸易问题》2007 年第 1 期。

81. 陈焱、晋盛武、陈建东:《基于推测弹性的双寡头研发 AJ 模型最优成本缩减决策》,载《运筹与管理》2005 年第 5 期。

82. 成金华、吴巧生:《中国工业化进程中的环境问题与"环境成本内化"发展模式》,载《管理世界》2007 年第 1 期。

83. 代颖、马祖军、王芳:《消费者废旧品回收行为研究现状及展望》,载《西南交通大学学报(社会科学版)》2010 年第 6 期。

84. 丁雪峰、但斌、张旭梅等:《有限产能条件下闭环供应链渠道效率研究》,载《计算机集成制造系统》2010 年第 1 期。

85. 杜欢政、刘晓静:《我国电子废弃物资源再生产业发展对策探讨》,载《中国资源综合利用》2007 年第 9 期。

86. 段显明:《"抵押 – 返还"政策研究》,引自周宏春:《变废为宝:中国资源再生产业与政策研究》,科学出版社 2008 年版。

87. 樊松、张敏洪:《闭环供应链中回收价格变化的回收渠道选择问题》,载《中国科学院研究生院学报》2008 年第 2 期。

88. 范体军、楼高翔、王晨岚、陈荣秋:《基于绿色再制造的废旧产品回收外包决策分析》,载《管理科学学报》2011 年第 8 期。

89. 付小勇、朱庆华、窦一杰:《中国版 WEEE 法规实施中政府和电子生产商演化博弈分析》,载《管理评论》2011 年第 10 期。

90. 付小勇：《废旧电子产品回收处理中的博弈模型研究》，大连理工大学，2012 年。

91. 高东峰、林翎、付允等：《废弃产品回收处理企业环境绩效评价初探》，载《中国环境管理》2012 年第 1 期。

92. 葛静燕、黄培清：《基于博弈论的闭环供应链定价策略分析》，载《系统工程学报》2008 年第 1 期。

93. 龚承柱、李兰兰、柯晓玲、诸克军：《基于 multi-agent 的煤矿水害演化模型》，载《煤炭学报》2012 年第 6 期。

94. 顾巧论、陈秋双：《不完全信息下逆向供应链中制造商的最优合同》，载《计算机集成制造系统》2007 年第 3 期。

95. 关杰、路迈西、董卫果：《电子废弃物资源化与综合利用途径及实现条件》，载《环境科学与技术》2006 年第 2 期。

96. 国家发展和改革委员会资源节约和环境保护司：《废弃电器电子产品回收处理研究与实践》，社会科学文献出版社 2012 年版。

97. 郭亚军、赵礼强、李绍江：《随机需求下闭环供应链协调的收入费用共享契约研究》，载《运筹与管理》2007 年第 6 期。

98. 郭艺勋：《电子废弃品第三方回收体系的系统动力学模型》，载《中国流通经济》2009 年第 3 期。

99. 韩若冰、胡继连：《环境押金制度在耐用品回收中的应用研究》，载《山东农业大学学报》2012 年第 1 期。

100. 韩小花：《基于制造商竞争的闭环供应链回收渠道的决策分析》，载《系统工程》2010 年第 5 期。

101. 洪鸿加、彭晓春、陈志良等：《系统动力学模型在电子废弃物产生量预测中的应用——以广州市废旧电脑为例》，载《环境污染与防治》2009 年第 10 期。

102. 胡李妹、余福茂：《消费者电子废弃物回收行为意向研究》，载《杭州电子科技大学学报（社会科学版）》2012 年第 3 期。

103. 黄传峰、储俊、张炎治、聂锐：《基于复杂网络理论的竞争系统分析框架》，载《科学学研究》2010 年第 11 期。

104. 黄祖庆、达庆利：《直线型再制造供应链决策结构的效率分析》，载《管理科学学报》2006 年第 4 期。

105. 黄祖庆、易荣华、达庆利：《第三方负责回收的再制造闭环供应链决策结构的效率分析》，载《中国管理科学》2008 年第 3 期。

106. 计国君、黄位旺：《回收条例约束下的再制造供应链决策》，载《系统工程理论与实践》2010 年第 8 期。

107. 孔庆娜：《浙江省废旧家用电器回收政策与技术探析》，浙江大学，2010 年。

108. 蓝英、朱庆华：《用户废旧家电处置行为意向影响因素分析及实证研究》，载《预测》2009 年第 1 期。

109. 李大宇、米加宁、徐磊：《公共政策仿真方法：原理、应用与前景》，载《公共管理学报》2011 年第 4 期。

110. 励凌峰、黄培清、赵晓敏：《供应链间的横向竞争与并购效应》，载《系统工程理论方法应用》2005 年第 6 期。

111. 李金惠、程桂石：《电子废弃物管理理论与实践》，中国环境科学出版社 2010 年版。

112. 李寿德、顾孟迪、胡巍：《基于排污权交易的厂商污染治理投资控制策略及控制过程研究》，载《系统工程理论与实践》2008 年第 2 期。

113. 梁大鹏、徐春林、马东海：《基于系统动力学的 CCS 产业化模型及稳态研究》，载《管理科学学报》2012 年第 7 期。

114. 林文杰、吴荣华、郑泽纯等：《贵屿电子垃圾处理对河流底泥及土壤重金属污染》，载《生态环境学报》2011 年第 1 期。

115. 刘闯、于伯华、刘向群：《我国再生资源企业布局省际差异分析》，载《地理科学进展》2006 年第 6 期。

116. 刘慧慧、黄涛、雷明：《废旧电器电子产品双渠道回收模型及政府补贴作用研究》，载《中国管理科学》2013 年第 2 期。

117. 刘莉莉、石国强、赵常鹏：《废旧电子产品回收模式的分析研究》，载《价值工程》2009 年第 2 期。

118. 刘勇、崔胜辉：《基于系统动力学的政府补贴与企业回收能力的相关性研究》，载《生态经济》2011 年第 8 期。

119. 刘贞、张希良、何建坤：《实验经济学中多主体博弈仿真框架研究》，载《系统仿真学报》2008 年第 24 期。

120. 陆莹莹、赵旭：《基于 TPB 理论的消费者废旧家电及电子产品回收行为研究：以上海为例》，载《管理评论》2009 年第 8 期。

121. 马涛：《对我国节能减排和环境保护宏观政策的思考》，载《经济研究参考》2011 年第 45 期。

122. 聂佳佳、石园：《第三方负责回收闭环供应链的回收责任分担策略选择》，载《系统科学与数学》2011 年第 11 期。

123. 聂佳佳：《渠道结构对第三方负责回收闭环供应链的影响》，载《管理工程学报》2012 年第 3 期。

124. 秦颖、曹景山、武春友：《企业环境管理综合效应影响因素的实证研究》，载《工业工程与管理》2008 年第 1 期。

125. 邱海永、周晶：《不对称信息下逆向供应链定价分析与对策》，载《运筹与管理》2009 年第 6 期。

126. 任慧玲：《电子垃圾回收系统及其标准化研究》，载《安全与环境工程》2006 年第 2 期。

127. 任玉珑、阳忠明、李俊等：《基于委托—代理的排污定价机制研究》，载《生态经济》2006 年第 6 期。

128. 申亮、王玉燕：《逆向供应链的演化博弈研究》，载《管理评论》2009 年第 1 期。

129. 盛昭瀚、张军、杜建国：《社会科学计算实验理论与应用》，上海三联书店 2009 年版。

130. 石磊、邢璐、毕军等：《废旧家电逆向物流构建模式的经济模型分析》，载《中国人口·资源与环境》2008 年第 1 期。

131. 宋国君、金书秦、傅毅明：《基于外部性理论的中国环境管理体制设计》，载《中国人口·资源与环境》2008 年第 2 期。

132. 宋志国：《电子废弃物管理立法中的责任分担》，载《政治与法律》2008 年第 1 期。

133. 孙剑、李崇光、程国强：《企业环保导向，环保策略与绩效关系研究》，载《管理学报》2012 年第 6 期。

134. 孙永波、汪云甲：《中国战略性矿产资源专项储备量的确定》，载《资源科学》2005 年第 3 期。

135. 谭丽峰：《欧盟电子废弃物污染防治法律制度研究及其对我国的启示》，中国政法大学，2009 年。

136. 陶建格、薛惠锋、韩建新、张朝阳、刘春江：《环境治理博弈复杂性与演化均衡稳定性分析》，载《环境科学与技术》2009 年第 7 期。

137. 滕春贤、童清天：《Stackelberg 博弈下双链价格竞争的纵向结构选择》，载《科技与管理》2013 年第 1 期。

138. 田海峰、孙广生、李凯：《生产者责任延伸、废物再利用与政策工具选择——基于产品生命周期的一个考察》，载《产业经济评论》2010 年第 3 期。

139. 田军、冯耕中：《加强电子废弃物管理的政策制度研究》，载《中国软科学》2005 年第 12 期。

140. 汪翼、孙林岩、李刚、杨洪焦：《闭环供应链的回收责任分担决策》，载《系统管理学报》2009 年第 4 期。

141. 王发鸿、达庆利：《电子行业再制造逆向物流模式选择决策分析》，载《中国管理科学》2006 年第 6 期。

142. 王芳：《基于消费者回收行为分析的废旧家电回收渠道改进方案》，

西南交通大学，2008年。

143. 王继荣：《废旧家电回收再利用系统若干关键问题研究》，中国海洋大学，2009年。

144. 王建明：《城市消费者循环行为影响因素的实证研究》，载《中国人口·资源与环境》2008年第5期。

145. 王红梅、于云江、刘茜：《国外电子废弃物回收处理系统及相关法律法规建设对中国的启示》，载《环境科学与管理》2010年第9期。

146. 王世磊、严广乐、李贞：《逆向物流的演化博弈分析》，载《系统工程学报》2010年第4期。

147. 王文宾、达庆利：《奖惩机制下闭环供应链的决策与协调》，载《中国管理科学》2011年第1期。

148. 王文宾、达庆利：《零售商与第三方回收下闭环供应链回收与定价研究》，载《管理工程学报》2010年第2期。

149. 王永平、孟卫东：《供应链企业合作竞争机制的演化博弈分析》，载《管理工程学报》2004年第2期。

150. 王玉燕、李帮义、申亮：《两个生产商的逆向供应链演化博弈分析》，载《系统工程理论与实践》2008年第4期。

151. 王玉燕：《政府干涉下双渠道回收的闭环供应链模型分析》，载《运筹与管理》2012年第3期。

152. 王兆华、尹建华：《我国家电企业电子废弃物回收行为影响因素及特征分析》，载《管理世界》2008年第4期。

153. 魏洁、魏航：《第三方逆向物流回收合作》，载《系统管理学报》2011年第6期。

154. 吴刚、晏启鹏、陈兰芳等：《基于反向物流的废旧电子产品系统动力学模型仿真与优控》，载《系统管理学报》2007年第5期。

155. 吴怡、诸大建：《生产者责任延伸制的SOP模型及激励机制研究》，载《中国工业经济》2008年第3期。

156. 伍云山、张正祥：《逆向供应链的激励机制研究》，载《工业工程》2006年第1期。

157. 武春友、刘岩、王恩旭：《基于哈肯模型的城市再生资源系统演化机制研究》，载《中国软科学》2009年第11期。

158. 向东：《废旧电子电器产品再生产业发展策略与政策建议》，引自周宏春：《变废为宝：中国资源再生产业与政策研究》，科学出版社2008年版。

159. 谢家平、尹君、陈荣秋：《基于系统动力学仿真的废旧产品回收处理效益分析》，载《系统工程》2008年第1期。

160. 熊中楷、张洪艳：《不对称信息下闭环供应链的定价策略》，载《工业工程》2009 年第 3 期。

161. 徐兵、杨金梅：《闭环供应链竞争的博弈分析与链内协调合同设计》，载《运筹与管理》2013 年第 2 期。

162. 许国志、顾基发、车宏安：《系统科学》，上海科技教育出版社2000 年版。

163. 许士春、龙如银：《考虑环保产业发展下的环境政策工具优化选择》，载《运筹与管理》2012 年第 5 期。

164. 许淑君：《促进我国废旧汽车产业发展的政策研究》，引自周宏春：《变废为宝：中国资源再生产业与政策研究》，科学出版社 2008 年版。

165. 晏妮娜、黄小原：《基于第三方逆向物流的闭环供应链模型及应用》，载《管理科学学报》2008 年第 4 期。

166. 杨娴、邵燕敏、汪寿阳：《我国有色金属资源综合利用的主要问题与对策》，载《中国科学院院刊》2008 年第 3 期。

167. 杨晓辉：《电子废弃物处置的责任承担与制度构建》，中国政法大学，2006 年。

168. 姚春霞、尹雪斌、宋静等：《某电子废弃物拆卸区土壤、水和农作物中砷含量状况研究》，载《环境科学》2008 年第 6 期。

169. 姚从容、田旖卿、陈星等：《中国城市电子废弃物回收处置现状——基于天津市的调查》，载《资源科学》2009 年第 5 期。

170. 姚先国：《能源效率与能源安全——基于浙江省的分析》，载《浙江社会科学》2008 年第 4 期。

171. 易余胤：《基于再制造的闭环供应链博弈模型》，载《系统工程理论与实践》2009 年第 8 期。

172. 易余胤：《具竞争零售商的再制造闭环供应链模型研究》，载《管理科学学报》2009 年第 6 期。

173. 尹洁林、葛新权、郭健：《大学生电子垃圾回收行为意向的影响因素研究》，载《预测》2010 年第 2 期。

174. 余福茂、段显明、梁慧娟：《消费者电子废物回收行为影响因素的实证研究》，载《中国环境科学》2011 年第 12 期。

175. 余福茂、何柳琬、徐玉军：《技术创新背景下电子废弃物处理商的竞争博弈》，载《杭州电子科技大学学报（社会科学版）》2015 年第 3 期。

176. 余福茂、王聪颖、魏洁：《电子废弃物回收处理渠道演化的系统动力学仿真》，载《生态经济》2016 年第 6 期。

177. 余福茂、王希鹃：《随机惩罚下政府和非正规回收群体的演化博弈》，载《杭州电子科技大学学报（社会科学版）》2016 年第 5 期。

178. 余福茂、杨灵曦：《随机惩罚下电子废弃物回收主体间的演化博弈》，载《杭州电子科技大学学报（社会科学版）》2017年第4期。

179. 余福茂、钟永光、沈祖志：《考虑政府引导激励的电子废弃物回收处理决策模型研究》，载《中国管理科学》2014年第5期。

180. 余福茂：《情境因素对城市居民废旧家电回收行为的影响》，载《生态经济》2012年第2期。

181. 曾鸣、余福茂、苏程浩：《基于哈肯模型的电子废弃物回收系统演化机制研究》，载《闽江学刊》2015年第1期。

182. 曾敏刚、周彦婷：《基于多方博弈的制造企业逆向物流的研究》，载《工业工程》2009年第6期。

183. 张贵磊、刘志学：《主导型供应链的Stackelberg利润分配博弈》，载《系统工程》2006年第10期。

184. 张海珍、钟永光、张建红、梁凯：《激励回收处理商回收处理废旧家电的系统动力学模拟》，载《青岛大学学报（自然科学版）》2012年第1期。

185. 张洪满、邓明强：《我国电子废弃物回收处理产业政策及机遇与挑战分析》，载《再生资源与循环经济》2012年第7期。

186. 张劲松：《企业环境行为信息公开及其评价模型研究》，载《科技管理研究》2008年第12期。

187. 张科静、魏珊珊：《国外电子废弃物再生资源化运作体系及对我国的启示》，载《中国人口·资源与环境》2009年第2期。

188. 张龙、陈炜、钟声浩：《国内外电子废弃物管理法规比较初探》，载《上海环境科学》2008年第5期。

189. 张树林、李桂林：《论中国生产者责任延伸制度权威瑕疵》，载《环境科学与管理》2007年第10期。

190. 张伟、蒋洪强、王金南等：《我国主要电子废弃物产生量预测及特征分析》，载《环境科学与技术》2013年第6期。

191. 张弦、季建华：《消费者行为和城市垃圾收运系统对废旧产品进入逆向供应链的影响》，载《上海管理科学》2004年第5期。

192. 张学刚、钟茂初：《政府环境监管与企业污染的博弈分析及对策研究》，载《中国人口·资源与环境》2011年第2期。

193. 赵海霞、艾兴政、唐小我：《链与链基于价格竞争和规模不经济的纵向控制结构选择》，载《控制与决策》2012年第2期。

194. 赵晓敏、冯之浚：《闭环供应链：我国电子制造业应对欧盟WEEE指令的管理变革》，载《中国工业经济》2004年第8期。

195. 钟永光：《回收处理废弃电器电子产品的制度设计》，科学出版社2012年版。

196. 钟永光、贾晓菁、李旭：《系统动力学》，科学出版社 2009 年版。

197. 钟永光、钱颖、尹凤福、周晓东：《激励消费者参与环保化回收废弃家电及电子产品的系统动力学模型》，载《系统工程理论与实践》2010 年第 4 期。

198. 周垂日、梁樑、许传永等：《政府在废旧电子产品逆向物流管理中的经济责任机制》，载《中国管理科学》2008 年第 1 期。

199. 周进：《关于废旧家电回收利用法之"付费制度体系"的研究》，载《中国资源综合利用》2004 年第 10 期。

200. 周伶云、郁昂：《第三方逆向物流在 WEEE 处理中的应用》，载《环境科学与管理》2008 年第 7 期。

201. 周蕊、王晓耘、余福茂：《基于第三方回收的政府补贴与奖惩机制比较研究》，载《科技管理研究》2018 年第 15 期。

202. 朱培武：《我国废旧家电及电子产品回收处理现状及对策》，载《再生资源与循环经济》2010 年第 1 期。

203. 朱庆华、窦一杰：《基于政府补贴分析的绿色供应链管理博弈模型》，载《管理科学学报》2011 年第 6 期。

204. 诸大建、杨永华、胡冬洁等：《循环经济理念的电子垃圾全过程治理研究》，载《中国科学院院刊》2008 年第 5 期。